宇宙的结构

4

起源与统一

第 12 章 弦上的世界

弦论中的宇宙结构

让我们来想象这样一种宇宙，如果你想弄清这个宇宙中的任何一件事情，那么你必须首先完全弄明白关于这个宇宙的一切。在这个宇宙中，即使你只想稍稍了解一下行星为什么绕着恒星转，棒球为什么按着特别的轨迹飞，磁场或电池是怎么起作用的，光或者引力又是怎么一回事 —— 总之是关于这一宇宙的任何一件事情 —— 你都得先知道这个宇宙在最基本层面上的相互作用是怎样的以及这些相互作用是怎样作用到这个宇宙最基本的组成物质上的才行。谢天谢地，我们的宇宙并不是这样。

如果我们的宇宙就是上面描述的那个样子，我们就没办法取得任何科学进步。几个世纪以来，科学之所以能取得长足进展，就是因为我们可以一点一滴地研究这个世界；每一个新的发现都使我们对这个世界的认识深入一步，我们就是这样一步一步揭开这个世界神秘的面纱。牛顿不需要任何原子方面的知识就可以在运动与引力的研究方面迈出一大步。麦克斯韦不需要知道电子和其他带电粒子方面的知识就可以推导出有关电磁场的强大理论。爱因斯坦在构建时空如何在引力场中弯曲的理论时也不需要先想清楚时空的原始形态。所有的这些发现，连同另外一些身为当代宇宙概念基础的伟大发现指引着人类不断前行；在这个前进过程中，那些人类暂时回答不了的基本问题总是被堂而皇之地置于一边。即使没有人知道——即使现在也没人知道——给出所有这些谜题的究竟是一幅怎样的物理画卷，人们的每一个发现还是能对解释那些谜题贡献自己的一分力量。

换个角度我们可以发现，尽管今天的科学已经大大不同于500年前的科学，但科学进步还是可以归结为新理论颠覆旧理论。更准确地说，新的理论总是在更加精确或更具有普遍性的框架下精炼了旧有理论。牛顿的引力理论被爱因斯坦的理论超越，但是我们并不能因此就说牛顿的理论是错误的。当研究速度远远低于光速的物体运动以及强度不像黑洞附近那么强的引力场时，牛顿理论有着超乎想象的精确性。另一方面，这也并不是说爱因斯坦的理论只是牛顿理论的小小修正，爱因斯坦开启了一片全新的天地，在根本上改变了我们关于空间和时间的概念。但是在牛顿理论的适用范围内（行星运动，人类日常生活中的运动问题），牛顿理论无可替代。

我们相信每一个新的理论都使我们更加接近事实的真相，但是是否有一个终极理论存在——一个再也无法改进的理论，因为它在可能的最深层面上为我们解释了宇宙的奥秘——则是一个没有人知道答案的问题。但即使这样，过去300年间的探索之路使人们有理由相信有一个这样的理论存在。宽泛地说，每一种新的突破，都是将更宽广范围内的物理现象归结到更少的理论庇护之下。牛顿的理论告诉我们使天体运行的力同使物体掉到地面上的力是同一种力。麦克斯韦的发现告诉我们电和磁只不过是同一硬币的两面。爱因斯坦的理论则告诉我们空间和时间是不可分割的，两者就像迈达斯那轻轻一点和金子的关系一样[1]。20世纪早期整整一代物理学家的理论发现告诉我们，微观世界的种种神秘现象可以用量子力学精确地解释。晚近一些，格拉肖、萨拉姆和温伯格告诉我们电磁力和弱核力是同一种力——电弱力——的两种不同表现形式；而且，某些初步的间接证据表明强核力可能也是与电弱力统一在一起的。[1] 从所有的这些中我们可以看出一种模式，那就是不断地由复杂到简单，从多样到统一。看起来，解释之箭最终指向的将是一个强大的尚未被发现的理论，这一理论会将自然界中所有的力以及所有的物质统一到一个可以描述所有的物理现象的独一无二的理论框架下。

开启了现代统一理论之门的正是爱因斯坦，他穷尽30年的时光试图将电磁力与广义相对论统一到一个单独的理论中。在很长的一段岁月中，爱因斯坦独身一人苦苦寻觅着统一理论，但是他的热情却使他离开了物理学家群体的主流。在过去的20年间，寻求统一理论之梦再度燃起，爱因斯坦孤独的寻梦之旅已经成了一代物理学家的驱动力。不过相比于爱因斯坦时代，问题的焦点已经有所变化。尽管我们还没有一个可以将强核力与电弱力统一起来的完美理论，但是我们已经可以用基于量子力学的统一语言描述这3种力（电磁力、弱力和强力）。但是广义相对论描述第4种力所用的语言，仍然游离于理论框架之外。广义相对论是一个经典理论：没有使用任何的量子力学概率概念。现代统一计划最初的一个目标就是将广义相对论与量子力学统一起来，然后在同样的量子力学框架下描述所有的4种力。而人们已经发现这可能是理论物理学家所遇到的最难对付的一个问题。

---

1. 迈达斯（Midas）是希腊神话中小亚细亚中西部古国佛里吉亚（Phrygia）国王，爱财，能点物成金。——译者注

现在我们一起来看看这究竟是为什么。

量子涨落与真空

如果要我来选出量子力学最特别的性质，那么我将选出不确定原理。诚然，概率与波函数提出了全新的理论框架，但是真正将量子力学与经典物理区别开的却是不确定原理。还记得吗？17世纪、18世纪时的科学家们相信，对物理实体的完备描述可归结为搞清楚构成宇宙的全体物质的位置与速度。随着场的概念在19世纪出现，这一观念被应用于电磁场和引力场，于是转而变为搞清楚在空间中的任意位置处每种场的值——就是每种场强——以及每种场的值的变化率。但是到了20世纪30年代，不确定原理改变了这种观念，它告诉人们，我们根本没办法同时搞清楚一个粒子的位置和速度，我们也没办法同时知道空间中某一位置的场强及其变化率。量子力学的不确定原理不允许我们同时知道。

正如我们在上一章中讨论的那样，不确定原理使微观世界成为动荡的王国。在更前面的章节中，我们曾讨论过由于不确定性导致的暴胀子场量子涨落，而不确定原理可以应用于所有的场。电磁场、强核力和弱核力场以及引力场，都可以归结为微观尺度上狂暴的量子涨落。事实上，这些场的涨落甚至在一般认为的既没有物质也没有场的真空中也同样存在。这一观念极其重要，不过要是你之前没有接触过这些问题的话，可能会感到非常困惑。如果空间中的某一区域什么也没有——也就是说它是真空——那还有什么东西可以涨落呢？好吧，想一想，我们已经知晓了什么都没有这种说法是非常微妙的，现代理论中的希格斯海就存在于整个空间。我现在所说的量子涨落就是要使什么都没有这个概念变得更加微妙，下面就是我要讲的真正意思。

在量子力学诞生之前（以及希格斯物理学诞生之前）的物理学中，如果某一空间区域中没有粒子并且每种场的值都为零，那么我们就说这一空间区域是完全空的。[1] [2] 现在我们加上不确定原理再来看看这一经典概念——空。如果一个场的场强为零，那我们就既知道这个场的场强——零，也知道这个场的场强变化率——也是零。但是根据不确定原理，我们没办法同时知道这两个值的大小。如果一个场在某一时刻具有确定大小的场强，目前我们说它为零，不确定原理就会告诉我们其场强的变化率将是完全随机的。完全随机的变化率意味着场强在接下来的时刻会随机涨高落低，即使在我们通常认为完全空荡的空间中也是如此。所以“空”在直觉上的概念——所有场的值都为零——与量子力学是完全不相容的。*一个场的值可以在零的上下涨落，却不能在一段时间内在空间中的某一区域中始终保持为零。*[3] 如果用专业的术语来说，物理学家们会将其形容为场具有真空涨落。

真空场涨落的随机性保证了在所有的微观区域上，既有涨高也有落低，因而其平均为零。这一现象就像是大理石的表面：虽然用肉眼看起来光滑如镜，但是如果用电子显微镜观察一下微小尺度上的大理石表面，我们就会发现其实它是参差不齐的。但是，虽然我们不能直

1. 为了写作的便利，我们只讨论那些场强为零即达到其最低能量的场。对于其他场——比如希格斯场——的讨论类似于此，只是有一点不同，就是涨落围绕着场强的*非零*值波动，但场却具有最低能量。如果你想说，只有其中不包含任何物质且所有的场都不存在，而不是仅仅其场强为零的空间区域才算是真空的话，那么请先阅读一下本章节的注释。

接看到那些真空涨落，半个世纪前的人们仍然想到了一些虽然简单却实用的方法，肯定了量子涨落（即使在真空中）的实在性。

1948年，荷兰物理学家亨德利克·卡西米尔发现了用实验测量电磁场真空涨落的方法。根据量子力学，电磁场在真空中的涨落可以呈现出一系列的波纹，如图12.1（a）所示。卡西米尔首先想到，如果在真空中放置两块普通的铁板，如图12.1（b）所示，那么真空中的涨落形状就会有所改变。即根据量子力学方程，铁板之间区域的量子涨落要稍稍弱于其外区域的量子涨落（仅当电磁场涨落在铁板处的值为零时成立）。卡西米尔仔细分析了场涨落的减小所带来的效应，发现了一些非常特别的东西。正如某一区域的空气减少会导致压强的不平衡（例如，在高海拔的区域，空气稀薄，因而你的耳膜所感受到的压强就会小些），铁板之间量子涨落的减小也会导致电压的不平衡：两块铁板之间的量子涨落变得比铁板之外区域的量子涨落小的话，所导致的电压差会使得两块铁板彼此接近。

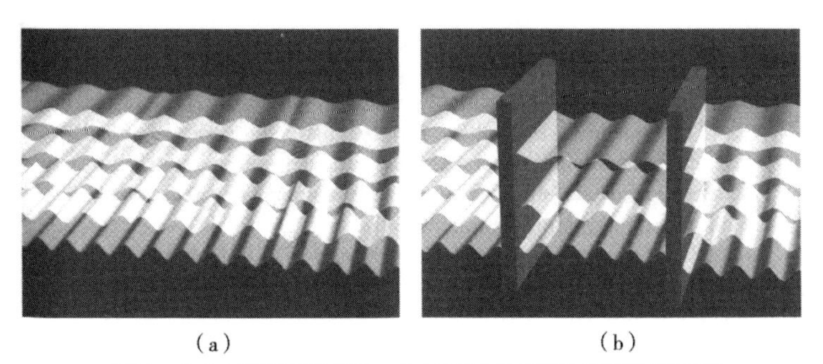

图12.1　（a）电磁场的真空涨落。（b）两块铁板之间以及其外的真空涨落

想想看吧，这有多么奇怪。你就仅仅把两块平常得不能再平常的铁板彼此平行地放到真空中，而这两块铁板的质量又非常之小，以至

于它们之间的引力相互作用完全可以忽略。周围再也没有其他的什么东西了，于是你想当然地会认为这两块铁板就会那样静静地待着。但是卡西米尔的计算却说事情并不是这样，他的计算告诉我们，这样的两块铁板会由于真空涨落造成的鬼魅般的压力而彼此靠近。

在卡西米尔提出他的这些论断之初，实验设备还没有精良到足以完成这种实验的地步。10年之后，另一位荷兰物理学家马库斯·斯巴尼开始尝试用实验检验卡西米尔力。从那以后，人们又进行了大量的精确实验。比如1997年，其时在华盛顿大学的史蒂夫·拉莫雷奥克斯在5%的精度上确证了卡西米尔力[4]（两块扑克牌大小的铁板如果间距为万分之一厘米，其间的卡西米尔力就相当于一滴眼泪的重量。由此可见，测量卡西米尔力是一件多么难的工作）。现在的科学家们几乎不再怀疑直觉上的真空概念——静止、冰冷、空无一物的空间——大错特错了。由于量子力学的不确定性，真空中有着丰富的量子行为。

20世纪的科学家们花了很多力气来发展用以描述电磁力、强核力与弱核力的量子行为的数学工具。这些力气并没有白费：用这些数学工具理论计算出来的结果可以在非常高的精度上与实验上测得的结果相比较（比如，对电子磁性质的量子效应的理论计算与实验结果的符合程度就高达十万分之一的精度）。[5]

但是，物理学家们几十年来一直都很清楚，在这些成就之外，量子涨落与物理定律之间有很多不和谐之处。

涨落与不谐 [6]

到目前为止，我们还仅限于讨论空间中的场的量子涨落。那么空间本身的量子涨落呢？虽然听起来可能有点奇怪，不过这只是量子场涨落的另一个例子——可这个例子着实棘手。在广义相对论中，爱因斯坦提出引力可以用空间的蜷曲和弯曲加以描述，这位伟人证明了引力场可以通过空间（更具普遍性的说法是时空）的形状或几何来展现自己。就像其他的场一样，引力场也可以归结为量子涨落：不确定原理保证了在小尺度上，引力场也可以上下波动。既然引力场与空间的形状是同一个意思，那么引力场的这种涨落也就相当于空间本身的涨落。就像不确定原理的众多例子一样，在人类日常生活的距离尺度上，空间的涨落太小以至于没法为人们所直接感知，我们周围的一切还是光滑、宁静，尽在掌握。但是随着所观测尺度的减小，不确定性就会增大，量子涨落也变得越来越明显。

图12.2所示的就是这一情形，我们把空间逐渐放大以发现更小尺度上的空间结构。图中最底层示意的是平常尺度上空间的量子涨落，正如图所示，我们什么都看不到——量子涨落太小以至于无法观测，空间还是宁静平坦。我们进一步放大观测区域，就会观测到一定程度的涨落。在图的最上层，空间结构的尺度已经比*普朗克长度*——1厘米的十亿亿亿亿分之一（10^{-33}）——还要小，这时的空间变得沸腾躁动，喧嚣不已。从图中我们可以清楚地看出，平常所谓的那些“左右”“前后”“上下”等概念在小尺度的狂乱中全部失去了意义。还不只这些，考虑那些小于*普朗克时间*——1秒的千亿亿亿亿亿分之一（10^{-43}秒，在这一时间间隔内光可以走普朗克长度那么远）——的时

图12.2　将空间连续放大后我们发现，普朗克尺度之下的空间由于量子涨落而躁动不安（图中所示的是想象中的放大镜，每一个可以放大1000万倍到1亿倍）

间尺度时，我们平常的“以前”“以后”这样的时间概念也都失去了意义。就像一张模糊不清的照片，图12.2中的波动使得我们不可能分辨小于普朗克时间的两个时刻。这一切的结果就是，在小于普朗克距离与普朗克时间的尺度上，量子不确定性使得宇宙的结构扭曲混沌，通常的空间和时间的概念不再具有任何意义。

虽然细节上非常古怪，但是图12.2告诉我们的无非就是一个我们已经非常熟悉的事实：与某一个尺度有关的概念和结论无法应用到其他的尺度上。这是物理学的一个重要原理，我们一遍又一遍地遇到这个原理，即使在那些非常普通的知识中也能遇到。以一杯水为例，从日常生活的尺度来看，这杯水不过是光滑均匀的液体；但是我们在微观尺度上来看的话就不再是这样。小尺度上，光滑的图像被另一种完全不同的景象代替，那就是彼此间距很大的分子和原子。类似地，图12.2告诉我们的是，爱因斯坦的那些平滑弯曲几何式的空间和时间的概念，虽然可以在大尺度上强有力且高度精确地描述宇宙，但在极小的长度和时间上就不再有效了。物理学家们相信，就像那杯普通的水一样，空间和时间光滑的形象只能是一种理论近似，在超小尺度上，这种近似必将让位于更加基本的理论框架。而这一理论框架究竟是什么——时间和空间的“原子”和“分子”究竟是什么——则是物理学家们以极大的热情苦苦追寻的问题。不过物理学家们还没能找到答案。

即使我们还没有最终答案，图12.2仍然清楚地告诉我们：小尺度上，广义相对论所带给空间和时间的光滑形象必将被量子力学带来的狂躁涨落的形象替代。爱因斯坦广义相对论的核心原理——空间和时间形成柔和弯曲的几何形状，与量子力学的核心原理——不确定原理，这一原理告诉我们最小尺度上的时间和空间狂野动荡——之间存在着激烈的冲突。广义相对论与量子力学在核心层面上的这种冲突使得调和这两个理论成了过去80年间物理学家面临的最大困难。

这重要吗

实际上，广义相对论与量子力学的不相容性总是通过一种特别的方式展现。如果你将广义相对论与量子力学的方程组合到一起，那么你总会遇到一个麻烦：无限大。这是一个大问题，因为无限大毫无意义。实验学家们从未测到过任何无限大的数，刻度针从不曾指向过无限大，仪表永远也不会达到无限大，计算器处理不了无限大，一个无限大的结果差不多总是毫无意义。所有这一切告诉我们的就是：当把广义相对论的方程和量子力学的方程组合到一起的时候，出了什么大毛病。

需要注意的是，这里的问题并不同于我们在第4章中讨论量子非定域性时提过的狭义相对论与量子力学之间的问题。在第4章中我们了解到，为了将狭义相对论的原则（特别是所有匀速运动的观测者之间的对称性）与纠缠粒子的行为协调一致，我们需要对量子测量问题有一个更加完备的理解（详见第4章“纠缠与狭义相对论：反方观点”小节）。这一未被完全解决的问题并没有带来数学上的不自洽或是方程结果的无意义。恰恰相反，将量子力学与狭义相对论结合起来的方程给出了科学史上最精确的理论预言。狭义相对论与量子力学之间的小小麻烦告诉人们的是有一个研究领域需要进一步探索，而这并不影响将两个方程结合起来的理论预言能力。而广义相对论与量子力学的不相容却使得理论预言的能力完全丧失了。

不过即使这样，你仍然可以提出这样的问题：广义相对论与量子力学之间的不相容性真的有什么要紧吗？没错，将两个方程组合起来确实会带来无限大，不过你真的需要将它们组合起来吗？几十年的天文学观测已经证实，广义相对论可以以难以企及的精确性描述恒星、星系甚至整个宇宙的扩张这些宏观世界的物理；大量的实验同样证实量子力学在描述分子、原子、亚原子粒子这些微观世界的物理时威力强劲。既然这两个理论在其各自的领域内运转良好，我们为什么非要将它们组合起来呢？就让它们一直分开不是很好吗？为什么不就用广义相对论讨论那些又重又大的家伙，用量子力学讨论那些又小又轻的家伙呢？这样我们就可以庆贺人类已经在如此宽广的领域上了解了这个世界的物理现象。

实际上，这*正是*20世纪早期以来大多数物理学家一直做的事情，毫无疑问，这一直都是一种能获得丰富成果的好方法。在两种不同的理论框架下，物理学家们成就斐然。不过，仍然有很多理由要求广义相对论和量子力学之间的对抗必须得以调和。下面我们就来谈谈其中的两个理由。

首先，在大统一理论的层面上来看，人们很难想象统治我们这个宇宙的基本原理由两个彼此不能相容的理论组成。我们很难想象宇宙会把一切的事物泾渭分明地划分为两派，一派由量子力学描述，另一派则由广义相对论描述。把宇宙划分为两个不同派别的办法看上去是一个纯粹人为的办法，而且还非常笨拙。很多人相信，一定会有一个真正的深层次的统一理论将广义相对论与量子力学的矛盾调和起来，这样的一个理论可以应用到*一切尺度上的物理*。我们只有一个宇宙，因而很多人相信，我们应该也只有一个理论。

另外，尽管大部分的事物要么又大又重，要么又小又轻，因而从实践的角度看，可以利用广义相对论*或者*量子力学分别加以描述。不过，这个不是绝对的。黑洞就是一个很好的特例。根据广义相对论，组成黑洞的所有物质都被挤压到黑洞中心的一个很小的点上。[7] 这就使得黑洞的中心既极其的重又极其的小，因而必须依靠被分开的两个理论：我们需要广义相对论，因为黑洞的大质量会产生一个充实的引力场；我们也需要量子力学，因为所有的质量都被挤压到一个很小的尺度上了。但我们一旦将广义相对论和量子力学的两个方程组合起来，这个方程就会垮掉，所以没有人能够计算出黑洞的中心会发生什么。

黑洞就是一个好例子。不过如果你是一个真正的怀疑论者，那么你或许会问：这是不是也是一个我们不需要考虑的问题呢？因为我们如果不跳到黑洞的里面就没办法看到黑洞的里面发生了什么；而我们要是跳进去了，我们又不能将黑洞里面的情况报告给黑洞外面的世界，因而我们并不需要为黑洞里面是什么情况这样的问题而烦恼。但是对于物理学家来说，要是存在现有物理定律垮掉的领域——不管这一领域看起来多么古怪，那这就是一个真正的危险信号。只要已知的物理定律在某些情形下垮掉，那就明确地意味着我们还没有真正掌握最深层次的物理。毕竟宇宙总是正常运行，宇宙并没有垮掉。关于宇宙的正确理论至少应当满足这一标准。

好吧，这很合理，不是吗？但在我看来，由于量子力学与广义相对论的冲突而带来的问题中有一个更加需要尽快加以解决。我们再回头看看图10.6。可以看到，在将宇宙的演化串成一线方面，我们已经迈出了一大步，各个时期的演化前后一致且具有可预言能力。但是事情还没有最终完结，因为我们还没有彻底搞清楚接近宇宙诞生的时期所发生的事情。最初的时刻还是具有令人迷惑不解的神秘，那就是时间、空间的起源以及基本性质。那么是什么使我们不能揭开最初时刻的神秘面纱？就是量子力学与广义相对论之间的冲突。大质量的定律与小尺度的定律之间的矛盾使得我们没法补全宇宙演化模糊不清的那部分，宇宙形成之初的物理我们还是没办法洞察。

要理解这一点，让我们像在第10章中那样，倒过来放映一下宇宙演化这部片子，从膨胀的宇宙往回想象大爆炸。反过来想的话，每一种分散开来的东西又聚合到一起，我们的电影继续回放，宇宙变得越来越小，越来越热，越来越密。我们越接近时间上的零，整个可观测的宇宙也会变得越来越小，先是小到太阳那么大，接着只有地球那么大，然后只有保龄球那么大，梨那么大，一粒沙子那么大了——电影不断回放，宇宙越变越小。终于在某个时刻，宇宙只有普朗克长度那么大——1厘米的十亿亿亿亿分之一，而这个尺度上的量子力学和广义相对论又开始闹矛盾了。此刻，产生现今可观测宇宙的所有质量和能量都被包纳在一个小于原子大小万亿亿分之一的小点内。[8]

如同黑洞中心的情况一样，对早期宇宙的研究也需要求助于不相协调的两个理论：早期宇宙的大密度需要使用广义相对论来研究，而早期宇宙的超小尺寸又要求使用量子力学。于是，将两个方程组合到一起，一切又变得糟糕了。放映机卡住了，我们关于宇宙的回放只能到此为止了，于是我们还是不知道宇宙最初的那一刻。由于广义相对论和量子力学的冲突，我们仍然对早期宇宙一无所知，图10.6的开端还是只能混沌一片。

如果我们想要搞清楚宇宙的起源——所有科学中最深层次的一个问题——我们就必须解决广义相对论与量子力学之间的冲突。我们必须攻克由于“大”的定律与“小”的定律之间的矛盾而带来的问题，将两者融合成和谐一致的理论。

看似不可能的解决方式[1]

正如在爱因斯坦和牛顿身上所展现出来的那样，科学上的重大突破有的时候纯粹是来自某个科学家令人意想不到的天才。不过这样的时候并不多见。更多的时候，科学突破是由多位科学家的集体智慧催生的，每一个都在别人的基础之上做出进一步的工作，集腋成裘，最后取得一位科学家难以企及的成就。某位科学家想到的点子可能会促使其同事发现一些以前人们未曾注意到的关系，而这些新发现的关系可能会引发一次重要的突破，于是又开始了新一轮的科学发现。宽阔的眼界，熟练的技巧，灵活的头脑，对未曾预料到的联系的接纳能力，勤奋地工作，以及难以想象的运气都是科学发现的关键要素。近些年来，没有什么理论比*超弦理论*的发展更适合展现这一点。

很多科学家相信超弦理论将成功地调和量子力学与广义相对论。我们会看到，有理由相信超弦理论带给我们的将不止这些。尽管超弦理论目前还在研究中，但它很有可能是一个能够统一所有的力与所有的物质的理论，超弦理论很有可能实现甚至超越爱因斯坦之梦。我，还有很多科学家都相信，目前的研究仅仅是一个绚烂的开始，超弦理论最终将带给我们关于宇宙的最基本定律。然而，超弦理论并非孕育于某个试图达到这些伟大的长远目标的天才方法中。恰恰相反，超弦理论的历史中有的是偶然的发现，错误的开始，误失的良机，以及几乎被终结的命运。更确切地说，超弦理论是为了解决错误的问题而做

---

1. 本章的剩余部分讲述了超弦理论的发现并讨论了与统一和时空结构有关的关键思想。读过《宇宙的琴弦》（特别是第6章和第8章）的读者会非常熟悉某些内容，对于这些读者来说，略掉本章的剩余内容继续下面章节的阅读毫无问题。

出的正确发现。

1968年，加布里埃尔·维尼齐亚诺还是CERN的一位年轻的博士后研究员。和当时的许多物理学家一样，他致力于通过研究世界范围内各种原子对撞机上高能粒子的对撞结果来探索强核力。对数据中具有的模式和规律性经过数月的分析研究后，维尼齐亚诺神奇地发现这些数据同某一深奥的数学领域有着令人意想不到的联系。他发现有关强核力的这些数据同著名的瑞士数学家利昂纳德·欧拉在200多年前发现的一个公式（欧拉贝塔函数）可以精确匹配。也许这听起来没什么特别的——物理学家们总是使用不可思议的公式来研究问题——但在这里却着实是一个带有超前意味的意外发现，就像马车和缰绳跑到了马的前面一样。虽然并不总是，但大部分时候，物理学家都是先对所研究的问题有一个直观的物理图像，充分理解了他们正在探讨的物理问题之下掩盖的基本原理之后，才寻求正确的方程来给他们的直观物理图像建立一个坚实严格的数学基础。维尼齐亚诺则不是这样，他直接就得到了方程。维尼齐亚诺的天才之处在于从纷繁复杂的数据中发现了特别的规律性，并将这一规律性同200年前纯粹来自数学的公式联系起来了。

不过，维尼齐亚诺虽然得到了公式，但他却不知道如何解释这一公式为什么会有效。为什么欧拉贝塔函数会和影响粒子的强核力有关？维尼齐亚诺没有想清楚其中的物理图像。接下来的两年，情况仍未改观。直到1970年，斯坦福的莱昂纳德·萨斯金、尼尔斯·玻尔研究所的霍奇·尼尔森、芝加哥大学的南部阳一郎等人才分别弄清了维尼齐亚诺的发现的物理基础。这些物理学家证明，如果将两个粒子之间的强核力用一根连接粒子的极其细小的如橡胶管一样的绳子来解释的话，那么维尼齐亚诺和其他人所共同关注的量子过程就可以用欧拉公式描述。这些很小的弹性绳子就是所谓的“弦”。终于，马又跑到了马车的前面，弦论正式诞生了。

但先别忙庆祝。对于那些参与了这次研究的人来说，想清楚维尼齐亚诺公式的起源实在非常有成就感，因为那表明物理学家们正在一步步揭开强相互作用的神秘面纱。不过，这一发现并未掀起普遍性的狂热情绪，而且还差得很远。事实上，萨斯金的论文甚至遭到了期刊编辑部的退稿，理由是这一工作毫无意趣。萨斯金曾回忆那段经历：“我很吃惊，深受打击，非常沮丧，只好回家借酒浇愁。”[9] 尽管最后他和其他人有关弦的论文都被发表出来了，但是立即又遭受了两次毁灭性的挫折。仔细研究20世纪70年代早期的大量有关强核力的实验数据后，人们发现弦论的方法并不能非常精确地符合最新发现的结果。接下来，*量子色动力学*（QCD）出现了，这一基于传统的粒子和场——而不是弦——的理论可以令人信服地解释所有的实验数据。所以到了1974年，至少乍看起来，弦论遭到了重大的打击。

约翰·施瓦茨是弦论最早的狂热者之一。他曾经告诉我，从一开始他就觉得弦论深刻而意义重大。施瓦茨花费了数年的时间用以研究弦论方方面面的数学问题。抛开其他的成果不提，这一系列的研究导致了超弦理论——我们将会看到，超弦理论是原始弦论的一个重要的升级版——的发现。但是随着量子色动力学的巨大成功及在弦论框架下描述强核力的失败，在弦论上继续走下去似乎已无必要。不过，施瓦茨并没有放过弦论和强核力的不相匹，他不允许自己略掉这个问题。弦论的量子力学方程预言了一个非常特殊的粒子，这个粒子可以通过原子对撞机上的高能粒子碰撞大量地产生出来。就像光子一样，这一粒子的质量为零，但其自旋却为2。粗浅地说，这意味着这个粒子比光子转得快2倍。没有任何实验曾经发现过这样的一个粒子，因而这个粒子仅仅是弦论的众多未被证实的预言中的一个。

施瓦茨和他的合作者乔·谢尔克完全搞不清楚这个莫明其妙的粒子。直到某一天，他们将这个粒子与另外一个完全不同的问题联系了起来，这才取得了实质性的突破。尽管没有人能将广义相对论和量子力学结合起来，物理学家们还是可以定出一个成功的统一理论应有的一些性质。我们在第9章中曾经说过，微观层面上，电磁场通过交换光子来传递电磁力；引力场也是如此，只不过引力场交换的是另外一种粒子——引力子（基本粒子，引力的量子束）。虽然实验上尚未发现引力子，但是理论分析告诉我们引力子至少要有两个性质：无质量和自旋为2。引力子的这两个性质启发了施瓦茨和谢尔克——引力子的这两个性质正是弦论预言的那个讨厌粒子所具有的性质——促使他们迈出了大胆的一步。于是，看似失败了的弦论取得了梦幻般的成功。

施瓦茨和谢尔克提出，弦论根本就不应当被看作强核力的量子理论。他们认为，虽然弦论是在探索强核力的过程中发现的，但这个理论实际上是另一个完全不同的问题的答案。弦论实际上是第一个引力的量子理论。施瓦茨和谢尔克宣称，弦论所预言的自旋为2的无质量粒子正是引力子，而弦论的方程是引力的量子力学描述的具体表示。

施瓦茨和谢尔克于1974年发表了他们的论文。两人本希望这一设想会引起物理学家的广泛重视，但事与愿违，没有什么人对他们的理论感兴趣。现在回头来看，我们完全可以明白这是为什么。他们的想法似乎是非得为弦论找点什么用武之地。在解释强核力失败后，弦论的支持者们似乎不肯接受失败，他们好像竭尽全力也要找个能用得上弦论的地方。而且，在施瓦茨和谢尔克的理论中，弦的尺寸必须极大地改变一下，以便弦论中的候选引力子可以提供人们熟知的引力强度。我们都知道引力非常之弱[1]，而且根据弦论，越长的弦所传递的引力也会越强。基于这样的原因，施瓦茨和谢尔克发现他们的弦必须极其小才能够传递像引力那么弱的力；这样的弦必须小到普朗克长度，是之前作为强核力的理论时的万亿亿分之一。这样的情况无异于火上浇油。怀疑者们尖锐地指出，没有任何实验仪器有可能看到这么小的弦，这也就意味着这个理论完全不能用实验检验。[10]

另一方面，更加传统的非弦论式的点粒子与场的理论在20世纪70年代取得了令人目不暇接的成就。理论学家的大脑，实验学家的双手，全都被一个又一个实实在在的问题占据；人们不停地探索着新的理论，不断地用实验检验着理论的预言。既然在一个已经经受住了实践检验的框架下有这么多激动人心的工作等着人们去做，人们为什么要转投弦论呢？在这种情绪的感染下，尽管物理学家们知道他们的传统方法在调和广义相对论和量子力学方面存在着重大的问题，却没把这个问题当成一个亟待解决的问题。所有的人都承认这是一个重大的问题，未来的某一天我们必须面对这个问题。但是，在丰富的非引

---

1. 还记得吗？在第9章的注释中我们曾经提过，即使微不足道的磁体所产生的磁力也会大于整个地球所带来的引力，从而吸起一个纸夹。数值上来说，引力大约是电磁力的10^{-42}倍。

力工作的诱惑下，量子化引力这个难题还是扔到一边留着以后再说吧。最后，还有一点要知道的是，弦论在20世纪70年代中期还远远未形成体系。有一个引力子的候选者当然是一个成功之处，但是更多的概念性或技术性问题都还没有解决。弦论看起来很难克服那些未解决的困难问题，这个时候加入弦论的研究中多少带有一定的冒险意味。谁知道什么时候，弦论可能突然就死掉了。

但施瓦茨仍旧态度坚决。他相信弦论——第一个看似可能的用量子力学的语言描述引力的方法——的发现必定是一个重大的突破。如果大家都不感兴趣，好吧，没关系。反正他自己决意跟进，继续探索这个理论。人们真正注意到这个理论的时候，弦论已经发展到一定程度了。施瓦茨的果断具有真正的预见性。

20世纪70年代后期至80年代早期，施瓦茨与当时在伦敦玛丽女王学院的麦克尔·格林合作，一道解决弦论面临的一些技术性障碍。首要的问题是所谓的*反常*。我们不在这里讨论这个问题的细节。简单地说，反常是一个很恶劣的量子效应，它可以通过破坏某些不可撼动的守恒律——比如能量守恒——来毁掉一个量子理论。一个可行的量子理论必须没有反常。早期的研究发现弦论中具有反常，反常的出现是弦论没能引起人们兴趣的一个主要的技术性原因。即使引力子可以使弦论成为一个引力的量子力学理论，反常也会使得弦论遭受来自其自身的数学不自洽的困扰。

但是，施瓦茨认识到问题并没有坏到毫无办法的地步。或许，完整地计算后，人们会发现各种量子贡献带来的反常会在正确的组合之后彼此相消。于是，格林和施瓦茨承担了计算这些反常的艰苦工作。两人在1984年的夏天终于挖到了真正的宝藏。一个暴风雨夜，在科罗拉多阿斯本的物理中心工作到很晚的格林和施瓦茨完成了这一领域最重要的计算。计算结果表明，所有可能的反常以一种神奇的方式的确彼此相消了。他们发现，弦论中并没有反常，因而也无须遭受数学不自洽的困扰。格林和施瓦茨令人信服地证明了弦论在数学上是可行的。

这一次，物理学家们终于认真听他们的报告了。20世纪80年代中期，物理学的气候明显发生了变化。除引力之外的3种力的很多重要性质都已经理论算出且经过了实验检验。尽管还有很多重要细节尚未解决——直到今天也没解决——物理学家们已经开始着手对付另一个重大难题：如何将广义相对论与量子力学合并起来。这时，格林和施瓦茨走出了不被注意的物理学小角落，带着明确的、数学上自洽的、美学上也受欢迎的弦论猛地出现在公众面前，来告诉人们如何解决广义相对论和量子力学的合并问题。几乎一夜之间，弦论的研究者从最初的两人变成了上千人。第一次超弦革命到来了。

第一次革命

我于1984年秋天在牛津大学开始了我的研究生学习。接连好几个月，走廊里到处都是谈论第一次超弦革命的嗡嗡声。那个时候互联网还不发达，各种传闻还是快速散播有关信息的主要渠道。每天都能听到新突破的消息。研究人员普遍认为自从量子力学诞生的最初岁月以来，物理学界的气氛还未曾如此躁动。甚至有人严肃地谈论着理论物理的尽头近在咫尺。

对于大家来说，弦论还是新事物。早期的时候，弦论的细节还不能算是常识。我们这些在牛津的人非常幸运：麦克尔·格林那个时候曾专门到牛津做过弦论方面的报告，我们大多数人都开始了解弦论的一些基本思想以及重要主张。弦论所宣称的内容令人印象深刻。简单地说，弦论说了以下几点：

以一片任意事物为例——可以是一块冰，一块石头，一张铁片——我们想象着将它一分为二，然后再一分为二，一直这样做下去。我们一直切到非常小的尺度上。大约2500年前，古希腊人就提出了按这样的过程追寻最细微、不可再切、不可分割的成分的问题。现在我们已经知道这样做早晚会遇到原子，而原子并不是古希腊人要的答案，因为原子还能够被切成更细的组分。原子是可以切开的。我们已经知道，原子是由原子核和云集核外的电子组成；而原子核又是由质子和中子组成。20世纪60年代末，斯坦福直线加速器上的实验发现中子和质子也是由更基本的物质组成：每一个质子和中子都是由3个被称为夸克的粒子组成。我们在第9章曾提到过这些内容，也可以参看图12.3（a）。

在由高度精确的实验支持的传统理论中，电子和夸克被视为无空间结构的点粒子。如果按这种方式看的话，电子和夸克就代表着尽头——在物质的微观结构中能发现的大自然的最后一个俄罗斯套娃。而在这里弦论要登场了，它要挑战传统理论。以弦论的观点看，电子和夸克并不是没有尺寸的粒子。传统的点粒子模型只不过是一种近似，

图12.3 （a）传统理论将电子和夸克视为物质的基本组成。（b）弦论则将每一个粒子看成振动的弦

每个粒子真正的样子是细小的振动着的能量丝，我们将其称为弦，如图12.3（b）所示。这些振动能量的线没有厚度，只有长度，因而弦是一维的实体。可是，弦实在太小了，比一个单个原子核的万亿亿分之一还要小（10^{-33}厘米）。所以，即使我们用最高级的原子对撞机来观测弦，我们看到的也只可能是点。

因为我们对弦论的理解还远未完备，所以没有人知道弦论是否就是故事的尾声——如果弦论是正确的，那么它就是最后一个俄罗斯套娃吗？弦是否也是由更基本的成分组成的呢？我们稍后再回到这个问题上，现在姑且按照历史发展，假定弦论就是一切的终点，我们就将弦先看作宇宙最基本的结构。

弦论与统一

刚刚简要介绍了一下弦论，为了更好地展示弦论的强大之处，我有必要更加完整地讲一讲传统的粒子物理。过去的几百年，物理学家们一路磕磕绊绊地追寻着宇宙的最基本结构。人们发现，差不多世上所有的一切都是由前面提到的夸克和电子——如第9章中所述，更准确的说法是电子和两种夸克，质量和电荷分别不同的上夸克和下夸克——组成的。而实验告诉我们，宇宙中还存在着其他更加古怪的粒子种类，这些粒子并不出现在我们平常见到的事物中。除了上夸克和下夸克，实验上还发现了另外4种夸克（粲夸克、奇异夸克、底夸克和顶夸克）和另外2种很像电子却要重一些的粒子（μ子和τ子）。大爆炸之后很有可能存在很多这些粒子，但是到了今天，人们只能在高能对撞机上看到它们的身影了。除此之外，实验上还发现了3种幽灵般的粒子，即所谓的中微子（电子中微子、μ子中微子和τ子中微子）。中微子在铅中穿行万亿千米就像我们在空气中行走一样自如。所有的这些粒子——电子和它的弟兄，6种夸克和3种中微子——就是现代物理学家关于古希腊的最小物质组成问题的答案。[11]

所有的这些粒子可以分为三"代"，如表12.1所示。每一代包括两个夸克、一个中微子和一个相应的电子类的粒子；不同代中相对应的粒子的区别只是质量不同。按代分类虽然使得粒子的种类看起来有规律可循了，但是这种粒子还是能搞得你有点头晕（甚至是眼花缭乱）。不过别怕，弦论的好处现在就体现出来了。弦论最美妙的一点就是能用一种方法驾驭这种明显的复杂性。

表12.1　三代基本粒子及其质量（与质子质量对比）

一代		二代		三代	
粒子	质量	粒子	质量	粒子	质量
电子	0.00054	μ子	0.11	τ子	1.9
电子中微子	$<10^{-9}$	μ子中微子	$<10^{-4}$	τ子中微子	$<10^{-3}$
上夸克	0.0047	粲夸克	1.6	顶夸克	189
下夸克	0.0074	奇异夸克	0.16	底夸克	5.2

注：实验已经确认中微子的质量不为零，但是还无法准确地测得其确切值。

在弦论中，真正的基本元素只有一种——各种不同种类的粒子不过是弦所能激发的不同振动模式。我们可以用常见的小提琴或大提琴的弦来加以说明。大提琴的弦有很多种振动模式，不同的振动模式对应着不同的音符。就是依靠这些不同的振动模式，大提琴才能演奏出各种不同的声音。弦论中的弦也是如此：这些弦也有着不同的振动模式，只不过这些振动模式对应的不是各种不同的声音，*弦论中不同的振动模式对应着不同的粒子*。需要认识到的关键之处在于，弦的某种特定振动模式产生的是某一特定的质量、特定的电荷、特定的自旋，等等——正是这些性质上的不同，使得一个粒子不同于另一个粒子。按某种模式振动的弦可能具有电子的性质，而按另一种不同模式振动的弦可能具有的是上夸克的性质，也可能是下夸克的性质，或者是表12.1中任何一种粒子的性质。构成电子的并不是"电子弦"，构成上夸克或者下夸克的也不是"上夸克弦"或者"下夸克弦"。*唯*一的一种弦就可以形成种类繁多的粒子，因为弦的振动模式种类繁多。

你或许明白了，弦论的这一特点意味着向统一迈出了一大步。如果弦论真的是正确的话，那么表12.1中那令人头晕目眩的粒子表所表示的就只是一种基本成分的不同振动模式。单独一种弦演奏出来的不同音符可以解释已观测到的所有粒子。在超微观尺度上，宇宙演奏了一曲弦交响乐来将所有的物质化为实在。

用弦论的方式解释表12.1中的粒子非常美妙。不过，弦论还能够让我们在统一之路上走得更远一些。在第9章以及前面的有关内容中，我们曾经讨论过大自然中的力在量子水平上是如何通过交换粒子来传递的，这些信使粒子可见表12.2。弦论中的信使粒子就像弦论中的物质粒子一样。也就是说，每一种信使粒子都是弦的某种振动模式。光子是弦的一种振动模式，W粒子是弦的另一种振动模式，胶子也是弦的一种特定的振动模式。还有，最重要的一点，施瓦茨和谢尔克在1974年发现的特别振动模式具有引力子的性质，因而引力也被包括到弦论的量子力学框架下了。这样一来，不仅物质粒子，还有信使粒子——甚至是引力的信使粒子——都来自弦的振动。

表12.2　自然界中的4种力，以及传递这4种力的粒子的名称和质量

力	传递力的粒子	质量
强	胶子	0
电磁	光子	0
弱	W，Z	86，97
引力	引力子	0

注：表中的数值是通过与质子质量比较所得。实际上有两种W粒子，所带电荷分别为+1和-1，质量相同。为简化起见，我们略掉这一细节而只说存在W粒子

综上所述，弦论不仅仅是第一个成功将引力和量子理论合并起来的理论，还是一个能够统一描述所有物质和所有力的理论体系。这就是20世纪80年代中期上千名理论物理学家从他们的老本行中抽出身来，投入弦论的研究中的原因。

为什么弦论会有用

弦论得以发展之前，科学进展的途中到处是合并引力与量子力学的失败之举。究竟是什么原因使得弦论能够获得这样巨大的成功呢？我们已经讲过施瓦茨和谢尔克是如何惊奇地认识到，按某种特别

模式振动的弦具有引力子的性质，因而两人提出弦论是一个可以用来合并引力和量子理论的现成框架。从历史发展的角度看，这就是弦论偶然降临人世的过程。但是，为什么只有弦论能够成功而其他的尝试均以失败告终呢？这值得我们进一步思考。图12.2展示的就是广义相对论和量子力学的矛盾——在超小的距离（时间）尺度上，量子不确定性变得如此严重以至于广义相对论所依托的平滑几何模型不再成立。现在的问题是，弦论是怎么解决这一矛盾的？难道弦论能够平复超小尺度上时空的猛烈涨落吗？

弦论主要的新特征在于其基本成分不再是一个点粒子——没有尺寸的点——而是有空间延展性的客体。这一点正是弦论能够成功合并引力与量子力学的关键。

图12.2所示的猛烈涨落起源于将不确定原理应用到引力场，随着尺度越来越小，不确定原理使得引力场的涨落变得越来越大。在超小尺度上，我们用引力子来描述引力场，这就好像我们在分子的尺度上用H_2O分子描述水。在这种框架下，引力场的猛烈涨落可以看作大量的引力子狂乱地飞来飞去，就像强大的龙卷风卷起泥土沙石一样。如果引力子是点粒子（弦论之前，所有试图合并引力与量子力学的失败之举都是基于这一观念），图12.2实际反映的是这些引力子的集体效应：距离尺度越小，躁动就会越猛。弦论改变了这一结论。

在弦论的框架下，每一个引力子都是一个振动的弦——不是点，长度大约为普朗克长度（10^{-33}厘米）。[12] 既然引力子是引力场最精细、最基本的成分，那么谈论小于普朗克长度的引力场行为就毫无意义。你的电视机屏幕的分辨率受像素大小限制，弦论中引力场的分辨率也受引力子尺寸的限制。因而，弦论中引力子（其他的一切也是如此）的非零尺寸为引力场的分辨率设定了一个极限，这个极限大约是普朗克尺度。

认识到这一点非常重要。图12.2中那不可掌控的量子波动的起源是我们将量子不确定性应用到任意小的尺度上——比普朗克长度还小的尺度上。在基于点粒子的理论中，这样使用不确定原理毫无问题；但是我们也看到了，这样的应用会把我们带到广义相对论失效的境地。但是基于弦的理论则有一个内置的保护措施。弦论中，弦就是最小的成分，所以我们的微观之旅到了普朗克长度——也就是弦的长度——也便到了尽头。在图12.2中，第二高的那层代表的就是普朗克尺度。我们可以看到，在这一尺度上，空间结构仍有波动，因为引力场还是要服从量子涨落。不过这里的涨落已经足够温和，不会与广义相对论产生不可挽回的冲突。广义相对论的数学部分必须适当修改以包括这些量子波动，这种修改不会带来数学上的麻烦。

总之，通过限制最小尺寸的“小”，弦论限制了引力场量子涨落的“大”——这个大刚好使得量子力学与广义相对论不会发生灾难性的冲突。就是这样，弦论调和了量子力学与广义相对论的矛盾，并且有史以来第一次，将两者合并起来。

小尺度上的宇宙结构

更为广义的空间和时空的超微观性质意味着什么？首先，关于时空的传统概念必然会受到挑战。在传统概念中，空间和时间的结构具有连续性——你总可以连续切割两点之间的距离或者两个时刻间的时间间隔，你可以一次又一次地将它们一分为二，无穷无尽。现在，你必须放弃这样的连续性概念；你不停地切割时空，最后总会达到普朗克长度（弦的长度）和普朗克时间（光走过弦长所用掉的时间），这个时候你会发现你无法继续分割空间和时间。一旦你达到宇宙最小成分的尺度时，“变得更小”这个概念便失去了意义。以无大小的点粒子为基础的理论体系中并没有这样的限制；但是弦是有尺寸的，所以弦论中有这样的限制。如果弦论是正确的话，关于时空的那些普通概念，我们所有日常生活所依赖的那些概念，在比普朗克尺度——弦本身的尺度——还小的水平上就不再有效。

至于在小于普朗克尺度的地方应该有什么新的概念，人们还未形成一致的看法。有一种可能性同前面讲过的内容——即弦论如何将量子力学与广义相对论合并起来——相一致，普朗克尺度上的空间结构类似于格点或网格，格线之间的空间超出了物理的范畴。就像走在一块普通布料上的超小蚂蚁，它只能在两条线之间蹦来蹦去。或许超小尺寸上的运动也是如此，只能从空间的一条“线”蹦到另一条。时间也是颗粒状的结构。单独的时刻彼此靠得很近，但不是连绵不断的。按这种方式思考的话，更小的空间和时间间隔的概念会在普朗克尺度上突然走到尽头。这就好比你总是可以把钱分成更小的份，可是最后，你总要面对一分钱，这个时候你突然就无法把钱继续分成小份了。超微观时空如果是格点结构的话，就根本不会有小于普朗克长度的距离或者小于普朗克时间的时间间隔这样的东西了。

另一种可能是，在极端的小尺度上，空间和时间并不是突然失去了意义，而是渐变地转成其他更加基本的概念。之所以不能说“变得比普朗克长度还小”这样的话，并不是因为你遇到了最基本的格子，而是因为空间和时间这样的概念变成了别的东西，因而你说“变得更小”时就像问9这个数是不是快乐一样无意义。也就是说，我们在宏观尺度上熟悉的空间和时间逐渐变成了超微观尺度上我们不熟悉的某种概念，它们的很多性质——比如长度和间隔——都变得毫无意义了。这就好比你可以研究液态水的温度和黏性——描述液体宏观性质所使用的概念——但是当你在单个H_2O分子的尺度上研究时，温度和黏性这些概念就变得毫无意义了。因而，尽管你可以在日常生活的尺度上一次又一次地分割空间和时间，但是当你来到普朗克尺度的时候，发生了某种变化，这种变化导致分割这样的事情毫无意义。

包括我在内的很多理论物理学家都强烈地感觉到沿着这条路走下去可能会得到一些成果。但是，只有找出空间和时间转变成了什么更加基本的概念，我们才能走得更远。[1]到目前为止，这仍是未解之谜。不过，在一些研究工作（我们会在最后一章中加以讨论）中已经提出了一些意义深远的可能性。

更小的点

讲到这里，看起来任何一位物理学家都很难抗拒弦论的诱惑。我

1. 事实上还有另外一种合并广义相对论与量子力学的方法——圈量子引力，我们会在第16章中简要讨论一下这个问题。其支持者的观点更加接近前一种假设——时空在小尺度上具有不连续的结构。

们终于有了弦论这样一个理论，它不仅仅承诺要实现爱因斯坦的梦想，还能调和量子力学与广义相对论之间的矛盾；它用振动的弦来描述世间万物，从而将所有的物质和所有的力统一起来，在弦论的世界中，超微观尺度上的空间和时间像转轮拨号电话一样好玩。一言以蔽之，弦论是一个能将我们对于宇宙的理解提升到一个全新层次的理论。但千万别忘了，还没有人看到过弦，而且除了我们将要在下一章中讨论的一些稀奇想法，即使弦论是正确的，人们也很可能永远都看不到弦。弦实在是太小了，直接观测弦就像是从100光年以外阅读现在的这一页文字。直接测量弦对我们的技术提出了很高的要求，我们现有的分辨率再得提高百亿亿倍才有可能。一些科学家大声嚷嚷着弦论这样远超直接实验检验的理论只能算是哲学或神学领域的研究对象，它不是物理。

我要说这样的观点缺乏远见，或者说非常的不成熟。或许我们永远都不能直接测量弦，不过这没关系，科学史中到处都是只能用间接的方法检验的理论。[13] 弦论并不谦虚，它的目标和许诺非常之大。这一点令人兴奋同时也有其意义，如果一个理论要成为关于宇宙的*唯一*理论，它就不能只在目前讨论的这种水平上马马虎虎地与现实世界匹配，它也应该在细微之处尽善尽美。正如我们马上就要讲到的，有一些办法可能可以检验弦论。

20世纪60—70年代的物理学家，在理解物质的量子结构和支配其行为的各种力（引力除外）方面迈出了非常大的一步。在实验结果与理论思考的双重推动下，人们得到了研究这些问题的理论框架，那就是粒子物理的*标准模型*。标准模型的基础是量子力学和表12.1中的物质粒子以及表12.2中传递力的粒子（标准模型并没有将引力纳入其中，因而需要忽略引力子。另外，标准模型中还有一种希格斯粒子没有在表中列出）。当然，这里的粒子都是点粒子。标准模型可以解释世界上所有的原子对撞机上产生的数据，因而标准模型的作者得到了极高的荣誉。但是，标准模型有其局限性，我们已经讨论过弦论之前的各种理论并不能成功地调和引力与量子力学。除此之外，标准模型还有另外一些问题。

标准模型既不能解释*为什么*正好是表12.2中列出的那些粒子传递各种力，也不能解释*为什么*物质正好是由表12.1中列出的那些粒子组成。物质为什么有三代？每代为什么有那些粒子？为什么不是两代或一代？电子的电荷为什么是下夸克电荷的3倍？μ子质量为什么是上夸克质量的23.4倍？顶夸克的质量为什么是电子质量的350000倍？宇宙中为什么会出现这些看起来完全随机的数字？标准模型将表12.1和表12.2（忽略其中的引力子）中的粒子都当作输入*参数*，然后精确地预言粒子之间的相互作用和影响。就像你的计算器不能解释你所输入的数字，标准模型也不能解释它的输入参数——各种粒子及其性质。

思索这些粒子的性质并不仅仅是一个为什么种种神秘细节恰好是这样或那样的学术问题。过去百年间的科学实践使科学家们认识到，宇宙之所以具有人们日常经验所熟知的那些性质完全是因为表12.1和表12.2中的那些粒子恰好具有它们该有的性质。假如某些粒子的质量和电荷稍稍变化一点，使恒星发光放热的核反应过程可能就不会发生；没有恒星的宇宙完全是另外一个世界。因而，基本粒子的各种详细特性是与所有科学中最深刻的问题联系在一起的，这个最深刻的问题就是：基本粒子所具有的性质为什么恰好可以使核反应过程发生，恒星发光，行星得以围绕恒星而形成，而且其中至少有一颗行星上出现了生命？

标准模型完全回答不了这些问题，因为粒子性质只不过是标准模型的一部分输入参数。如果粒子性质不能确定下来，标准模型就无法运作，也给不出任何答案。而在弦论中，粒子的性质是由弦的振动决定的，因而弦论可以为粒子的种种性质提供一个解释。

弦论中的粒子性质

为了更好地理解弦论是如何解释各种问题的，我们最好先对弦的振动如何导致粒子的性质有一个更好的认识，所以我们先来看看粒子最简单的性质——质量。

从$E=mc^2$这个公式中，我们可以知道质量和能量可以彼此转化，这一点就像美元和欧元是可以互相兑换的一样（与货币的兑换略有不同的是，能量和质量按固定汇率兑换，这个汇率就是c^2）。我们的生活依靠的就是爱因斯坦方程。太阳每秒可以将430万吨的物质转化为能量，我们生活所需的光和热就是这些能量的一小部分。未来的某一天，我们或许可以仿效太阳的方式在地球上安全地利用爱因斯坦方程，到那一天，人类或许就可以获得无穷无尽的能量了。

在上面的这些例子中，能量来自质量。爱因斯坦方程也可以反过来用——也就是说将能量转化为物质——而这正是弦论使用爱因斯坦方程的方式。弦论中，粒子的*质量*不是别的，正是弦的振动能量。例如，弦论是这样解释一个粒子为什么会重于另一个粒子的：构成较重粒子的弦比构成较轻粒子的弦振动得更加快速也更加猛烈。更快更猛的振动意味着更高的能量；而根据爱因斯坦方程，更高的能量意味着更大的质量。反过来说，一个粒子的质量越轻，也就意味着弦振动得越慢越平和；而无质量的光子和引力子则对应着弦可能有的最平静温和的振动模式。[1] [14]

粒子的其他性质，比如电荷和自旋等与弦的振动的其他一些更加深奥的性质有关。与质量相比，这些性质很难不用数学就加以描述，但基本思想是一样的：振动模式就是粒子的指纹，我们用来区分粒子的所有性质都由弦的振动模式决定。

20世纪70年代早期，物理学家曾分析过弦论的最初化身——玻色型弦论——的振动模式以便确定理论中预言的粒子的性质，但是他们遇到了一些麻烦。玻色型弦论中的每种振动模式都具有整数自旋：自旋0，自旋1，自旋2，等等。这是一个很大的问题，虽然传递力的粒子的自旋正是整数，但是物质的粒子（比如电子和夸克）的自旋并不是整数，这些粒子的自旋为半整数，即1/2。1971年，佛罗里达大学的皮埃尔·雷蒙德决定攻克这一问题。雷蒙德很快就找到了一种修改玻色型弦论方程的办法，修改后的方程可以将半整数的振动模式纳入其中。

---

1. 来自希格斯海的质量与弦的振动的关系将在本章后面的内容中加以讨论。

事实上，仔细地考查雷蒙德的研究，以及施瓦茨和他的合作者安德烈·内沃发现的结果，还有稍后一些的费迪南多·格里奥奇、乔·谢尔克和大卫·奥利弗的发现，人们认识到修改后的弦论中不同自旋的振动模式之间存在一种完美平衡——一种新颖的对称性。研究者们发现，新的振动模式按自旋相差1/2的方式成对出现。每一种自旋1/2的振动模式有自旋0的振动模式伴随；每一种自旋1的振动模式有自旋1/2的振动模式伴随。整数自旋与半整数自旋之间的对称性称为*超对称性*，于是，*超对称弦论*（简称*超弦*）诞生了。10年之后，施瓦茨和格林就是在超弦的框架下证明了所有威胁弦论的可能反常最终相消。因而，施瓦茨和格林的论文所引发的弦论革命更适合被称为第一次超弦革命（在后面的内容中，我们常常会提到弦和弦论，当我们这么说的时候，我们实际上指的是超弦和超弦理论）。

有了这些基础，我们可以脱离泛泛的讨论，仔细看看弦论关于这个宇宙究竟说了些什么。事情很清楚：弦所激发的各种振动模式中，必然有一些振动模式的性质与已知的粒子相符合。理论中有自旋1/2的振动模式，弦论必须使自旋1/2的振动模式与表12.1中所列出的已知物质粒子*精确*符合。理论中也有自旋1的振动模式，弦论也必须使自旋1的振动模式与表12.2中所列出的已知信使粒子*精确*符合。最后，如果实验上真的发现了自旋为0的粒子，比如希格斯场所预言的粒子，那么弦论就必须使自旋为0的振动模式与实验上发现的那些粒子的性质*精确*符合。总之，弦论要想成为一个正确的理论，它的振动模式必须能够解释标准模型的粒子。

弦论的机会来了。如果弦论是正确的话，它就能够解释实验上测得的粒子的性质，各种性质不过是弦所能激发的振动模式。如果弦的振动模式能够与表12.1和表12.2所列的粒子性质相匹配的话，那么不论实验上是否能够直接观测到弦的存在，我相信即使那些对弦论的最苛责的刁难者也会开始相信弦论。如果理论真的能与实验符合得很好的话，那么弦论不但能成为人们长久以来一直追寻的统一理论，还能够首次给予宇宙为什么是现在这个样子这一问题一个真正的基本解释。

那么弦论是如何应对这一挑战的呢？

振动太多了

弦论的第一次登场以失败告终。对于最早的那批先驱者来说，弦的不同振动模式有无数种，图12.4所示的就是这一无穷级数的最初几项。但在表12.1和表12.2中，只有有限的几种粒子存在，因而从一开始我们就很难和现实世界匹配得上。更为严重的是，如果我们利用数学来分析这些振动模式可能的能量——也就是质量——的话，我们会发现理论和实验观测存在着另一个明显的分歧。弦的可能的振动模式的质量与表12.1和表12.2中所列出的实验观测值并不一致。我们现在来看看这是为什么。

早在弦论刚刚诞生的日子，物理学家们就了解到弦的硬度反比于弦的长度（更准确地说是长度的平方）：越长的弦越容易弯曲，越短的弦会变得越硬。1974年，施瓦茨和谢尔克提出降低弦的尺寸以使之实现引力的强度，这种做法同时也导致了弦的张力增强，简单的分析表明弦中的张力大约是千万亿亿亿亿（10^{39}）吨，这个数值是钢琴中

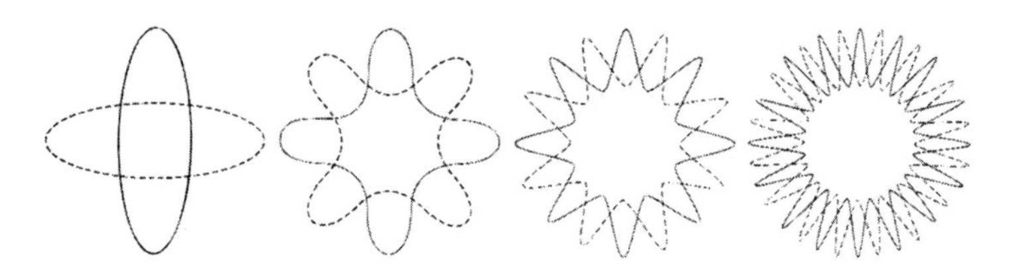

图12.4 弦的最初的几种振动模式

的弦的张力的100000000000000000000000000000000000000000（10^{41}）倍。想象一下吧，如果你想把一根细小又极其硬的弦弯成图12.4中的那些形状，你会发现峰和槽的数目越多的话，你所要花费的力气也就越大。反过来看，如果一根弦以这样一些形状振动，它所能释放出来的能量也将异常巨大。因而，除了最简单的振动模式，弦的其他所有的振动模式都意味着超高能量，根据$E=mc^2$，这也就意味着那些振动模式的质量超级巨大。

当我说“巨大”这个词的时候，我想表达的是真正的巨大。计算表明，弦振动的质量是一个级数，所有的质量都是一个基本质量的倍数，这个基本质量就是*普朗克质量*；这一点就像音乐中的和弦一样，泛音的频率都是基频的倍数。按粒子物理的标准，普朗克质量实在太过巨大了——差不多是质子质量的千亿亿倍（10^{19}），几乎是尘埃颗粒或者细菌那么重了。而弦振动的质量只能是普朗克质量的0倍、1倍、2倍、3倍等，这一事实表明，除了弦的0质量振动模式，所有的振动模式的质量都太过巨大了。[15]

如你所见，表12.1和表12.2中的个别粒子无质量，但是大部分粒子具有质量。相比于普朗克质量，这些有质量的粒子其质量非常之小，简直比文莱的苏丹需要借贷的概率还小。因而，我们可以很明显地看出已知粒子的质量并不满足弦论所预言的质量。这是否意味着弦论失败了呢？你或许会这么想，不过事实并非如此。无穷种振动模式的质量远大于已知粒子的质量，这一点的确是弦论必须战胜的一个挑战。多年的研究表明，有一些办法可能会帮助弦论跨越这一难关。

首先，实验告诉我们越重的已知粒子就越不稳定；重的粒子常常很快衰变成低质量粒子雨，这些低质量粒子再衰变，最终留给我们的是表12.1和表12.2中最轻、最为人们熟悉的粒子（举个例子，顶夸克会在10^{-24}秒内就衰变掉）。我们期望这样的机制对“超重”的弦的振动模式也成立，那样的话，我们就能够解释为什么在高热的早期宇宙中即使有大量的超重振动模式产生，在今天的宇宙中我们也看不到它们了。即便弦论是正确的，我们也很难看到弦的超重振动模式，或许我们唯一的机会是粒子加速器上的高能碰撞。但是，目前的加速器能量大概只是质子质量的1000倍；相比于弦论中的非最小振动模式（最小的振动模式对应着零质量的粒子），这样的能量实在是太微弱了。因而，弦论所预言的粒子塔中每一个质量都算得上很大，甚至最小的质量都要比目前技术水平能达到的能量大千万亿倍。所以弦论与实验观测并不矛盾。

从这一解释中我们可以很明白地看清一个事实：弦论与粒子物理唯一的接触机会就是弦的低能振动模式——也就是无质量粒子，因为其他的振动模式的质量都远远超越了当前技术的掌控范围。既然这样，我们就要问：为什么表12.1和表12.2中的大部分粒子都是有质量的呢？这是一个非常重要的问题，不过它并没有乍看之下那么可怕。普朗克质量非常巨大，即使目前已知的最重粒子——顶夸克，其质量也仅仅是普朗克质量的0.0000000000000000116（大约10^{-17}）倍；至于电子，它的质量仅仅为普朗克质量的0.0000000000000000000000034（约为10^{-23}）倍。所以，一阶近似下——*直到10^{17}分之一都是有效的*——同普朗克质量相比，表12.1和表12.2中的所有粒子都是零质量（一阶近似下，同文莱的苏丹相比，地球上的大多数人的财富都是零），正如弦论所预言的那样。我们的目标是改善这一近似，并且用弦论解释表12.1和表12.2中的粒子质量为什么会和零有一个小小的偏离。由此可见，无质量的振动模式与实验上的数据并不一致这一事实，并不像你一开始想象的那么严重。

虽然情况已经令人大受鼓舞，但是精细的分析并非易事。利用超弦理论的方程，物理学家们可以写出所有的无质量振动模式。其中之一就是自旋为2的引力子，而我们知道正是它的成功唤起了以后的研究；引力子的存在使得引力可以是量子弦论的一部分。计算告诉我们的另一件事是：自旋为1的无质量振动模式比表12.2中列出的粒子多*很多*；自旋为1/2的无质量振动模式也比表12.1中列出的粒子多*很多*。更为糟糕的是，自旋为1/2的无质量振动模式并没有表现出任何具有代的结构的迹象。更加仔细地分析后，人们发现，将弦的振动模式与已知粒子对应起来的确并非易事。

20世纪80年代中期时的情况就是这样，一方面，人们有理由因为超弦而激动万分；另一方面，人们又有理由对超弦保持怀疑。只有一点毫无疑问：超弦理论的确向着统一迈出了大胆的一步。超弦理论毕竟是第一个将引力和量子力学合并起来的自洽方法。它对物理学所做的一切就像罗杰·班尼斯特[1]与4分钟1.6千米：将不可能变为可能。超弦理论使我们相信，攻克20世纪物理学两大支柱之间的壁垒并非不可能。

当然，更进一步地分析，试图用超弦理论解释物质和自然界中的力的详细特质时，物理学家们遇到了困难。这些困难使得一些人质疑超弦理论。在怀疑者们看来，如果不提统一方面的潜在可能，超弦理论只不过是一种与物理的宇宙毫无关系的数学结构罢了。

在超弦理论的怀疑者们看来，前面讲过的问题并不是最紧要的，超弦理论的特性中有另外一个更为严重的弱点。现在我来介绍一下这个问题。超弦理论的确能够成功地将引力与量子力学组合起来，没有受困于数学上的不自洽，而数学上的不自洽却是之前的很多尝试失败的原因。但是，在超弦理论最初的几年里，物理学家们发现，如果宇宙有3个空间维度，超弦理论的方程就无法拥有那些令人羡慕的性质；仅当宇宙有9个空间维度的时候，超弦理论才具有数学上的自洽性。这也就是说，加上时间维度的话，超弦理论中的宇宙必须拥有十维时空。

与这个听起来非常古怪的要求相比，将超弦的振动模式与已知粒子种类精确地对应起来这个难题只能算是一个二等问题。超弦理论要求存在另外6个没人见过的空间维度。这可不是什么好事，这是一个问题。

1. 罗杰·班尼斯特，生于1929年，英国人，1954年成为第一个在4分钟内跑完1.6千米的人。—— 译者注这真的是一个问题吗？

早在超弦诞生之前，20世纪最初几十年的理论发现表明，额外维度根本不必成为一个障碍。而且，在20世纪末的更新版本中，物理学家们证明了额外维度有能力在弦论的振动模式与实验上发现的基本粒子之间搭起一座桥梁。

下面我们就一起来看看这赏心悦目的理论进展。

在更高的维度中统一

1919年，爱因斯坦收到了一篇论文。这篇很容易因为被当作奇思怪想而遭遗弃的论文出自没什么名气的德国数学家西奥多·卡鲁扎之手。在短短的几页纸上，作者提出了一种统一当时已知的两种力——引力和电磁力——的方法。为了达到统一的目的，卡鲁扎抛出了一种相当激进的方案，这一方案明显违背了一些非常基本、可以完全想当然，甚至不需要质疑的东西。卡鲁扎提出，宇宙并不是只有3个维度。他恳请爱因斯坦和物理学家们接受宇宙有4个空间维度的可能性。这样一来的话，连同时间一共就有了5个时空维度。

我们立即要问，这样做究竟意味着什么？我们说有3个空间维度时，我们指的是存在着3个独立的方向或轴，而你可以沿着这些方向运动。在你当前的位置，你可以定出左右、前后、上下这些方位。在一个三维的宇宙中，你所做的任何运动都是沿着这3个方向分别运动的某种组合。我们也可以这样说，在一个三维宇宙中，你需要3条信息才能确定一个位置。比如，在一座城市中，你需要知道某栋建筑的街道以及跟它相交的街道，还有具体的楼层，才能搞清一场晚宴到底在哪里举行。如果你希望客人们按时到达，那么你还需要第4条信息：时间。这就是我们说时空具有4个维度的原因。

而卡鲁扎提出，除了左右、前后、上下，宇宙还有另外一个空间维度；由于某种原因，人们无法看到这个额外的维度。如果真是这样的话，那就意味着事物还有另外一个独立的方向可以运动。因而我们需要4条信息才能在空间中定位。如果算上时间的话，我们需要的就是5条信息。

就是这样，爱因斯坦在1919年4月收到的那篇论文说的就是这个事情。问题在于，爱因斯坦为什么没把这篇论文扔掉呢？既然我们没有看到另外的维度——我们从来没有因为一条街道、一条交叉街道和楼层号这3条信息还不足以帮助我们找到想去的地方而懵懵懂懂——我们为什么要在乎这个古怪的想法？现在我们就来看看为什么。卡鲁扎发现，爱因斯坦的广义相对论方程在数学上可以相当容易地推广到具有更高空间维度的宇宙中。卡鲁扎进行了这样的扩充，然后很自然地发现，扩充后的广义相对论的高维版本并不仅仅包括了原始的广义相对论方程，还因为更多的维度而有了一些新的方程。仔细研究这些多出来的方程后，卡鲁扎发现了一些非常奇特的东西：这些方程居然是19世纪麦克斯韦发现的用以描述电磁场的方程！为宇宙添加了一个新的维度后，卡鲁扎竟然解决了爱因斯坦眼中所有物理学中最重要的一个问题。卡鲁扎提出的理论体系可以将爱因斯坦的原始广义相对论方程和麦克斯韦的电磁场方程组合起来。这就是爱因斯坦没有扔掉卡鲁扎论文的原因。

直观上，你可以这样理解卡鲁扎的理论。在广义相对论中，爱因斯坦重新认识了空间和时间；空间和时间的扭曲和拉伸，可以使引力以一种几何式的方式现身。卡鲁扎在他的论文中提出，空间和时间的几何疆界可以延伸得更远。爱因斯坦认识到引力可以看作普通三维空间和一维时间中的蜷曲和涟漪；而卡鲁扎发现，再加上一维空间的宇宙中会有更多的蜷曲和涟漪，而这些可以使他获得描述电磁场的方程。在卡鲁扎的手中，爱因斯坦用几何描述宇宙的方法强大到足以统一引力和电磁场。

当然，问题还是存在的。尽管数学上没有问题，却没有——现在也没有——任何证据证明存在着比我们熟知的三维还多的空间维度。那么卡鲁扎的发现只是理论上的一个意外呢，还是的确与我们的宇宙有着某种不为人所知的联系呢？卡鲁扎本人对自己的理论深信不疑——比如，他曾经研究过一篇游泳方面的文献，以便学会游泳潜入深海中。但是一个看不见的空间维度这样的想法，不管它在理论上是多么引人注意，实际上总是令人难以接受。1926年，瑞士物理学家奥斯卡·克莱因为卡鲁扎的想法注入了新的活力，他发现了一种隐藏额外维度的办法。

隐藏的维度

为了理解克莱因的想法，我们先来想象一下这样一个场景：菲利普·帕迪特[1]在珠穆朗玛峰与洛子峰[2]之间走钢索。我们从很多千米以外看到的这个场景，就像图12.5所示意的那样。钢索看起来就像条一维绳子——只在其长度的方向上延展。这时有个人告诉我们一条蚯蚓正在菲利普的前面一点慢慢地爬，我们这时只能为蚯蚓祈祷了，希望这个可怜的小家伙能够一直在菲利普的前面以免遭灭顶之灾。稍稍回过点神后，我们都认识到绳子并不是只有我们能看见的左右这个维度。尽管只用肉眼我们很难从远处看清楚，但是除了长度的方向，绳子的确还有另外一个维度：那就是缠绕在绳子上的“蜷曲”维度。我们在望远镜的帮助下看清了弯曲的维度，我们看到蚯蚓并不是只能在“长”的方向上左右爬动，它也能在很“短”的方向上，绕着绳子顺时针或逆时针爬动。也就是说，在绳上的每个点，蚯蚓都有两种独立的方向可以爬动（而这也正是我们说绳子的表面是二维时想表达的意思[3]）。因而，要想避开菲利普的脚，蚯蚓有两种选择：要么像我们之前认为的那样，始终爬在菲利普的前面；要么绕着绳子爬到下边，让菲利普先过去。

绳子向我们展示了维度——物体可以在其上移动的独立方向——可以有两种定性上完全不同的种类。维度既可以大到我们能够看见，就像前面所说的沿着那根绳索表面的左右维度；也可以小到我们很难看见，就像环绕绳索表面的顺时针、逆时针的那个维度。在

---

1. 艺人，曾于1974年8月7日在世贸中心双塔间表演空中走钢索，花了1小时跨越世贸中心两栋塔楼，之后遭逮捕入狱。后来，菲利普只能在中央公园为小朋友表演。——译者注

2. 洛子峰，海拔8516米，为世界第四高峰，地处珠穆朗玛峰以南3000米处，它们之间隔着一条山坳，即通常说的“南坳”。——译者注

3. 如果你非要把左和右、顺时针和逆时针分开来算，那么你会认为蚯蚓有四个方向可以选择。但是我们说“独立”这个词的时候，我们将那些在同一几何轴上的方向——比如左和右，又比如顺时针和逆时针，都是在同一个几何轴上——都算作一个方向。

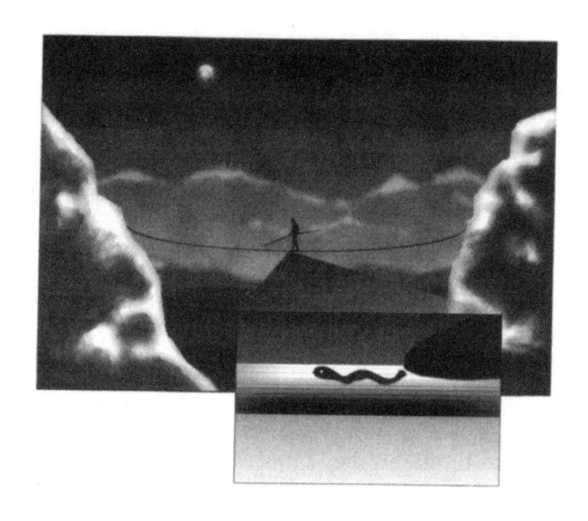

图12.5 从远处看，拉紧的绳索好像是一维的。只有用很好的望远镜才能看到它蜷曲的第二维

我们所举的这个例子中，看到绳索表面小小的环绕维度并不难，我们所需的只是一台有效的放大设备。我们也很容易理解，蜷曲维度越小的话，看到它们也就越难。从几千米远的地方，看到一条钢索的蜷曲维度是一回事，要想看到一根牙线或者神经纤维的蜷曲维度则是另外一回事。

克莱因的贡献之处是：他首先提出，对于宇宙中的某个物体正确的事很可能对于宇宙本身也是正确的。也就是说，绳索的表面既可以有很长的维度也可以有小到很难看见的蜷曲维度，宇宙也是如此。或许我们熟知的3个空间维度——左右、前后和上下——就像绳索的水平维度，属于很容易看见的大维度。另一方面，就像绳索有很小且蜷曲的环形维度，空间的结构可能也有很小且蜷曲的环形维度，这一维度可能如此之小以至于我们现有的各种放大设备还不足以发现它们的存在。克莱因提出，由于尺度非常之小，这些维度成了隐藏的维度。

那么这些很小的维度究竟可以有多小？如果把量子力学引入克莱因的原始理论中的话，数学分析可以告诉我们这一额外的环形空间维度的半径可能只有普朗克长度那么长，[16] 这么小的长度显然是实验达不到的水平（当今世界最高水准的实验设备只能探测到千分之一原子核大小的长度，而普朗克长度是这个长度的千万亿分之一）。但是对于普朗克尺度的蚯蚓来说，这个又小又蜷曲的环形维度足够它在上面溜达了，正如图12.5中所示的那种绳索足够一条真正的蚯蚓绕着它爬来爬去。当然，真正的蚯蚓会发现在蜷曲的环形维度上转来转去没什么意思，因为没走多远就回到了起点；而这一点对于普朗克尺度的蚯蚓来说也很烦恼。不过，除了不够长这一点外，这一蜷曲的小小环形维度看起来跟普通的三维平直维度没什么分别。

为了对这个问题有一个直观的印象，我们必须注意到我们所说的蜷曲维度——顺时针、逆时针这个方向——*在沿着绳索延展维度的每一点都存在*。蚯蚓可以在沿着绳索延展方向的每一点绕着环形维度爬动。所以，我们可以说绳索表面可以描述为有一个长长的维度，且在这个长长的维度的每一点上都有一个小小的环形维度，如图12.6所示。把这一点记在脑中，因为克莱因就是用这样的办法隐藏了卡鲁扎的额外空间维度。

为了搞清这一点，我们再来一点一点地查看越来越小尺度上的空间结构，如图12.7所示。首先，在放大倍数不大的地方，什么新东西

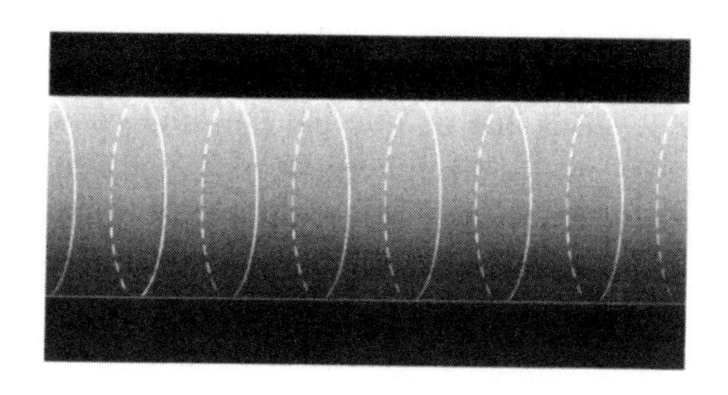

图12.6　拉紧的绳索表面，长长的一维的每一个点上都绕着一个维度

图12.7　卡鲁扎-克莱因方案说的是，在非常小的尺度上，每一个点都附着一个额外的蜷曲维度

也没有：空间仍然只是普通的三维结构（我们在书中用两维的格子示意性地代表）。但是，当我们到达普朗克长度——就是图中放大的最高层——的时候，克莱因提出，一种新的蜷曲的维度出现了。正如沿

着绳索延展方向的每一个点上都存在着一个环形维度，克莱因提出的环形维度也存在于我们熟知的三维空间的每一个点上。图12.7中，我们示意性地在沿着延展方向的每一个点上画了一个额外的环形维度（我们只能用格子示意性地说明，要是真的在每一个点都画一个圆环，那我们在这张图上就什么也看不清了），你可以看出这与图12.6中的绳索多么的类似。因此，在克莱因的方案中，空间有3个普通的平直维度，在这3个维度的每一个点上都有一个额外的环形维度。注意，额外维度并不是普通三维空间中的一个圈；或许这张示意图的局限性会使你这么想，但是千万别，因为不是这样。额外维度是一个全新的方向，与我们所熟知的3个方向完全不同，它存在于普通三维空间的每一个点上，因为太小，所以逃过了我们迄今为止最高级的设备的探测。

这样修改了卡鲁扎的原始思想之后，克莱因回答了宇宙是如何获得三维之外的维度并将它们隐藏起来的这个问题。从此之后，这一理论正式被称为*卡鲁扎-克莱因理论*。我们还记得，只要有一个额外的空间维度，卡鲁扎就可以将广义相对论与电磁场融合起来；因而，卡鲁扎-克莱因理论看起来明显就是爱因斯坦想要的理论。事实上，爱因斯坦和其他一些人的确因为通过一个全新的隐藏维度实现了统一而激动万分，人们花了大量力气来仔细研究这一理论。不久，人们就发现卡鲁扎-克莱因理论有自己的麻烦。最明显的一点是，将电子纳入额外维度框架下的努力均以失败告终。[17] 爱因斯坦本人直到20世纪40年代早期还偶尔涉猎卡鲁扎-克莱因体系，但是这一理论由于最初的许诺迟迟不能兑现而逐渐淡出了人们的视野。

不过，几十年之后，卡鲁扎-克莱因理论气势汹汹地卷土重来了。

弦论与隐藏的维度

除了试图解释微观世界时遭遇难题，还有另外一个原因使得科学家们在面对卡鲁扎-克莱因理论时犹豫不前。很多人觉得卡鲁扎-克莱因理论在假定隐藏的空间维度时太过随意，有太多任意性。克莱因并不是通过严格的推导一步步得出新的空间维度这一想法。相反，他就像变戏法一样突然从帽子中拿出了他的想法，之后的分析使他不经意间发现了广义相对论与电磁场的联系。因而，尽管这个发现本身非常伟大，却不带有某种必然性。如果你问卡鲁扎和克莱因为什么宇宙非得有5个维度，而不是4个、6个、7个，或者是7000个，他们大概只能搪塞你一句：“为什么不是5个呢？”

但是30年之后，一切极速扭转。弦论成了第一个成功融合广义相对论和量子力学的方法；而且，弦论甚至有机会统一所有的物质和所有的力。但是，弦论的方程不但在四维时空中不起作用，在五维、六维、七维，甚至七千维中都不起作用。由于一些我们将要在下节讨论的原因，弦论的方程只在十维时空——九维空间加一维时间——中才起作用。弦论*要求*有更多的维度。

这是一个本质上全然不同的结果，人们从未在之前的物理学史中遇到这一情况。弦论之前，从没有任何理论说过宇宙应该有多少空间维度。从牛顿到麦克斯韦到爱因斯坦的每一个理论都假定宇宙有3个空间维度，就像我们假定太阳明天还会升起那么自然。卡鲁扎和克莱因通过提出有4个空间维度的方式首次挑战了这一假定，但带来了另一个假定——4个空间维度这个假定，虽然不同于3个空间维度的假定，但毕竟还是一个假定。而现在，弦论的方程首次预言了空间维度的数目。在弦论中，是计算——而不是假定、假设，甚至充满灵感地猜测——决定了空间维度的数目；但令人惊讶的一点是，算出来的空间维数竟然不是3个，而是9个。弦论不可避免地将我们带到了6个额外空间维度的宇宙，从而为唤醒卡鲁扎-克莱因理论提供了现成的背景。

原始的卡鲁扎-克莱因理论只假定存在一个额外维度，不过很容易就能推广到2个、3个，甚至弦论所要求的6个额外维度。比如，我们可以将图12.7中额外的一维环形换成图12.8（a）中的二维球面形（回想一下第8章中的有关讨论：球面是二维的，因为你只需要2条信息——比如地球表面的纬度和经度——就可以确定位置）。与讨论圆环时一样，你需要将球面想象成附着在普通三维空间的每一点上。为了使图12.8（a）易于辨认，我们只是示意性地用网格来表示三维空间。在这样的宇宙中，你需要5条信息才能定位：3条信息用来确定你在大维度中所在点的位置（比如所在街道、交叉街道和楼层这3条信息），另外2条用来确定你在该点的球面上所在的位置（需要知道经度和纬度）。当然，如果额外维度的半径足够小——是原子半径的数十亿分之一——那么在考虑相对很大的事物，如我们自己时，最后2条信息就无关紧要。不过，要是考虑的是超微观尺度上的事物，我们就必须将5个维度一起考虑。我们需要全部的5条信息才能定位超微观尺度蚯蚓。如果再算上时间的话，总共就需要6条信息才能在正确的时间赶到正确的地点参加晚宴。

我们再来深入一下。在图12.8（a）中，我们只考虑了球形的表面。现在我们来想象一下图12.8（b）中的情形，这时的空间结构也包括

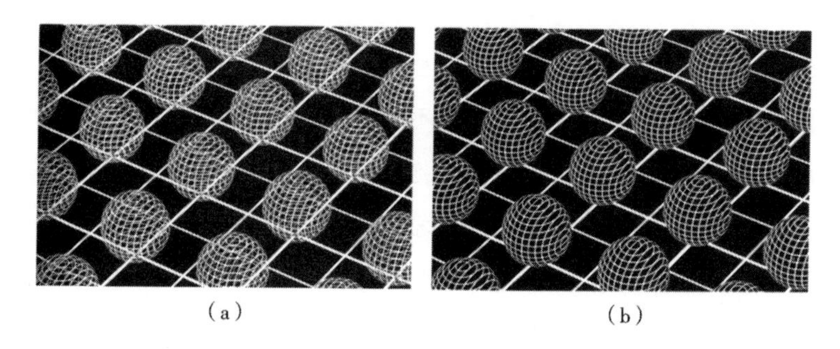

图12.8 从近处看一个普通三维的宇宙，这个用格子表示的宇宙具有额外的以空心球形式存在的两个蜷曲维度[图(a)]，或者以实心球形式存在的3个蜷曲维度[图(b)]

球的内部区域——普朗克蚯蚓这回可以钻到球里面去了，就像普通的蚯蚓可以钻到苹果里面一样。于是我们需要6条信息才能明确蚯蚓的位置：3条信息确定它在普通的三维空间中所在点的位置，另外3条信息确定它在该点的球中的位置(经度、纬度、掘进深度)，再加上时间，这就是一个七维宇宙的例子。

现在我们需要跳跃一下了。虽然很难画出，但是我们可以想象一下。我们需要想象在普通的三维空间的每一个点，并不仅仅像图12.7那样有一个额外维度，或是像图12.8(a)那样有2个额外维度，又或是像图12.8(b)那样有3个额外维度，而是有6个额外的空间维度。我承认我画不出这样的图，我所见过的人里也没有人能画出这样的图。但是它的意思很清楚。要想在这样的一个宇宙中确定普朗克蚯蚓的位置，我们需要9条信息：3条用以确定它在普通三维空间中所在点的位置；另外6条确定它在该点的六维蜷曲空间中的位置。再考虑到时间的话，这就是一个十维时空的宇宙，而这也正是弦论方程所要求的宇宙。如果额外的6个维度足够小的话，它们就能逃脱实验上的探测。

隐藏维度的形状

实际上，弦论的方程不仅仅决定了空间的维度数目，还可以决定额外维度可能具有的形状。[18] 在前面的几幅图中，我们只讨论了最简单的几种形状——环形、空心球面、实心球，而弦论方程选中的则是一类极其复杂的六维形，所谓的卡拉比-丘形或卡拉比-丘空间。这类形状是根据两位数学家尤金尼奥·卡拉比和丘成桐的名字命名的，这两位数学家早在弦论出现之前就在数学上发现了这类形状。图12.9（a）只是此类形状的一个粗略演示，要知道这张图是以二维演示六维，因此难免会有些失真。不过，我们还是能通过这张图对卡拉比-丘形状有一个大概的认识。如果弦论中额外的六个维度真的是图12.9（a）中的卡拉比-丘形，那么超小尺度上的空间就如图12.9（b）所示。在普通三维空间的每一个点上都有一个卡拉比-丘形。你，我，还有所有的人都被这些很小的形状环绕甚至占据着。可以这样说，你从一处走到另一处的过程中，你的身体在所有的9个维度中穿行，一遍一遍地穿出进入这些形状。但是平均下来看，似乎你没有进入任何的额外维度中。

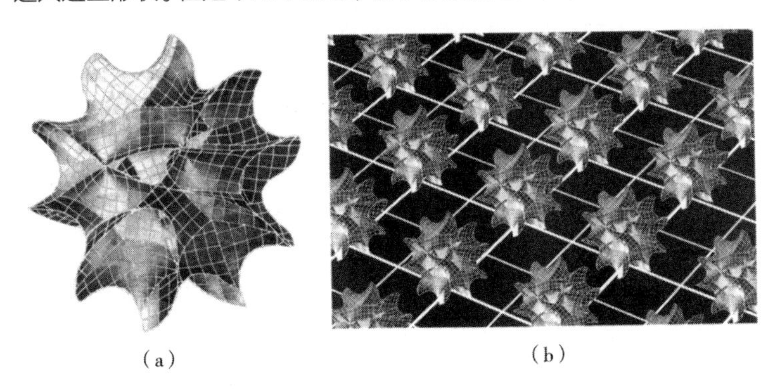

图12.9 （a）卡拉比-丘形的一个例子。
（b）具有卡拉比-丘形额外维度的空间放大图

如果这些想法真的正确，宇宙的超微观结构就有着丰富的花样。

弦物理与额外维度

广义相对论的优美之处在于引力的物理受空间几何的控制。考虑到弦论所提出的额外维度之后，你自然会想到几何控制物理的能力将大大增强。事实的确如此。我们首先来看一个我一直回避的问题：弦论为什么要求时空是十维？不用数学的话很难回答这个问题，不过还是让我尽量解释一下以便了解几何与物理是如何相互影响的。

想象一支被限制在平坦桌面的二维表面上振动的弦。这支弦可以产生很多不同的振动模式，但不管哪种模式，都是在桌子表面上向着左右或者前后振动。如果我们再允许这支弦在第三个维度中振动，也就是离开桌子表面向着上下振动，那无疑会产生另外一些振动模式。虽然我们很难画出在大于三维的空间中振动是什么样子，但这并不影响上述结论——更多的维度意味着更多的振动模式——的普适性。如果弦也可以在第四个空间维度中振动，那它就能产生出比只在三维空间中时更多的振动模式；如果弦还可以在第五个空间维度中振动，那它将能产生出比只在四维空间中时还多的振动模式，依此类推。认识到这一点非常重要，因为在弦论中有一个方程要求独立振动模式数目需要满足某种精确限制。如果这种限制被破坏，弦论的数学就会破产，它的那些方程将变得毫无意义。在一个只有3个空间维度的宇宙中，振动模式的数目太小，因而无法满足那一限制；而在有4个空间维度的宇宙中，振动模式的数目还是太小；在有5个、6个、7个、8个空间维度的宇宙中，振动模式的数目都太小，但是在有9个空间维度

的宇宙中，对弦的振动模式数目的限制被很完美地满足。正是因为这个原因，弦论需要有9个空间维度。[1] [19]

这已经很好地展示了几何与物理的交汇作用，而将其与弦论联系起来则使我们得到的更多，事实上，为先前遇到的一个严重问题找到了一种处理办法。还记得吗？当物理学家们试图将弦的振动模式同已知粒子种类联系起来的时候，他们遇到了大麻烦。物理学家们发现，存在着太多无质量的弦振动模式，而且更为糟糕的是，振动模式的具体性质无法与已知的物质与力的粒子性质相匹配。但我在前面没有提到的是——因为那时我们还没有讨论到额外维度——尽管这些计算考虑了额外维度的*数目*（部分地解释了为什么会发现这么多弦的振动模式），但没有将额外维度的小尺寸以及复杂*形状*一道考虑，而只是假定所有的空间维度都是平直且是完全展开的，这就是一个重要的区别。

弦如此之小，以至于即使额外维度蜷成卡拉比-丘形，弦还是会在这些方向上振动。而这一点非常重要，原因有两个。首先，这样才能保证弦总是会在所有的9个空间维度中振动，从而使得对振动模式数目的限制始终都能够被满足，即使额外维度收紧到一起也没有关系。其次，正如吹入大号[2]中的气流的振动模式会受乐器本身形状的弯曲扭折影响，弦的振动模式也会受额外6个维度的几何形状的弯曲扭折

1. 现在我们来为下面一章中将会遇到的内容做些准备，以便你能很好地了解相关进展。弦论学家早在几十年前就清楚地知道他们通常在弦论中用于数学分析的方程实际上只是某种近似（严格的方程早就被证明难于分析及理解）。不过，大部分人都认为近似方程已经精确到可以确定所需的额外空间维数的程度。近年来（令本领域内的很多物理学家感到非常震惊），一些弦论学家证明近似方程实际上*丢掉了*一维；现在人们普遍认为弦论需要7个额外的空间维度。我们将会看到，这并不会危及本章中讨论的内容，只是告诉我们本章中的内容也适用于一个更大的实际上更具统一性的理论框架。[20]

2. 大号，大型带活塞的低音铜管乐器。——译者注

影响。如果你将大号的形状变一变，比如将号管弄窄些或者将腔膛弄长些，气流的振动模式就会变化，从而使得乐器发出的声音有所变化。类似地，如果额外维度的形状及大小有所改变，弦的每一种可能的振动模式也都会受到很大的影响。而弦的振动模式决定着相应粒子的质量和所带的电荷，因此，额外维度在确定粒子性质方面扮演着重要角色。

认识到这一点非常关键。*额外维度准确的大小和形状对弦的振动模式有着重大的影响，从而对粒子的性质也有重大影响。*既然宇宙的基本结构——从星系和恒星的形成到我们所知的生命存在——敏感地依赖着粒子性质，我们可以说，宇宙的密码写在卡拉比-丘形的几何之中。

我们在图12.9中看到了卡拉比-丘形的一个例子，但要知道还有成百上千种卡拉比-丘形。于是问题就成了到底是哪一种卡拉比-丘形构成了时空结构中的额外维度部分。这是弦论所需要面对的最重要的问题之一，因为只有明确了卡拉比-丘形的具体形状，才能知道弦的振动模式的具体性质。可直到今日，这一问题仍未解决。原因在于，目前对弦论方程的理解还不能告诉我们怎样从很多卡拉比-丘形中挑出一种；从已知方程的角度看，每一种卡拉比-丘形都同样有效。而且这些方程甚至不能确定额外维度的大小。因为我们看不到额外维度，所以它们必须很小，但到底有多小则仍是我们所不知道的。

这算是弦论的致命缺陷吗？可能是吧，但是我并不这么看。我们在下一章中将会全面讨论到，弦论学家们多年来一直无法抓到精确的弦论方程，他们所做的大量工作依靠的都是*近似方程*。这些近似方程已经告诉了我们很多弦论的特性，但是在某些问题上——包括额外维度的准确大小与形状上——近似方程的缺点展现无遗。随着我们进一步深化数学分析，改进这些近似方程，确定额外维度的形式将成为我们的一个主要的——且可以达到的——目标。可惜到目前为止，我们尚未能实现这一目标。

不过，我们还是可以问问是否有*哪种*卡拉比-丘形可以使我们得到与已知粒子近似的弦的振动模式。这个问题的答案还是能令人感到欣慰的。

虽然我们远不能探索每一种卡拉比-丘形，人们还是找到了能够带来与表12.1和表12.2大体相符的振动模式的某些卡拉比-丘形。比如说，20世纪80年代中期，菲利普·坎德拉斯、加里·霍洛维茨、安德鲁·斯特劳明格以及爱德华·威滕（这些科学家认识到卡拉比-丘形对弦论的意义）发现卡拉比-丘形中所包含的每一个洞——在精确定义的数学语境中使用的术语——都将带来一*代*最低能量的弦振动模式。因而，有3个洞的卡拉比-丘形可用来解释表12.1中基本粒子重复出现的三代结构。事实上，人们发现了很多的这种有3个洞的卡拉比-丘形。在这些卡拉比-丘形中，人们进一步挑出能给出正确的信使粒子数目、正确的电荷，以及正确的核力性质以匹配表12.1和表12.2中的粒子的卡拉比-丘形。

这是一个鼓舞人心的结果，虽然还没有得到保证。在调和广义相对论以及量子力学的过程中，弦论可能已经达成了一个目标，只是我们发现几乎不可能达到另外一个同等重要的目标——解释已知物质和力的粒子的性质。那令人失望的可能性不会令研究人员退却。更进一步，计算出粒子的准确质量无疑是极具挑战性的。正如我们讨论过的，表12.1和表12.2中的粒子质量与弦最低能量的振动模式相差很大，足有千万亿倍。计算出这近乎于无限的差别超出了我们今日对弦论的理解。

事实上，我以及其他很多位弦论学家都在猜测，从弦论中得到表12.1和表12.2中的粒子的方式可能与从标准模型中得到这些粒子的方式非常相似。回想一下第9章，在标准模型中，整个空间中的希格斯场都取非零值，一个粒子所具有的质量的大小取决于当它试图从希格斯海中脱逃而出时感受到的拉力有多大。在弦论中很可能也有类似的机制。如果有数目巨大的弦在整个空间中按照相同的方式振动，那它们就会成为一种均匀的背景，而提供这种背景的意图与目的同希格斯海别无二致。最初没有质量的弦的振动模式，将通过在弦论版本的希格斯海中的运动和振动时感受到的拉力获得小的非零质量。

但需要注意的是，在标准模型中，给定粒子所感受到的拉力——也就是它所获得的质量——是由实验测量确定的并被作为输入参数放到理论中。而在弦论中，这种拉力——也就是弦的振动模式的质量——可追溯到弦之间的相互作用（因为希格斯场也是弦的振动模式），因而是可计算的。弦论，至少在理论上，允许通过理论本身给出所有粒子的性质。

不过还没有人能实现这种构想，但必须强调的是，弦论仍在不断完善之中。一直以来，研究人员都希望完全搞清楚这一方法在统一方面的巨大潜力。这一动机如此强烈，因为其潜在的回报实在太过丰厚。通过不断努力以及那么一点运气，弦论很可能会在某一天解释清楚基本粒子的性质，并且解释清楚宇宙为什么是这个样子。

弦论中的宇宙结构

尽管弦论的很多方面还不在我们的理解范围内，但它已经为我们展现了很多奇妙的新景象。最令人吃惊的是，在填补广义相对论与量子力学间的鸿沟的过程中，弦论向我们揭示了基本层面的宇宙可能存在着远多于我们直观感受到的维度，而这些额外的维度很可能是探索宇宙最神秘之处的关键。而且，弦论告诉我们，我们所熟悉的空间和时间概念不能被推广到亚普朗克尺度，这就意味着我们目前理解的空间和时间很可能只是某种我们现今尚未明晰的基本概念的近似。

在宇宙初创时期，时空结构的这些特点——今天的我们只能借助数学来探讨——可能是很明显的。早期，我们熟悉的3个维度也非常小时，我们现今在弦论中将其区别为大维度和蜷曲维度的这些空间维度，可能只有很小的区别，甚至根本没有区别。今天，这些维度在尺度上的不同，可能来自宇宙演化。而宇宙演化，可能通过某种我们尚未理解的机制，挑出了3个特殊的空间维度，并将我们前面讨论过的长达140亿年的膨胀任务交给了这3个特殊的维度。沿着时间之箭进一步回退，整个可观测宇宙都缩小到亚普朗克范围，宇宙变成了图10.6中的模糊地带。而在这个模糊地带中，熟悉的空间和时间都产自于更加基本的实体，而搞清楚这些实体，不管它们到底是什么，正是科学家们目前为止为之奋斗的研究工作。

要想进一步理解原初宇宙，乃至空间、时间的起源，以及时间之箭，我们必须使我们用来理解弦论——一个不久之前还看起来遥不可及的目标——的理论工具变得大大的锋利起来。现在我们已经看到，随着M理论的发展，进展已经超出了哪怕是最乐观的理论学家的最乐观估计。

第 13 章 膜上的宇宙

关于 M 理论中空间与时间的思索

在所有的科学发现中，弦论的发展轨迹最为崎岖。即使在其诞生30年后的今天，大部分的弦论学家仍然相信人们并没能对一个根本问题给予完备的回答，这个问题就是：什么是弦论？关于弦论，我们已经了解了很多。我们知道其根本特性，知道其主要的成就，知道它所给出的许诺，也知道它所面临的挑战；我们甚至还能使用弦论的方程来详细地计算出很多情形下弦的行为及其相互作用。但是大部分的弦论研究者仍然感觉到我们还缺乏那种人们在其他著名的科学成就中所拥有的核心原理。狭义相对论将光速视为常量；广义相对论拥有等效原理；量子力学拥有不确定原理。弦论学家们也在苦苦寻觅这样一种能抓住理论本质的原理来将弦论完善起来。

在很大程度上，这种缺陷的存在是因为弦论是零碎发展起来的，而不是基于某种深刻的洞察力。弦论的目标——将所有的力与所有的物质统一到量子力学的框架之下——是要尽可能地具有普适性，但是理论本身的演化却明显散碎。弦论在30多年前偶然诞生于人间之后，一些理论学家通过研究这些弦论的方程揭示了其关键性质，而另一些理论学家则通过研究那些关键的性质而发现了其暗含的深刻意义，弦论就是在这样的修修补补的过程中发展起来的。

弦论学家就像在其偶然绊倒的地方挖出了太空船的原始人一样。敲敲弹弹，原始人也可以慢慢地对太空船的操作方法有所感觉，逐渐发现所有的按钮和杆柄按一定的方式配合使用就可以操纵太空船。弦论学家们也有类似的感觉。多年的研究成果彼此吻合趋同，这样的事实给弦论学家带来了一种信心：弦论正在接近某一强大自洽的理论框架——虽然还不完善，但其最终必将以难以匹敌的清晰性和包容性揭示出大自然的内在规律。

近年来，被冠以*第二次超弦革命*的理论发展极好地体现了这一点。所谓的第二次超弦革命硕果累累，这次革命展示了盘绕于空间结构的隐藏维度，开启了新的实验检验弦论的可能性，提出我们的宇宙可能是众多可能性中的一种，发现在下一代高能加速器上可能创造出黑洞，还提出了新颖的宇宙学理论，在这一理论中，时间及其箭头就像土星那优雅的光环一样，彼此缠绕。

第二次超弦革命

我在下面将会讲一个令人尴尬的弦论细节，读过我前一本书《宇宙的琴弦》的读者可能会记得，在过去的30年间，人们发展出的不是一个，而是5个截然不同的弦论版本。这些版本的名字无关紧要，我们将其分别称为I型弦论、IIA型弦论、IIB型弦论、杂化O型弦论以及杂化E型弦论。所有的这些弦论都具有上一章介绍过的那些本质特征——其基本组成都是振动的弦——而且，正如20世纪70年代和80年代的有关计算所表明的那样，每一种弦论都需要6个额外的维度；但是，深入的分析表明，这5种弦论有着重大的区别。比如，I型弦论中的弦是上章讨论过的环，也就是所谓的*闭弦*，但是不同于其他弦论之处在于，这一理论中也有*开弦*——拥有自由的两端的弦。而且，计算告诉我们，不同版本的理论中，弦的振动模式以及每种模式彼此相互作用及影响的方式也各不相同。

弦论学家最想看到的当然是在未来的某一天，在与实验数据仔细对比后，人们可以将这5个不同版本中的4个放到纸篓里。坦率地讲，弦论中存在着5个不同的版本毕竟不是一件舒服的事。统一之梦的关键在于科学家们会被带到一个关于宇宙的独一无二的理论面前。如果研究人员只需建立一个理论框架就可以将量子力学和广义相对论统一起来，那么物理学家们便到了真正的天堂。如果是这样，即使没有实验数据，人们仍然有理由相信所有的一切都是可靠的。毕竟，已经有大量实验证据支持量子力学和广义相对论。看起来很明显，统治宇宙的自然法则必须彼此兼容。如果存在一个独一无二的理论，可以在数学上自洽地将拥有坚实实验基础的20世纪两大物理学支柱统一起来，那么这个理论的合理性是有强有力——虽然是间接的——证据支持的。

可弦论却有5个表面类似但细节不同的版本，这使得弦论的独一性受到质疑。即使某些乐天派会辩称未来的某一天实验将从中挑出独一无二的理论，我们仍然会为存在额外的4个自洽的理论而感到恼火。难道另外的4个仅仅是数学上的巧合吗？它们对现实的物理世界是否有某种意义呢？它们的存在会不会只是冰山一角？未来的某一天会不会有聪明的理论学家发现实际上有5个额外的版本，或者6个、7个，甚至无限多个数学上自洽的不同弦论方案存在？

20世纪80年代末90年代初，很多物理学家热衷于探索这种或那种弦论，5个版本之谜并不是一个研究者每天关注的问题。相反，在人们的信念中，它只能算是在不久的将来随着对各种弦论的认识都达到一定的高度后将会自动得到解决的众多问题中的一个。

时间到了1995年春天，在几乎没有任何征兆的情况下，这些谨慎的愿望一下子被超越了。在数位弦论学家（包括克里斯·赫尔、保罗·唐森、艾索科·森、麦克尔·达弗、约翰·施瓦茨，以及其他一些人）工作的基础之上，爱德华·威滕——20年间一直是最有声望的弦论学家——发现了一种隐藏的一致性，从而将5种弦论一下子统一起来了。威滕证明，这5种弦论并不是彼此无关，而是数学上用来分析某种独一理论的5种不同方式。正如将一本书翻译成5种不同的语言后，在不同语种的读者眼中，就是5种不同的书。5种弦论之所以不同，只是因为威滕还没能为这5种弦论编写好彼此之间翻译的字典。但是一旦编写完成，这样的字典就会明确告诉我们——正如人们可以从一个单独的母本得到5种不同的译本——5种弦论体系通过一个单独的母理论联系起来。这一统一的母理论可暂且称为M理论，M可以是很多意思——主体（Master）？宏伟（Majestic）？母（Mother）？魔幻（Magic）？神秘（Mystery）？矩阵（Matrix）？——只等世界范围内孜孜以求的研究者们最终完成威滕以深刻的洞察力发现的这一理论，我们便可以给它一个真正的名字了。

这一革命般的发现真是令人欣慰的重大飞跃。威滕用这一领域中最为人称道的几篇论文（以及随后皮特·哈罗瓦的重要工作）证明，弦论是一个单独的理论。弦论学家们再也不用为挑选候选者而尴尬了，爱因斯坦所追寻的统一理论一度因为有5种不同的版本而失去统一性，现在这种情况一去不返了。而且，一个统一理论能达到的最高程度上的统一就是统一于其自身。通过威滕的工作，每种独立的弦论所实现的统一性被扩充到整个弦论框架。

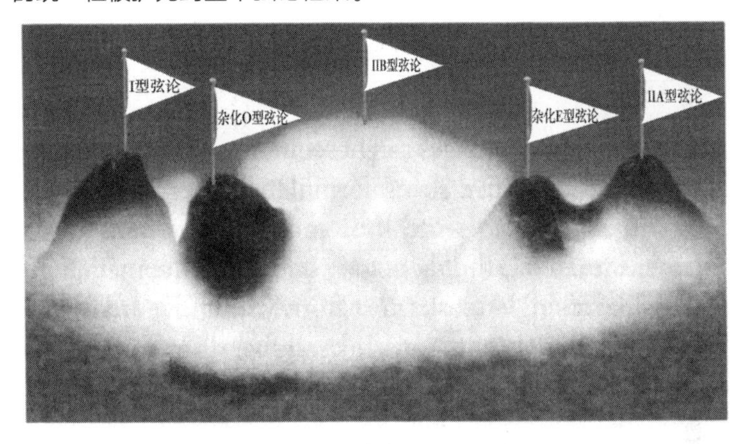

（a）

（b）

图13.1　（a）1995年之前弦论研究的示意图。（b）M理论所揭示的统一示意图

图13.1刻画的是威滕提出其发现前后5种弦论的状况，这一总结值得我们记住。正如图片所示的那样，本质上，M理论并不是一种新的方法；云消雾散之后，人们发现M理论承诺的是比任何一种单独的弦论所能提供的更加精确、更加完备的物理定律体系。M理论将5种弦论联系起来了，5种弦论的每一个只不过是更加伟大的理论体系的一个部分。

翻译的力量

图13.1示意性地说明了威滕发现的核心内容，但是这种表述方式可能使你感觉非常的具有技巧性。在威滕取得突破之前，研究者们认为有5种不同版本的弦论；在那之后，情况发生了变化。但是，要是人们从来都不知道有5种不同的弦论的话，那么最聪明的弦论学家证明了这5种弦论并不是全然无关的又有什么意义呢？换句话说，我们为什么将威滕的发现视作一场革命，而不仅仅是纠正了之前错误概念的一个普通观点呢？

现在我们就来回答这个问题。过去的几十年，弦论学家们一直被一个数学问题困扰。描述5种弦论中的任何一种的精确方程都极其难于处理分析，因此理论学家们常常被迫求助容易解决得多的近似方程。人们有理由相信，近似方程在很多情况下都会给出接近于真实方程结果的答案，但是近似——就像翻译一样——总会丢点什么。正因为如此，一些近似方程力所不及的关键问题显而易见地影响了理论的进展。

对于文字翻译中的不当之处，读者会有所知觉并加以修缮。有些语言功底很好的读者甚至可以直接反推原文。但是，弦论学家们却没有这样的机会。纯粹依靠威滕等人编写出来的字典的自洽性，我们就有很充分的理由相信5种弦论只不过是一种母理论——M理论——的5种不同描述，但是，弦论的研究者们还不能完善地理解这种理论上的联系。过去的几年间，我们在M理论的研究方面已经取得了一些进展，但是离最终准确完整地理解M理论仍有很长的路要走。在弦论的研究方面，我们好像得到了一个看似即将发现的母本的5种译稿。

对于很多读者来说，他们可能既没有原文（就像弦论），也不是很了解原文所用的语言，他们希望的是参考几种翻译成他们所熟知的语言的译文，以便更准确地了解原文。要是某些段落在不同语言的译本上彼此一致，读者们就会对这些译文有信心；要是彼此不一致，那就意味着翻译上的不准确或者不同的诠释。就是这样，威滕发现了5种不同的弦论只不过是深层理论的不同译本。事实上，威滕的发现开创了一条极其强大的战线，通过翻译的类比，我们可以很好地理解这一点。

我们完全可以想象有这样一种母本，其中有数不清的双关语、押韵或不押韵的诗句、特定文化中的笑话，这样的文字很难完整优美的从5种不同的译本中的单独一种翻译回原文。某些段落可能很容易翻译成斯瓦希里语，但其他段落则可能完全不适合这种语言；后面的这些段落可能非常适合翻译成因纽特语，但是其他的部分就可能翻译得含混不清。梵语或许能捕获某些深奥章节的妙意，但是另外一些章节，可能所有的5种语言全部束手无策，只有写成原文的语言才最适合表达那个意思。对5种弦论的研究就处于这样一种状况。理论学家们发现，对于特定的问题，5种弦论中的某一种可能会给出明晰的物理描述，但是另外几种就会在数学上太过复杂以至于难以应用。威滕的发现的威力正在于此。在他取得重大突破之前，弦论的研究者们要是遇到了非常难于处理的方程可能就会卡在那里，而威滕的发现告诉我们，每一个这样的问题都有另外4个译本——4种数学形式，很多时候其中的某一个并不是那么难于应付。因此，*这本用于不同理论之间互译的字典常常可以用来将困难的问题翻译成相对简单的问题。*

不过这并不总是非常简单。就像对于某些段落的翻译，所有的译本给出的翻译可能都不能令人满意，同样的，弦论中的某些问题在所有的5个理论中也可能都非常难于理解。这个时候，我们就只好参考原文了；也就是说，只有完全理解了难懂的M理论，我们才能取得进展。不过，这并不妨碍威滕字典的巨大威力，在很多情况下，威滕的字典都可以作为我们分析弦论的新的强有力的工具。

正如一段复杂文字的每一种翻译都为一个重要的目标而存在，每一种弦论也是如此。将我们从每一种单独的弦论中所学到的知识整合在一起，我们就可以回答那些单独的一个弦论无法回答的问题，发现那些超越了单独的每个弦论的特征。威滕的发现为理论学家们带来了5倍的强大火力来推进弦论研究的战线。正因为如此，我们才说威滕的发现引发了一场革命。

11个维度

新发现的强有力的工具为我们的弦论研究带来了什么样的成果呢？成果是大量的。这里，我会将注意力集中到对空间和时间的故事具有最重大影响的几个成果上。

首先，威滕工作最重要的发现是人们在20世纪70—80年代使用近似方程所得到的结论——宇宙必须有9个空间维度——实际上差了一个数。威滕的分析表明，根据M理论，宇宙应该有10个空间维度；也就是说，时空是十一维的。就像卡鲁扎发现一个五维的时空可以为电磁力和引力的统一提供理论框架，以及弦论学家们发现具有十维时空的宇宙可以为量子力学与广义相对论的统一提供理论框架，威滕发现具有十一维时空的宇宙可以用来统一所有的弦论。这就像在平地上看远处的村庄，5个不同的村子看起来彼此完全分开，但要是站在高山上的话——利用这个额外的垂直维度——人们就会发现这5个村子实际上是通过小路和大道联系起来的。从威滕的分析中引申出来的额外空间维度是在5种弦论之间找到联系的关键。

尽管威滕通过额外维度获得重大发现是符合达到统一理论的历史轨迹的，但是当他在1995年的年度国际弦论会议上抛出他的结果时，整个研究领域还是能感到强烈的震动。包括我在内的大部分研究人员长久以来一直研究近似方程，大家都认为所做过的分析已经最终回答了维度的数目这一问题。但是威滕，还是带来了令我们惊奇不已的东西。

威滕证明，之前所有的分析都采用了一种数学上的简化，这一简化等价于假设有一个迄今尚未认清的维度极其的小，比所有其他的维度都要小很多。事实上，这一维度实在是太小了，小到所有研究者使用的近似方程都没有能力发现这样一种极小维度存在的数学线索。因而所有的人都认为弦论只有9个空间维度。但是，依靠统一的M理论的新视角，威滕可以超越近似方程，更加细致地探索问题，从而发现有一个空间维度长久以来一直为人们所忽略。最终，威滕证明10多年来理论学家们研究而得的5个十维弦论体系实际上是一个单独的深层十一维理论的5种不同的近似描述。

你或许想问这个未料到的发现是否会使以前人们在弦论方面的工作变得一无是处。大体上讲，并不是这样。虽然新发现的第10个空间维度为理论带来了一个未曾预期的特性，但如果M理论真的是正确的话，那么第10个空间维度就应该比其他的空间维度小很多——就像很长一段时间以来人们在毫不知情的情况下假定的那样——人们之前所做的工作仍有其用武之地。不过，考虑到已知的方程仍然不能明确额外维度的大小和形状，弦论学家们在过去的几年花了很多的汗水来探索没那么小的第10个空间维度的可能性。其他的姑且不提，理论学家们努力研究所得到的大量结果将图13.1中关于M理论统一威力的示意性说明放在了坚实的数学基础之上。

我猜从十维升级到十一维——姑且忽略其对弦论或M理论数学结构的重要性——并不会明显地改变你对这个理论的想象。对于外行人来说，想象7个蜷曲起来的维度实在不比想象蜷曲起来的6个维度难多少。

但是与第二次超弦革命紧密联系的另一件事的确改变了弦论的直观图像。几位科学家——威滕、达弗、赫尔、唐森，以及其他几位——的集体智慧使人们相信，*弦论并不仅仅是弦的理论*。

膜

你在上一章一定遇到一个很自然的问题——为什么是弦？为什么一维的东西这么特别？在调和量子力学与广义相对论的过程中，我们发现关键之处在于基本组分要有大小，要是弦而不是点。两维的东西也可以有大小呀，比如微型的碟片或飞盘；又或者是三维的东西，比如棒球或土块之类的。甚至，既然理论可以有非常多的维度，那么基本组分完全可以是更高维的某种东西。那么，这些东西为什么不能在基本理论中扮演任何角色呢？

20世纪80年代与90年代早期，很多弦论学家似乎找到有一定说服力的回答。他们认为人们已经多次尝试利用高维的块状物作为基本组分来构建基本理论，这其中包括20世纪物理学的偶像人物，比如沃纳·海森伯和保罗·狄拉克。他们以及其后的很多研究工作表明，利用很小的块作为基本组分建构理论极其困难，这样的理论常常很难满足基本的物理学要求——比如，保证量子力学概率在0和1之间（负的和大于1的概率毫无意义），以及不能超光速通信。至于点粒子，始于20世纪20年代的半个世纪的研究表明，所有的这些要求都可以满足（当然，引力要暂且忽略）。到了20世纪80年代，施瓦茨、谢尔克、格林以及其他人10多年的探索使人们惊奇地发现，一维的弦也可以满足所有的那些要求（且必然包括引力）。但是，进一步将基本组分视为两维或更高空间维度的客体则几乎不可能。究其原因，则是方程所要考虑到的对称性在基本组分为一维客体（弦）的时候达到最大，之后迅速衰减。这里方程中的对称性比第8章中讲到的还要抽象（研究弦或更高维的东西的运动时，我们要一会儿靠近点，一会儿离远点，因而我们考虑的对称性就与突然改变我们的观测分辨率时方程如何变化有关）。这些转变对构建物理上合理的方程组非常关键，对于比弦更高维度的研究对象，这些所需要的对称性消失了。[1]

因此，当威滕的论文以及其后的大量研究工作[2]表明弦论及其所属的M理论中可以包含弦之外的基本组分的时候，弦论学家们再次被震惊了。研究显示理论中可以有两维的客体，很自然的，我们将其称之为膜（membrane，M理论中M的另一种可能解释），或者——为了系统的命名的高维兄弟——我们将其称为2膜。当然还有具有3个空间维度的客体，我们将其称为3膜。虽然很难形象化地想象出来，但是研究表明还有具有p个空间维度的客体，其中p可以为小于10的整数，它被称为——毫无悬念——p膜。因此，弦只是弦论中的一种组分，而不是唯一的组分。

这些组分之所以能够逃脱之前的理论研究，其原因与第十维度能够逃脱一样：近似方程太过粗糙以至于没能发现这些家伙。在弦论学家们用数学研究的理论框架内，所有的p膜都要比弦重很多。一个东西的质量越大，产生它所需要的能量就越多。近似方程的局限之处在于——方程本身固有的局限之处，所有的理论学家们都很清楚——当所描述的实体和过程与越来越多的能量有关的时候，方程本身的精确性就越来越差。当达到与p膜有关的极端能量时，近似方程就会失准，从而使膜潜伏于黑暗之中，这就是人们几十年都未能在数学上发现膜的原因。但是利用M理论提供的各种新方法，研究者们可以绕过之前的一些技术壁垒，从而依靠完整的数学视角，发现了盛装列队的高维组分。[3]

弦论中除了弦还可以有其他维度的组分存在，这一点并不比第十维的发现更易使早前的工作无效或过时。研究表明，要是高维的膜比弦重很多的话——就像在早前的工作中无意识地假定的那样——它们对大部分的理论计算几乎没什么影响。不过，就像第十维度并不是非得比其他9个维度小很多一样，高维的膜也不是必须非常的重。在很多理论假定的情况下，高维膜可以同最低质量的弦的振动模式有相同的质量，这时，膜就会对物理世界有重要的影响。比如，在我与安德鲁·斯特劳明格和戴维·莫里森合作的工作中，我们证明了膜可以将自己绕在卡拉比-丘流形的球面上，就像绕在柚子外面的用于真空封闭的塑料薄膜一样；要是那个流形收缩，绕在上面的膜也会跟着收缩，导致其质量减小。我们证明，这一质量减小会使空间完全坍塌撕裂——空间把自己撕破了——而紧绕的膜会保证不发生灾难性的物理后果。我在《宇宙的琴弦》一书中详细讨论了这一问题，在第15章讨论时间旅行的时候我们还会再简要地讨论一下这个问题，这里就不做详细阐述了。不过，从这个小插曲上我们可以清楚地看到高维的膜是如何对弦论的物理世界产生影响的。

回到我们当前的焦点所在，根据弦论或M理论，膜还可以以另外一种深奥的方式影响我们对于宇宙的认识。这宏伟辽阔的宇宙——我们所熟知的全部时空——可能本身就是一张巨大的膜。我们的宇宙可能是一个膜世界。

膜世界

检验弦论的正确性是一个巨大的挑战，因为弦实在太小了。但请别忘了决定弦的尺寸的物理。引力的信使粒子——引力子——是弦最低能量的振动模式，引力子交换的引力强度正比于弦的尺寸。引力如此之弱，因而弦的长度必定极小；计算表明，要使弦的引力振动模式交换的引力达到所观测到的大小，弦的长度就只能在普朗克长度的100倍左右。

从这个解释中，我们可以看出很高能量的弦并不是非得很小，只要它不和引力子（引力子是低能零质量的振动模式）直接联系就行。事实上，随着弦获得越来越多的能量，其振动也会变得越来越猛烈。但是，一旦突破某个特别的点，弦额外获得的能量就会有其他的作用：这些能量会使弦变长；而且，对于最终能有多长，并没有任何限制。因而，只要你不停地将能量注入弦中，它甚至可以长到宏观量级。以今天的技术水平，我们不可能做到这一点。但是，在大爆炸之后的极热、超高能的情况下，很长的弦可以产生出来。如果其中的某些长弦直到今天还存在的话，它们可能横跨天际。虽然可能性很小，而且更可能的情况是这样的长弦可能也非常的小，但是我们的确有可能在获自太空的数据中发现长弦存在的蛛丝马迹。或许某一天我们可以从天文学的观测中检验弦论。

高维度的p膜也不是非得很小，考虑到p膜比弦的维度还要多，定性上讲，存在着很多新的可能性。当我们试图描画一根长——或许是无限长——弦的时候，我们就会想象出一根存在于我们生活于其中的三维空间的很长的一维客体。就像一根长到我们视野的边际的电线一样。类似的，如果我们要描画一张很大的——或许是无限大——2膜，我们就会想象出一张存在于普通的三维空间中的二维表面。我想不出什么好的现实类比。或许我们可以想象一家拥有超大屏幕的汽车影院，那超大的屏幕非常的薄，又宽又高，挡住我们能看到的所有地方，这样的屏幕或许会帮我们想象一下2膜。但要是我们试图理解一下3膜的话，我们就会发现自己遇到了新问题。3膜有3个空间维度，因而，如果它非常大的话——或许可以是无限大——就会填满整个的三维空间。1膜和2膜，就好比是电线和屏幕，它们存在于我们的三维空间*之内*，而3膜占据的是我们整个的三维空间。

于是就有了一种非常吸引人的可能性。有没有可能我们此刻是生活在3膜上呢？就像白雪公主，她的世界存在于二维的屏幕——一张2膜上，而二维的屏幕又存在于三维的宇宙（影院的三维空间）。我们所知晓的一切有没有可能是存在于一张更高维度的屏幕——一张3膜上，而这张更高维度的屏幕又是存在于弦论或M理论的高维的宇宙呢？被牛顿、莱布尼茨、马赫、爱因斯坦这些人称为三维空间的东西有没有可能是弦论或M理论中某种特别的实体呢？又或者用相对论的语言说，闵科夫斯基和爱因斯坦提出的四维时空可不可能是一张3膜随时间演化时留下的轨迹呢？简而言之，我们知晓的宇宙可不可能是一张膜呢？[4]

我们生活在一张膜上这一可能性——所谓的*膜世界方案*——是弦论或M理论的最新演绎。我们将会看到，它使我们可以以一种新颖的方式思考弦论或M理论，这些想法枝繁叶茂。这里物理上的关键之处在于，膜很像是宇宙的威扣；[1] 在某种特别的方式下，它们可以非常

1. 维克罗（Velcro）牌的搭扣，由钩和毛两种结构组成，看看你的衣服上有没有这种扣子。——译者注

的黏。我们马上来讨论一下。

黏黏的膜与振动的弦

引入“M理论”这一术语的动机之一就是我们已经认识到“弦论”这一术语只能展现出理论的某一方面。早在精练的分析发现了高维膜的十几年前，理论研究就已经展示了弦的存在，所以“弦论”这一术语有其历史因素。不过，即使M理论允许各种各样维度的客体彼此平等，弦也要在我们的公式体系中扮演关键角色。原因之一很容易说清。正如20世纪70年代的研究者们不自觉地加以运用的那样，当所有的p膜远重于弦的时候，它们都可以被忽略。但是，弦之所以非常特别还有更加具有普遍意义的原因。

1995年，威滕宣布他的突破之后不久，加利福尼亚大学圣巴巴拉分校的乔·波金斯基想到了几年前他与罗伯特·利和戴瑾（音译）合作的论文，在那篇论文中，波金斯基发现了弦论有趣但相当晦涩的一个性质。波金斯基的动机和推导相当的技术化，我们不打算讨论其细节，只关心其结论。波金斯基发现，在某些情况下，开弦——还记得吗？那些两端松散的弦——的端点并不能完全自由地移动。就像用绳串起来的珠子，虽然可以自由移动，但是必须沿着绳；又像小时候玩的弹球游戏一样，球虽然可以自由移动，但是必须按照弹球桌表面的形状移动。开弦的端点也是这样，在空间的特点、形状或轮廓的限制下可以自由移动。在考虑到弦本身还可以自由振动后，波金斯基及其合作者证明弦的端点在某些区域会变得“很黏”或者说被“套牢”。

在某些情况下，这样的区域可以是一维的，此时弦的端点就像是用绳子串起来的珠子，而弦本身就像是那根绳子。又或者在另外的情况下，这样的区域可以是二维的，此时弦的端点就像是被一根绳子连起来的两颗弹球，它们只能在弹球桌上滚动。还有其他的情况，这样的区域可以是三维、四维，或者小于十的任意空间维数。波金斯基以及皮特·哈罗瓦和麦克尔·格林证明的这些结果，解决了在比较开弦和闭弦时长久存在的一个问题。[5] 不过他们的工作在最初的几年并没有引起人们足够的重视。直到1995年10月，在威滕新发现的启发之下，波金斯基重新审视了早前的这些工作之后，情况才发生了改变。

在波金斯基的论文中，有一个问题并没有得到完全解决，或许你在读上一段时曾意识到这个问题：如果开弦的端点在空间的某些区域可以被黏住，那么黏住它们的又是什么？绳子与弹球桌都可以脱离被限制于其中的珠子和弹球而独立存在。那么开弦的端点被限于其中的空间区域呢？这些空间区域中是否充满了弦论中的某些独立且基本的组分？是否正是这些家伙无情地抓住了开弦的端点？1995年之前，弦论还只是弦的理论的时候，人们没法找到能做这件事的候选者。但是在威滕的重大发现以及随之而来的大量成果涌现出来之后，波金斯基想到了问题的答案：如果开弦的端点被限制在空间中的某些p维区域上运动，那么这样的区域必须被p膜占据。[1] 波金斯基的计算表明新发现的p膜正有那种将开弦的端点牢牢抓住的能力，从而使开弦的端点只能在充满p膜的区域内运动。

1. 这些黏黏的家伙准确的名字是狄利克雷p膜，或者简称为D-p膜。我们将它简写为p膜。

为了更好地理解这些内容，我们来看一下图13.2。在图（a）中，我们可以看到一对2膜，很多开弦在其上来来回回振动不息，这些开弦的端点都被限制在各自运动的膜上。高维膜的情况非常类似，只是难以画出。开弦的端点可以在p膜上自由运动，但是不能离开膜。当它们想离开膜的时候，就会发现膜是黏到难以想象的东西。开弦的两个端点也可以分别附着于两个不同的p膜，这两个p膜的维数可以相同［图13.2（b）］，也可以不同［图13.2（c）］。

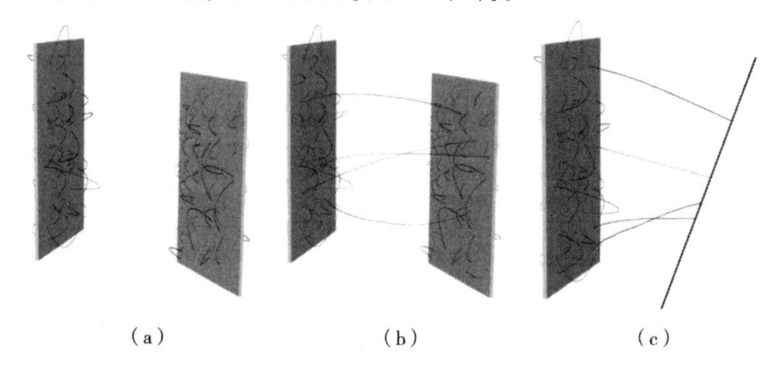

图13.2 （a）端点附着于二维膜（或者说2膜）的开弦。
（b）两个端点分别附着于两个2膜的开弦。
（c）两个端点分别附着于一个2膜和一个1膜的开弦

紧跟着威滕对各种弦论之间联系的发现，波金斯基发表了他的第二次弦论革命宣言。尽管20世纪理论物理学界中一些最聪明的头脑努力奋斗，却没能建立一个包含大于点（零维）和弦（一维）的维度基本组分的理论体系，但是威滕和波金斯基的工作，再配以很多当代顶级理论学家的深刻洞察力，物理学家找到了前进之路。这些物理学家并不仅仅建立了包含高维组分的弦论或M理论，波金斯基的洞察力还为理论上精细分析其中的物理性质提供了方法（当然前提是这些东西要真的存在）。波金斯基主张，在很大程度上，膜的性质是由端点附着在膜上的振动着的开弦的性质决定的。这有点类似于我们通过抚摸地毯上的绒毛来了解地毯的质地——那些绒毛的另一端就固定在地毯上——我们也可以通过研究一端附着在膜上的弦的性质来认识膜。

这一结果非常重要。它证明了这几十年来为了研究一维对象——弦——而制造的精妙数学工具也可以用于高维对象的研究，这个高维研究对象就是p膜。而妙不可言的是，波金斯基发现对高维对象的研究可以在很大程度上约化为对理论上更加熟悉的弦的研究，尽管弦也还是理论假设。在这种意义下，弦的特别之处就显现出来了。如果你懂得弦的性质，那么你就在一条通往理解p膜的漫长道路上了。

有了这些领悟，让我们再回到膜世界方案——我们全都生活在3膜上的这种可能性。

若我们的宇宙就是一张膜

如果我们生活在一张3膜上——如果我们的四维时空只是一段3膜在时间的长河中掠过的历史——那么我们就可以用全新眼光审视时空究竟是不是某种实物这一古老的问题了。我们所熟知的四维时空应是来自弦论或M理论中的一种实体——3膜，而不是某种模糊的抽象概念。按这种理念，我们的四维时空的实在性就会与电子或夸克的实在性一样（当然了，虽然你知道我们所直接感受到的时空舞台具有明显的实在性，可你还是会追问弦与膜存在于其中的更大时空——弦论或M理论的十一维时空——本身是否仍是实体）。但如果我们所知晓的宇宙真的是一张3膜，那我们岂不很轻易就会知道有某种东西——3膜——弥漫在我们周围？

不过嘛，我们已经学过的现代物理告诉我们，虽然在我们的身边的确弥漫着很多东西——希格斯海，满是暗能量的空间，无数的量子场涨落——但仅凭人们的直觉，所有的这些我们都没法感受到。因此，知道了弦论或M理论在“真”空的不可见事物单中又加了一项，实在没什么值得惊讶的。但让我们先别自以为是。上面提到的每一种可能，其对物理的影响，以及我们应如何证明其存在，我们都非常清楚。事实上，上面提到的三者之二——暗能量与量子涨落——我们已经看到有足够多的证据证明其存在了；至于希格斯场，当前或未来的对撞机实验将给予答案。那么，我们是否生活在3膜之中这个问题是不是也与之类似呢？如果膜世界方案正确的话，我们为什么没有看见3膜呢？我们究竟该怎样才能证明其存在呢？

这一问题的答案将清楚地告诉我们，膜世界方案中弦论或M理论的物理推论与早前的“免膜”方案（有时候人们也会将之亲切地称为无膜方案）到底有多么大的差异。让我们来看一个重要的例子，光的运动——光子的运动。弦论中的光子，如你所知，是弦的一种特殊振动模式。但是数学分析表明，在膜世界方案中，只有开弦的振动才能产生光子，而闭弦则不能，这就是膜世界方案与先前的理论的一个重大区别。虽然开弦的端点只能在3膜上移动，但在3膜上的运动却是完全自由的。这意味着光子（开弦的振动产生的光子）在我们的3膜中的运动既不会受到任何限制也不会遇到任何障碍，而这会使膜看起来完全透明——完全不可见，于是我们根本看不出自己实际上浸泡其中。

而同样重要的是，因为开弦的端点不能离开膜，所以它们不能进入额外维度。正如电缆中的金属线决定着外面的绝缘皮的形状，弹球机中的球会被限制在一定的路线内，我们那黏黏的3膜也会对其中的光子有所限制——光子只能在我们的三维空间中运动。因为光子为电磁场的信使粒子，因而对光子的限制也就意味着电磁力——光——只能被囿于我们的三维世界，如图13.3所示（我们画出的只是二维示意图）。

认清这一点将为我们带来非常重要的结果。在前面，我们要求弦论或M理论中的额外维度要很紧地蜷曲起来。很明显，之所以有这种要求是因为我们看不到额外维度，因而我们必须想办法把它们藏起来。而把它们藏起来的办法中有一种就是令它们小于我们以及我们用来探测的器材。但现在让我们在膜世界方案中重新审视一遍这个问题。我们究竟怎样探测事物呢？这个嘛，当我们使用肉眼的时候，我们用的实际是电磁力；当我们使用电子显微镜之类的强大器材时，我们用的实际也是电磁力；当我们用原子对撞机时，我们用来探测超微观尺度的力中的一种还是电磁力。但如果电磁力被限制在我们的3膜——三维空间中，那么，不论额外维度的尺寸有多大，仅有电磁力将无法探测到其存在。光子不能逃出我们的维度进入额外维度中，再返回我们的眼睛或设备中以便我们能够探测到额外维度的存在，*甚至在额外维度与我们熟悉的维度一样大的情况下也不行*。

所以，如果我们真的生活在3膜中，我们就有了另一种感受不到额外维度的解释了。额外维度并不是非得特别的小，它们也可以非常大。我们之所以看不到额外维度，在于我们看额外维度的*方式*。我们是用电磁力来看额外维度，而电磁力只能存在于我们的三维世界，无法进入额外维度中，就像睡莲叶子上的蚂蚁根本无从知晓叶子下面的深水，我们也可能漂浮在巨大而广阔的高维空间中，如图13.3（b）所示，但是电子力的特点——永远都无法逃离我们的三维世界——使我们没办法发现这一点。

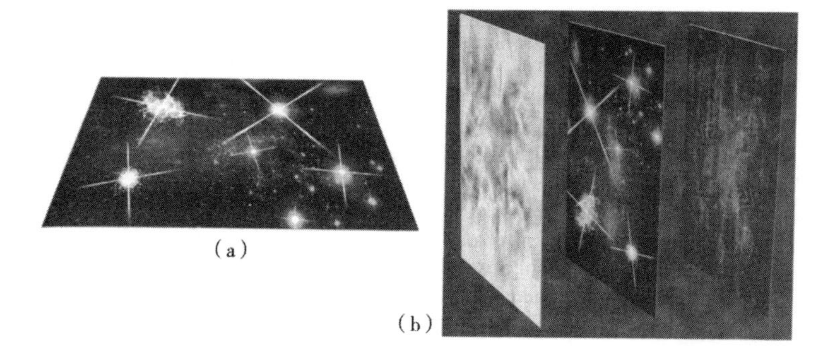

图13.3 （a）在膜世界方案中，光子为端点固定在膜上的开弦，所以光不能离开膜本身。

（b）我们的膜世界可能漂浮在还有额外维度的更高维空间中，而那些额外维度是我们看不到的，因为光不能离开我们的膜。附近可能也漂浮着其他的膜

好吧，你可能会说，电磁力只是大自然中的4种力中的一种，那其他3种呢？我们可以用它们来探测额外维度并发现其存在吗？对于强核力以及弱核力，答案还是：不行。在膜世界方案下，计算告诉我们这些力的信使粒子——胶子、W粒子与Z粒子——也是开弦的振动模式。所以它们像光子那样被囿于3膜之中，有强核力与弱核力参与的过程同样无法与额外维度联系起来。对于物质粒子来说同样的结论依然成立。电子、夸克以及其他所有种类的粒子都是端点在3膜上的开弦的振动模式。因而，在膜世界方案中，你、我以及我们能够看到的一切都被永远拘禁在我们的3膜中。把时间维度也算上的话，世间万物都困在我们的四维时空片中，其实应该说，几乎世间万物，因

为对于引力来说，情况就有所不同。对膜世界方案做一番数学分析后我们会发现，引力子来自闭弦的振动模式，这一点同我们之前讨论过的无膜方案中的情形是一样的。闭弦——没有端点的弦——并没被限制在膜上。闭弦自由自在，既可以在膜上运动，也可以离膜而去。所以，如果我们生活在膜上，我们并没有完全地隔绝于额外维度。通过引力，我们既可以影响额外维度，也可以被额外维度影响。在这样的方案中，引力是我们能与三维之外的额外维度取得联系的唯一办法。

在我们通过引力与额外维度取得联系之前，我们难免会想知道，额外维度究竟会有多大呢？这个问题非常有趣也非常尖锐，我们就来一起看看。

引力与大额外维度

退回到1687年，牛顿提出了他的普适引力定律，在这个定律中，牛顿实际上对空间维数做了很强的限定。牛顿并没有仅仅用嘴说两个物体之间的引力会随着物体间距离的变大而变弱，他提出了一个公式，即平方反比率，这个公式准确地描述了两个物体间的距离发生变化时物体间引力的变化规律。根据牛顿公式，如果你将两个物体间的距离翻番，那两者之间的引力就会变为原来的四（2^2）分之一；如果你将两者间距离变为3倍，那引力就会变为原来的九（3^2）分之一；如果你将两者间距离变为4倍，那引力就会变为原来的十六（4^2）分之一。更为一般性地说，引力会按距离平方衰减。在过去几个世纪的大量实践中，牛顿这一公式始终有效。

但问题在于力为什么随物体间距离的平方变化呢？力为什么不是随物体间距离的3次方（这样的话你将距离翻番，引力就会变为原先的1/8）或4次方（你将距离翻番，引力就会变为原先的1/16）变化呢？或者更加简单些，两个物体之间的引力为什么不是就反比于（这样的话，你将距离翻番，引力就会变为之前的1/2）距离呢？这些问题的答案与空间维数直接相关。

要想看出这一点，可以想想两个物体吸收和发射的引力子数目是怎样依赖于间距的，也可以想想两个物体所体验到的时空曲率是怎样随着两者间距离的增加而减小的。不过我们可以用一个虽然过时但相对简单些的办法来思考这个问题，这会使我们快速而且直观地得到这一问题的正确答案。我们先画一张图［图13.4（a）］，就像图3.1示意的是条形磁铁所产生的磁场那样，我们这里的图用来示意一个有质量的物体——比方说太阳——产生的引力场。磁场线从北极出发，绕着条形磁铁收于南极；引力场线则不同，它是呈放射状向所有的方向发射出去，直至无穷远。在给定位置处，另一个物体——比方说绕太阳运动的卫星——所感受到的引力强度正比于该位置处的场线密度。穿过卫星的场线数目越多，如图13.4（b）所示，则卫星感受到的引力就越大。

现在我们可以解释一下牛顿的平方反比率的起源了。让我们一起想象一个以太阳为中心并将卫星包括在内的球，如图13.4（c）所示，其表面积——同任意一个三维空间中的球体的表面积一样——正比于其半径的*平方*，在这里就是太阳到卫星距离的*平方*。这就意味着穿越球面的场线的密度——总的场线数除以球的表面积——将随着太

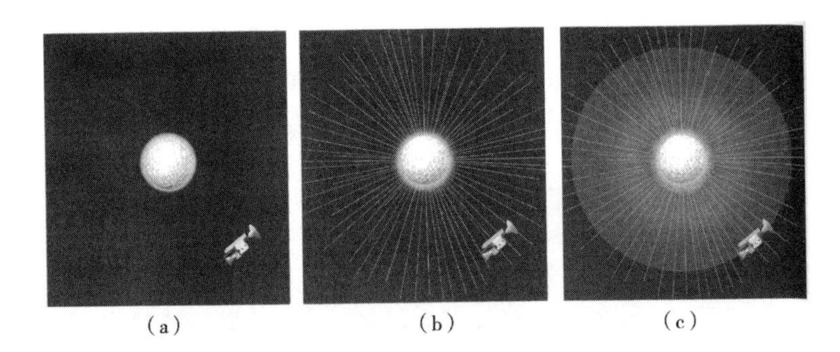

图13.4 图(a)中，太阳作用在物体(比如说卫星)上的引力，反比于其间距离的平方，因为太阳引力场线如图(b)所示的那样均匀延展，因而，到太阳距离为d处的场线密度反比于以d为半径的球面——如图(c)所示——的面积，而这个面积，根据几何知识，应正比于d^2

阳到卫星之间的距离的平方的增加而减小。如果你把太阳到卫星间的距离翻一番，同样数目的场线将平均分布于4倍大的表面积上，因而在这个距离上的引力就会变为之前的1/4。因而，牛顿的平方反比率引力公式实际上是三维空间中的球体的几何性质的反映。

与之相比，如果宇宙只有两个空间维度或者只有一个空间维度的话，牛顿引力公式该是什么样子呢？这个嘛，图13.5(a)给出的就是太阳与其环绕卫星的二维版本。因为圆周的长度正比于其半径的大小(而不是正比于其半径的平方)，如果你将太阳与卫星之间的距离翻一番，场线的密度就会减小为原来的二(而不是四)分之一，因而太阳的引力就变小为二(而不是四)分之一。如果宇宙只有两个空间维度，那么引力就会反比于距离，而并非是反比于距离的平方。

如果宇宙只有一个空间维度，如图13.5(b)所示，那么引力定律就会变得更加简单。引力场线根本就没有地方弥散，所以引力根本不会随着距离变大而变小。如果你将太阳和卫星之间的距离翻番(假设在这样的宇宙中存在着这样的卫星),你会发现穿过卫星的引力场线还是那么多,两者之间的引力一点变化都不会有。

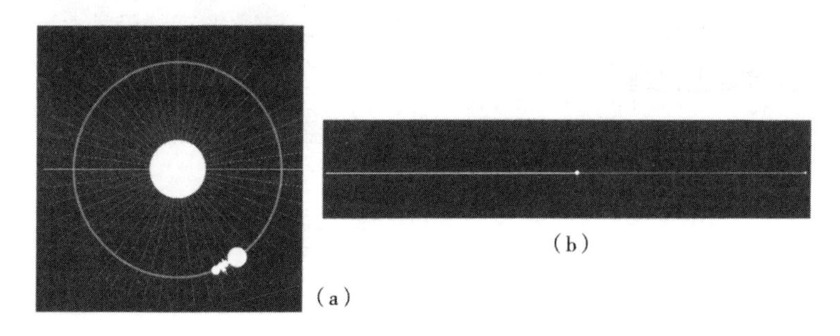

图13.5 (a)在一个只有两个维度的宇宙中,引力反比于距离,因为引力线按环形均匀地延展,而环形的周长正比于其半径。

(b)在一个只有一个维度的宇宙中,引力线没有地方延展,所以,不论间隔多远,引力都是常数

虽然不能画出来,但是我们得知道,图13.4和图13.5所示意的道理可以直接推广到四维、五维、六维乃至其他任意维度空间的宇宙。空间的维数越多,引力线延展开来的余地就越大。而引力线展开得越厉害,引力随距离变大而衰减的速度就越快。如果空间维数是4,牛顿定律就应该是立方反比率(距离翻番,引力变为之前的1/8);如果空间维数是5,牛顿定律就应该是4次方反比率(距离翻番,引力变为之前的1/16);如果空间维数是6,牛顿定律就应该是5次方反比率(距离翻番,引力变为之前的1/32);对更高维的宇宙不过如是种种。

你可能会认为牛顿的平方反比率在解释大量的数据——从行星的运动到彗星的轨迹——上的成功证明我们生活在一个正好有3个空间维度的宇宙中。但是这个结论未免下得有些匆忙。我们知道,在

天文学尺度上，平方反比率的确被符合得很好；[6] 而我们也知道，在地球尺度上，平方反比率也被符合得很好，而且与我们看到的3个空间维度这一事实相一致。但是我们是否知道，平方反比率在更小的尺度上是否有效？引力的平方反比率是否被检验到多微观的尺度上了呢？实际上，实验学家对引力的平方反比率的验证只到毫米量级。如果两个物体的间隔有几个毫米大，那么实验数据告诉我们两者间的引力符合平方反比率的规律这一预言。但是再往下，继续探测更小尺度上的平方反比率就似乎是对实验技术的一大挑战了（量子效应以及引力非常微弱的特点使得实验非常复杂）。这个问题非常重要，因为对平方反比率的偏离将是存在额外维度的有力证据。

为了看清这一点，让我们用一个易于画出并分析的低维度玩具模型来说明问题。想象我们生活在一个只有一维空间的宇宙中——在这里，人们只能看到一个空间维度，而且几个世纪以来的实验证明物体间的引力绝不会因为物体间间距的变化而改变。在这个宇宙中，实验学家这些年来也忙着验证毫米尺度上的引力定律，没有得到过小于毫米量级的实验数据。进一步想象一下，这个宇宙——除了少数理论物理学家外无人知晓——实际上还有一个蜷曲起来的空间维度，如此则这个宇宙的形状就像菲利普·佩蒂特[1]的钢丝的表面，如图12.5所示。这会对未来更加精确的引力实验有什么影响呢？我们可以通过图13.6来推测答案。当两个很小的物体彼此靠近时——近到两者之间的距离比蜷曲维度的周长还要小时——空间的二维性就会立即显现出来，因为在这个尺度上引力场线本来就可以延展开来［如图

1. 菲利普·佩蒂特（Philippe Petit），法国杂技名人。1974年，佩蒂特在纽约世贸大楼间架起钢丝，并在钢丝上行走、舞蹈了45分钟。——译者注

13.6（a）所示]。因而，引力就不再是与距离无关了，而是反比于两个物体之间的距离。

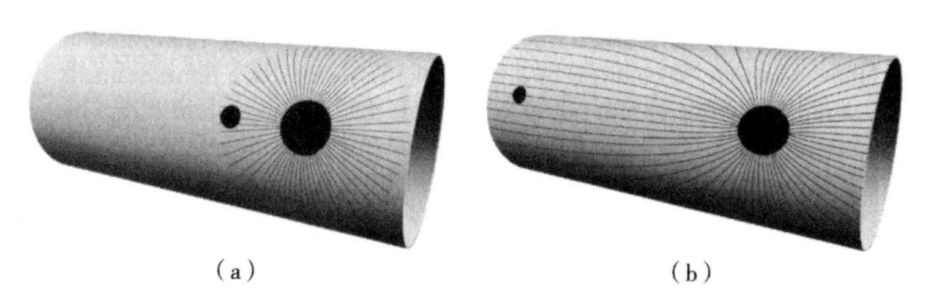

图13.6 （a）当两个物体靠得很近时，引力表现得像是在二维空间中。（b）当两个物体离得很远时，引力才表现得像是在一维空间中，此时引力为常数

因而，如果你是这个宇宙中的一名实验物理学家，你发展了一套复杂精妙又准确的方法来测量引力，那这就是你的发现。当两个物体极其接近的时候，甚至比蜷曲维度的尺寸还要小的时候，两个物体间的引力就会随着两者间距的变大而减小，就如在一个具有两维空间的宇宙中应有的那样。但是，当两个物体间的距离大于额外的蜷曲维度的尺寸时，事情就不一样了。大于蜷曲维度尺寸时，不论两个物体间的距离如何变化，引力场线都不会有任何延展。一旦引力场进入第二个蜷曲维度，它就四散开来——它会在这个维度中达到饱和状态——因而在这样的距离上看，引力场不会减小，如图13.6（b）所示。你可以将这种饱和与老房子中的管道对比。如果有人在你正要洗净头上的洗发香波时打开了厨房水池的水龙头，你就会感觉水压骤降，因为两个水龙头都要流水。要是再有人同时打开洗衣间的水龙头，你就会觉得水压再次下降，因为有更多个水龙头同时分享水流。而一旦房子中的所有水龙头都打开了，水压就会保持不变了。尽管这时再也没法流出你所期待的令人能够放松的高压水流，可一旦水流在所有

“额外的”水龙头间完全分流，则淋浴头的水压就不会再发生变化了。类似的，一旦引力场在额外的蜷曲维度中完全延展开来，引力就不会随着距离的改变而改变。

从你的数据中你可以推断出两件事。首先，从两个距离很近的物体间的引力场反比于距离这一事实中，你会认识到宇宙中有两个空间维度，而不是一个。其次，从引力场为常数这一点——几百年积累下来的实验数据——你可以得出结论，其中一维蜷曲了起来，蜷曲尺度大约就是引力场刚好能保持不变的距离。有了这样的结论，你就推翻了数百年乃至数千年来人们对于如此基本的空间维数的信念，而这看起来无疑比任何其他问题都更为惊人。

尽管出于视觉考虑，我们只是在低维的情况下讨论了这个问题，但对我们的三维宇宙来说，情况也是完全一样的。几百年来的实验数据告诉我们引力所遵循的乃是平方反比率，而这是空间有3个维度的有力证据。但1998年的时候，人们还从来没在小于1毫米的尺度上做过检验引力强度的实验（今天，如我们先前提过的那样，对引力的检验已经到了比毫米还小一个量级的水平上）。这样的实验状况使斯坦福大学的萨瓦斯·蒂莫普洛斯，现在哈佛大学的尼玛·阿卡尼哈迈德，以及纽约大学的吉亚·杜瓦利共同提出，*在膜世界方案中，额外维的尺寸可以大到毫米量级，并且还没有被实验探测到。*这一激进的设想促使很多实验组开始着手研究亚毫米尺度上的引力，以期发现对引力平方反比率造成破坏的实验证据。到目前为止，直至1/10毫米量级上，尚未发现这样的结果。因而，即便依靠当前最为精良的引力实验设备，*我们也没法证实我们是否真的生活在3膜中，以及额外维度的尺寸是*

否大到了1/10毫米量级。

这样的现实是过去10年间最令人吃惊的事情。利用除引力之外的其他3种力，我们可以探索直至十亿分之十亿分之一米的尺度上的物理，可没人发现额外维度存在的任何证据。但在膜世界方案中，除引力之外的这3种力在探索额外维度方面将毫无用处，因为它们都被局限在3膜之上。只有通过引力我们才能对额外维度有所了解。到今天为止，额外维度还是有可能厚到人们的头发丝那种程度，可我们却依然没办法在最为精良的设备上看到它们的存在。现在，就在你旁边，就在我旁边，就在我们每个人的旁边，就有可能存在着另一个空间维度——一个既不是左右，也不是前后，还不是上下的维度；一个虽然蜷曲起来但仍有可能大到吞下这张纸这么厚的东西的维，而这个空间维度仍在我们摸不着的地方。[1]

大额外维度与大的弦

膜世界方案将4种力中的3种限制在膜上，从而极大地放松了实验对额外维度尺寸的限制，但额外维度还不是这个理论中唯一可以比较大的东西。通过吸取威滕的独到见解，乔·莱肯、康斯坦丁·巴查斯连同其他人——伊格纳缇奥斯·安东尼亚迪斯，以及阿卡尼哈迈德、蒂莫普洛斯、杜瓦利等人认识到额外维度还有更为令人振奋的一面，低能的弦可能比先前认为的要大得多。事实上，这两个尺度——

1. 哈佛大学的丽莎·兰德尔和约翰·霍普金斯大学的拉曼·山德拉姆提出了另一种方案。在他们的理论中，引力也有可能被限制住，但不是被限制在膜上，而是通过额外维度的蜷曲方式被限制住。他们的方案使得额外维度的尺寸所受到的限制变得更加宽松。

额外维度的尺度与弦的尺度——是密切相关的。

我们在前面的章节中讲过，弦的基本大小是通过令其引力子振动模式按照观测到的强度传递引力而确定下来的。引力的微弱性使得弦非常的短，约为普朗克长度（10^{-33}厘米）。但是这一结论高度依赖于额外维度的形状。而其原因则在于，在弦论或M理论中，我们在这个广大的三维世界中观测到的引力强度实际上是由两个因素的相互影响导致的。一个因素是引力固有的基本强度，另一个因素就是额外维度的大小。额外维度越大，进入额外维度的引力就越多，从而使得出现在熟悉的维度中的引力就越弱。这就好比水管越粗则水压越小，因为在粗的水管中水可流动的空间更大。而更大的维度则会导致更小的引力，因为额外维度越大则引力延展的空间将会越大。

在确定弦的长度的最初计算中，科学家做了额外维度小到普朗克长度的假定，这就使得引力几乎完全不能渗入额外维度中去。在这样的假定下，引力之所以看起来很弱是因为它们*本来*就弱。但是现在，如果我们在膜世界方案中讨论问题并且允许额外维度比之前认为的大很多的话，则人们观测到的引力的微弱性就不再意味着引力本来就弱。相反，引力也可能是一种很强的力，而它之所以看起来很弱只是因为额外维度比较大，就像粗大的水管稀释了水压，大的额外维度也稀释了引力。顺着这种思路，如果引力真的比人们之前以为的大很多的话，弦也应该比人们之前以为的大很多。

到今天为止，对于弦究竟可以有多长这个问题还没有一个独一无二的确定答案。弦的大小和额外维度的大小都可以在一个比之前认为的要大很多的范围内变化，有了这种新发现的自由后，弦的长度有很多种可能性。蒂莫普洛斯及其同事认为，现有的实验结果，不管是来自粒子物理还是来自天体物理，全都表明未激发的弦不可能大于十亿分之十亿分之一米（10^{-18}米）。而这个长度虽然比我们日常生活中的小还要小很多，但已经比普朗克长度大10亿亿倍——*差不多比之前认为的大10亿亿倍*。如我们将要看到的那样，这就已经大到了可用下一代粒子加速器探测弦的信号的程度。

弦论遭遇实验

我们生活在一张大的3膜中的这种可能性，当然，只是可能性。而且，在膜世界方案中，额外维度可能比之前认为的要大得多这种可能性，以及相关的弦也可能比之前认为的大得多的这种可能性，也只是可能性。但它们确实是令人异常受到鼓舞的可能性。当然，即便膜世界方案真的正确，额外维度的尺度以及弦的大小还是有可能在普朗克长度的量级。但是，在弦论或M理论中弦和额外维度的尺寸可以很大的这种可能性——刚刚超越今日的技术能力——真可算是异想天开。因为这意味着我们至少有机会在未来的几年中，看到弦论或M理论与可观测的物理联系起来，从而成为一门实验科学。

这种机会有多大？我不知道，也没其他人知道。我的直觉告诉我这很可能没法成为现实，但我的直觉是基于在15年传统的普朗克大小的弦与普朗克大小的额外维度的框架下的工作产生的。或许我的观念早就过时了。令人欣慰的是，这些问题的解决一丝一毫都并不取决于任何人的直觉。如果弦真的很大，或者说如果额外维度真的很大，那么即将到来的实验将为我们带来激动人心的结果。

在下面的几章中，我们将讨论各种各样能够检验相对较大的弦和额外维度之可能性的实验，所以让我现在就开始吊起你的胃口。如果弦是十亿分之十亿分之一米大（10^{-18}米），则对应于图12.4中较高振动模式的粒子将不会有标准弦论中那样超过普朗克质量的巨大质量。相反，它们的质量只会是一个质子质量的一千乃至数千倍，而这样的能量已经低到了目前CERN正在建设中的大型强子对撞机的能量范围。如果这些弦的振动通过高能碰撞而被激发，那么加速器上的探测器将像新年夜的时代广场上的水晶球一样亮起来。大量从未被看到过的新粒子将被产生出来，它们的质量彼此关联，就像大提琴的不同和音之间彼此关联那样。大量数据中的弦论信号将如亲笔签名般清晰，即使粗心的研究者也不会注意不到它们的存在。

而且，在膜世界方案中，高能碰撞甚至可能会产生出——记着这点——微观黑洞。尽管我们一般将黑洞视作外太空中的某种巨型结构，但即便早在广义相对论创立之初，人们即已认识到只要你将足够多的物质握在你的手中，你就有创造出一个小黑洞的可能性。而这之所以不能成为现实，则是因为没有什么人——也没有什么机器——有如此大的挤压力以至于能压出一个小黑洞。相反，唯一可行的黑洞产生方式是这样的：一个质量巨大的星体的引力超过了星体核聚变过程所释放出来的向外的压力，使得星体向自身坍缩。但如果小尺度上引力的固有强度比之前认为的要大很多，那么只需要比之前认为的小很多的压缩力即可以产生出一个小黑洞。计算表明，大型强子对撞机通过高能质子对撞过程将正好获得足够的挤压力来制造大量的微观黑洞。[7] 想想看吧，这有多么不可思议。大型强子对撞机可能会成为一个生产黑洞的工厂！这些黑洞如此之小，而且它们的存在时间也将极为短暂，不会给我们带来哪怕一丝一毫的威胁（很多年以前，史蒂芬·霍金证明所有的黑洞都将通过量子过程土崩瓦解——只不过大的黑洞瓦解得很慢，而小的黑洞则将瓦解得很快）。但是这些微观黑洞的产生，将为一些人类所遇到过的最稀奇古怪的思想带来坚实的证据。

膜世界宇宙学

当前研究的一个主要目的，世界范围内的科学家们（包括我在内）不断热切追求的一个目标就是要用弦论或M理论的新观念来构建一个宇宙学理论。原因很明显：既不仅仅因为宇宙学要对付令其寝食难安的问题，也并不仅仅因为我们已然认识到自己熟悉的经验——比如时间之箭——的很多方面与宇宙诞生之初的状况紧紧联系在一起，更是因为宇宙学能为理论学家带来纽约为西纳特拉[1]提供的那种东西：证明自己的最好舞台。如果一个理论能够在宇宙最初时刻那种极端条件下取得成功，那它将在任何其他地方取得成功。

到目前为止，根据弦论或M理论构建宇宙学还在进行之中，研究者们一般朝着两个方向进发。第一个方法更为传统，正如暴胀为标准的大爆炸理论提供了一个简洁但意义深远的前端，弦论或M理论为暴胀提供了一个有关更早时期的、意义可能更加深邃的前端。在这个图景中，代表我们对宇宙最初时刻的无知的那一片模糊将因为弦论或M

1. 弗兰克·西纳特拉，美国著名艺人，成名于纽约。——译者注理论而变得清楚起来，在那之后，宇宙大戏将按照在前面的章节中讲过的取得了极大成功的暴胀理论设计的脚本一幕幕上演。

尽管在这一图景所要求的某些细节方面已经取得了一些进展（比如对为什么宇宙的空间维度中只有3个会经历膨胀的理解，以及某些数学工具的开发——这些数学工具可以用来分析暴胀之前无空或无时的领域），但成功一刻尚未来到。直觉上，尽管在暴胀宇宙学看来，越早时刻的可观测的宇宙会变得越小——因而也会变得更热、更密、更具活性——弦论或M理论却通过引入一个最小尺寸（如我们在上一章中的“小尺度上的宇宙结构”那一节中讲过的那样）来驯服有着蛮横狂暴的行为方式（用物理学的语言来说，是具有“奇异性”）的早期宇宙，而在我们所引入的这个小尺寸下，起作用的将只是一些新的、不那么具有奇异性的物理量。这种思考正是弦论或M理论在合并广义相对论与量子力学方面取得成功的关键所在。而且，我感觉我们很快就可以决定如何将这种思考应用于宇宙学范畴。但是，到目前为止，那模糊的一片还是一如既往的模糊，没人知道明晰什么时候才会来到。

第二种方法采用了膜世界方案，在其最为激进的实现中，抛出了全新的宇宙学框架。我们还远不知道这种方法能不能克服数学细节上的困难，但作为一个例子，它很好地向我们展示了基本理论上的突破如何在常见领域中留下新的足迹。这一新思想被称为循环模型。

循环宇宙学

从时间的角度看，我们感受的普通体验通常只有两种现象：一种有清楚的开始、中间，以及结尾（这本书，一场棒球赛，人的一生）；还有一种循环往复、周而复始（四季的变化，日升日落，拉里·金的婚礼[1]）。当然，仔细推敲的话，循环现象也有开始与结尾，因为循环一般也不是永恒存在。每天日升日落——地球一边自转一边绕着太阳公转——的过程只有50多亿年，在那之前，太阳和太阳系还没形成。而且总有那么一天，比方说50亿年后或者多少年后，太阳会变成红巨星，吞噬掉太阳系内的一切星体，地球也不能例外，那时就再也没有日升日落了，至少在太阳系没有了。

但这些都是现代的科学认识。对古人来说，循环现象看起来像是永恒不变的。而且对于很多人来说，循环现象使他们的生活运转，一次又一次地重新开始，实在是再正常不过的事情。每天每季的周而复始为人们设定工作与生活的节奏，所以无怪于一些最为古老的宇宙学会将世界的演变过程想象成循环过程。循环宇宙模型从拥有一个开始、中间，以及结尾的过程中解脱出来，视世界随时间变化如月亮随月相改变一般：在完成一个完整序列之后，时机成熟，世间万物重新开始另一次循环。

自从广义相对论被发现以来，人们已经提出了大量的循环宇宙模型，其中最为著名的是加利福尼亚理工学院的理查德·托尔曼于20世纪30年代开发的版本。托尔曼提出，人们观测到的宇宙膨胀可能会慢慢减缓，最终停下来，之后宇宙将经历一个慢慢变小的收缩期，但是最后不会终止于自身的猛烈聚爆。托尔曼认为，宇宙将会反

1. 美国著名节目主持人，他有过7次婚姻。——译者注

弹：空间会缩到某一极小的尺度上，然后*反弹*，再开始新一轮的膨胀，之后再次收缩，如此循环下去。宇宙会永不停歇地重复着这种循环过程——膨胀，收缩，反弹，再膨胀——这将绕开令人头疼的起源问题：在这样的方案中，起源的概念是没有意义的，因为宇宙一直就是那个样子并将永远那样下去。

但是托尔曼认识到，追溯回去，循环可能重复了几次，但不确定。原因在于，在每一次循环过程中，根据热力学第二定律，平均说来，熵都只能增加。[8] 而根据广义相对论，每一次循环开始时熵的总量将决定这次循环会持续多久。更多的熵意味着向外膨胀过程慢慢停下来并转成向内收缩之前的膨胀周期更长一些，因而每一次后续循环过程都会比前一次更久些。这等于说，前面的循环周期应该越来越短。用数学分析一下便会发现，循环过程周期的连续变短意味着这种循环不能推演到无穷远的过去。所以，即使在托尔曼的循环理论框架下，宇宙也会有一个开端。

托尔曼的想法带来了球形宇宙模型，但是正如我们所见，它早就被实验观测排除掉了。但是循环宇宙模型的一种新的实现——与平直宇宙有关——近年来在弦论或M理论的框架下发展起来。这一想法来自保罗·斯坦哈特及其在剑桥大学的同事尼尔·塔洛克（这一想法的提出离不开他们先前与柏特·欧弗拉特、内森·塞博格以及贾斯汀·霍里的合作成果）。他们提出了一种新的驱动宇宙演化的机制。[9] 简单说来，他们认为，我们生活在3膜中；我们的这个3膜与邻近的平行3膜每隔几万亿年就会发生一次剧烈碰撞，而来自碰撞的“爆炸”开启了每次新的宇宙循环。

这一想法的基本构建如图13.7所示，很多年前由哈罗瓦和威滕在非宇宙学的框架下提出。哈罗瓦和威滕当时正在试图完成威滕提出的5种弦论的统一，他们发现如果M理论中的7个额外维度中的一个有某种非常简单的形状——不是图12.7中的圆环，而是图13.7中那样很小的线段——并且被所谓的世界尽头之膜夹在中间，就像一本书被两片书立夹在中间那样，那么就可以在杂化E型弦论与其他弦论之间建立直接联系。他们如何找到这种联系的细节在这里既不明显也不重要（如果你感兴趣，可以参考《宇宙的琴弦》第12章）；这里关键的是，有一个起点自然地从理论本身中冒了出来。斯坦哈特和塔洛克就利用这些发现提出了他们自己的宇宙理论。

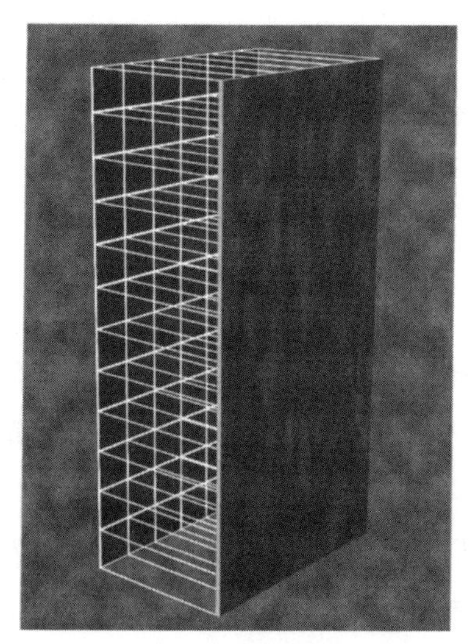

图13.7　间距很短的两片3膜

特别是，斯坦哈特和塔洛克将图13.7中的每张膜想象成有3个空间维度，而两张膜之间的线段就是第4个空间维度。剩下的6个空间维度蜷曲为卡拉比-丘空间（未在图中画出），而这个卡拉比-丘空间需要有恰当的形状以便用弦的振动模式解释已知的粒子种类。[10] 我们直接感知到的宇宙对应于两张3膜之一；如果你愿意，你可以将第二张3膜想象成另一个宇宙，那个宇宙中的居民，如果存在并且假定其实验技术与知识水平并未远远超越我们的话，也只知道空间有3个维度。在这种设定下，另一张3膜——另一个宇宙——其实就在旁边。它就盘旋在离我们不足1毫米远的地方（这里的间隔指的是第4个空间维度中的距离，如图13.7所示），但是由于我们的3膜如此之厚而且我们感受到的引力如此之弱，所以我们没有另一张3膜存在的直接证据，而那个宇宙中的居民也不会有我们存在的直接证据。

但是，根据斯坦哈特和塔洛克的循环宇宙模型，图13.7画的并不是它一直以来以及未来可能的样子。与之相反，在他们的方法中，两个3膜彼此吸引——就像被细细的橡皮带连起来了似的——而这就意味着每一个3膜都在驱动着另一个3膜的宇宙演化：这些3膜注定将处于无限循环的碰撞、反弹，以及再次碰撞，一而再、再而三乃至永远地生成它们各自膨胀的三维世界。可以看看图13.8来弄明白究竟是怎么回事，这张图一步步地展示了一次完整的循环。

第一阶段，两个3膜刚刚撞在一起，正要弹开。碰撞产生的巨大能量将巨量的高温辐射以及物质沉积在了每一张弹开的3膜中，而斯坦哈特和塔洛克认为——这一点非常重要——这些物质与辐射的具体性质同暴胀模型中产生出来的物质与辐射的性质有着极为类似的特征。尽管在这点上还存在着某些争议，但斯坦哈特和塔洛克依然可以宣称由两张3膜的碰撞导致的物理条件极其类似于我们在第10章

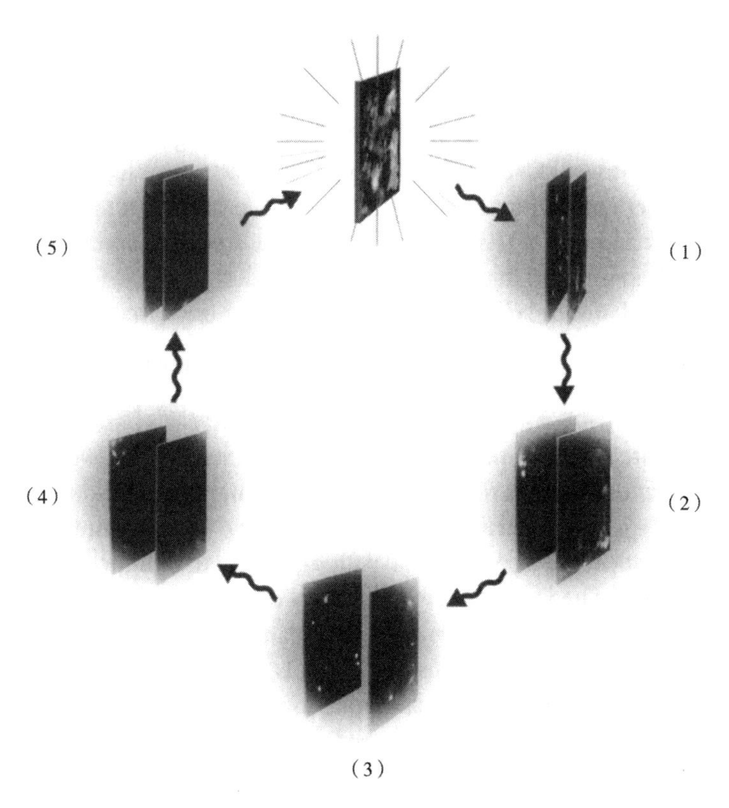

图13.8 循环宇宙模型中的不同阶段

中讨论过的传统方法中的暴胀膨胀爆发之后的瞬间的物理条件。所以毫不奇怪，对于我们的3膜上的假想观测者来说，循环宇宙模型中的下几个阶段在本质上将与图9.2（现在可以将这张图解释为描述了某张3膜中的宇宙演化）所示的标准方法中的相应阶段完全一样。也就是说，当我们的3膜从碰撞中弹出的时候，它就开始膨胀并冷却，而原初等离子体逐渐汇聚形成恒星与星系这样的宇宙结构，如图中第二阶段所示。然后，受我们在第10章中讨论过的近年来对超新星的观测启发，斯坦哈特和塔洛克将他们的模型重新设定，以便在循环进行到70亿年的时候——第三阶段——普通物质中的能量以及辐射会因膜的膨胀而得以足够稀释，从而使暗能量成分赢得足够优势，并通过其负压，驱动宇宙进入加速膨胀时代（这就要求对一些细节任意调节，但是会使模型与观测相符合，而在循环宇宙模型的支持者看来，这种符合正是提出这个模型的动机）。此后再过70多亿年，我们人类出现在地球上——至少按现在这个循环看是这样——感受着早期的加速阶段。然后在接下来的差不多3万亿年间，我们的3膜始终在膨胀。在这样漫长的岁月中，我们的三维空间被极大地拉伸，物质与辐射被充分地稀释，这使得膜世界看起来空空荡荡又天下大同：这就是第四阶段。

到那时，我们的3膜就完成了初始碰撞后的反弹，再次朝着另一张3膜飞去。当我们离另一次碰撞越来越近的时候，我们膜上的弦的量子涨落将使整个空荡荡的宇宙泛起细小的波纹，这是第五阶段。我们的3膜继续加速，小小的量子波纹变得剧烈起来；猛然间，毁灭性的碰撞来到了，我们撞向另一张3膜，碰撞之后我们又弹开，另一次循环开始了。量子涨落将记录下碰撞产生的辐射与物质的各向异性，就像在暴胀理论中那样，这些对完美的各向同性的偏离逐渐聚集起来，最终形成恒星与星系。

这就是循环宇宙模型（也被称为大碰撞模型，*big splat*）中的几个主要阶段。其基本假定——膜世界的碰撞——与已经取得成功的暴胀理论完全不同，但是在几个重要方面与暴胀理论却是相通的。这两个理论都要依靠量子扰动来生成最初的不均匀性，这是两者间非常重要的类似之处。事实上，根据斯坦哈特和塔洛克的论证，掌控循环宇宙模型中的量子涨落的方程与暴胀理论中的极其类似，因而两个理论所预言的不均匀性也几乎完全一致。[11] 而且，尽管循环宇宙模型中没有暴胀，却有一个长达万亿年温和加速膨胀时期。两者间真正的区别就在于一个急躁，一个耐心；暴胀理论在瞬间完成的事情，循环宇宙模型花了万亿年才做完。既然循环宇宙模型中的碰撞并不是宇宙的起源，那就有可能在上一次循环后3万亿年间慢慢消融宇宙学问题（比如平坦性疑难和视界疑难）。每一个循环后期那无数年和缓而稳定的加速膨胀将我们的3膜拉伸得既干净又平整，而且，除了微小却重要的量子涨落，整个宇宙空间均匀一致。因而，每一次循环那漫长的最后一个阶段——紧随其后的就是下次循环开端的大碰撞——产生的宇宙环境看起来竟与暴胀理论中的瞬间猛烈膨胀所产生的宇宙环境如此类似。

简评

在其发展的现阶段，暴胀与循环宇宙模型为我们带来了富于启发性的宇宙学框架，但是两者中的哪一个都不能给我们一个完整的理论。对宇宙最初时刻的主要条件的无知，迫使暴胀宇宙学的支持者们只能不经理论判定地去假设暴胀所需要的初始条件。如果真的有那些初始条件，那么暴胀理论就会解决大量的宇宙学难题，并且启动时间之箭。但这些成功都要以暴胀发生为先决条件。而且，暴胀宇宙学没法天衣无缝地嵌入弦论中，也不可能同时与量子力学和广义相对论保持一致。

循环宇宙模型也自有其短处。如同托尔曼模型，考虑到熵的问题

（以及量子力学[12]），循环宇宙模型的循环不会永远持续下去。相反，循环开始于过去的某个特定时间，所以，就像暴胀模型遇到的问题一样，我们也需要解释第一次循环是怎么开始的。如果我们解释了循环宇宙模型的开端，那么这个理论，如同暴胀理论，也将解决关键的宇宙学问题，并使时间之箭从每一次低熵的开天辟地，连续经历图13.8所示的那些阶段。但是，按我们现在的认识，循环宇宙模型还没法解释宇宙怎样以及为什么使自己满足图13.8所需的必要条件。比方说，为什么会有6个维度将自己蜷曲成特定的卡拉比-丘形，而同时还有一个维度忠实地保持着自己作为两个膜的间隔的形状？两个作为世界尽头的3膜为何会完美地联系起来，又为什么会以恰好的力吸引彼此以至于我们在图13.8中所描述的过程可以进行下去？而且，尤为重要的是，当两张3膜按循环宇宙模型版的大爆炸撞到一起时，到底发生了什么？

关于最后一个问题我们得说，比起暴胀宇宙学在时间零点遇到的奇异性，循环宇宙模型中的开天辟地问题要少得多。不同于暴胀宇宙学中所有的空间维度都被无限压缩，在循环宇宙模型中，只有一个维度被极度压缩；膜本身在每个循环过程中处于整体扩张之中，而不是压缩。斯坦哈特、塔洛克及其合作者们认为，这种情况意味着膜本身具有有限温度以及有限密度。但这只是一个具有高度不确定性的结论，因为到目前为止，还没有人能够得到更好的方程，并指出两个膜撞在一起时究竟发生了什么。事实上，到目前为止的分析表明，循环宇宙模型中的开天辟地也遭受着暴胀宇宙学在时间零点遇到的问题：数学工具破产。因而，宇宙学的奇异开端——它到底是宇宙的开端呢，还是我们目前这次循环的开端呢——还是需要一个严格的解决方案。

循环宇宙模型最吸引人的性质，是它将暗能量以及观测到的加速膨胀纳入自己的体系中的方式。1998年，人们发现宇宙正在加速膨胀时，这令大多数宇宙学家和天文学家困惑不解。尽管只要假定了宇宙中有合适数量的暗能量，暴胀宇宙学就能解释这种加速膨胀，但加速膨胀看起来总像是粗笨的附属品。与之相比，在循环宇宙模型中，暗能量的角色就自然和重要得多。3万亿年的缓慢而稳定的加速膨胀，对清除各种麻烦，稀释可观测宇宙使之近乎一无所有，重新设置所有条件准备下次循环十分关键。从这种角度看，暴胀宇宙学和循环宇宙模型都依赖于加速膨胀——暴胀模型接近其开端而在循环宇宙模型中靠近每次循环的尾声——但只有后者有直接的观测支持（记住，循环宇宙模型的设计就是要使我们刚刚进入3万亿年的加速膨胀阶段，而这样的加速膨胀是最近才被观测到的）。加速膨胀是循环宇宙模型的标志，但是，这也就意味着，假如未来的实验观测又表明不存在加速膨胀，那暴胀宇宙学还是能存活下来（尽管宇宙能量预算中那丢失的70%又要以新面孔出现了），可循环宇宙模型就不能了。

时空的新图景

膜世界方案与脱胎于其中的循环宇宙模型都是高度理论性的想法。我之所以在这里对其进行讨论并不是因为我认为它们正确，而是因为，我想展示一下按照弦论或M理论所启发的新方式，如何思考我们生活于其中的空间及其演化。如果我们生活在3膜中，那么几个世纪以来有关三维空间的形体存在的老问题就会得到确定的答案：空间是一张膜，因而空间真的是某种实在的东西。而膜并没什么特别之处，因为在弦论或M理论的高维空间中漂浮着其他很多各种维数的膜。

如果我们的3膜的宇宙演化就是与邻近3膜的重复碰撞，那么我们所知道的时间只能跨越宇宙众多循环——一次大爆炸，紧接着另一次，接着又一次，循环下去——中的一次。

对我来说，它是一个既激动人心又令人谦卑的版本。空间和时间或许远超我们的预期。如果真是那样，则我们所认为的“万物”可能只不过是更为丰富的实体的小小组成部分。

5

真实与想象

第 14 章 上天入地

关于空间与时间的实验

从阿格里琴托的恩培多克勒用土、空气、火和水解释宇宙到今天，人类对空间和时间的理解走过了漫长的旅程。我们所取得的很多成就，从牛顿理论到20世纪的革命性发现，都由于理论预言与实验结果的精确符合而得以验证。但时间推移到了20世纪80年代中期，我们似乎成了过去辉煌的受害者。在科学家们孜孜不倦的好奇心的驱动下，当代理论已进入实验技术无法触及的领域。

不过，实验学家们当然不会就此甘心，靠着勤奋和运气，他们找到了一些检验当代最前沿思想的方法，这些方法将在未来的几十年间付诸实践。我们在本章中将会看到，一些已经启动或正在计划中的实验将帮助我们弄清额外维度存在与否，暗物质和暗能量的组成，质量的起源与希格斯海，早期宇宙学的某些方面，超对称的相关内容，甚至弦论的真实性。所以，要是我们再有一点运气的话，一些在统一理论、空间与时间的性质以及宇宙的起源等方面富于想象力和革命性的思想将最终得以检验。

陷入困境的爱因斯坦

在为建立广义相对论而艰苦奋斗的那10年间，爱因斯坦从各种源头寻求灵感。其中，由18世纪的著名数学家卡尔·弗雷德里希·高斯、詹诺斯·波尔约、尼古拉·罗巴切夫斯基和格奥尔格·伯恩哈德·黎曼等人所创立的关于弯曲形状的数学带来的影响最为深远。我们在第3章曾经讨论过，欧内斯特·马赫的思想也曾为爱因斯坦带来过灵感。还记得马赫所提出的空间的关系概念吗？对于马赫来说，空间只是一种指定不同物体彼此之间的相对位置的语言，其本身并不是一种独立实体。起初，爱因斯坦是马赫观点的热情拥护者，因为在当时看来，马赫的观点最具相对论性。但是随着对广义相对论理解的加深，爱因斯坦认识到广义相对论与马赫观点并不能完全相容。根据广义相对论，在牛顿的那个在真空中旋转的桶中，水面会成凹陷状；这一点与马赫观点相矛盾，因为水面凹陷相当于暗示着绝对的加速概念。不过即使这样，广义相对论还是在很多方面同马赫的观点相一致，在未来的几年间，酝酿了差不多40年、造价高达5亿美元的实验将检验马赫原理中最著名的一个性质。

将在这个大型实验中研究的物理可以追溯到1918年。那一年，奥地利物理学家约瑟夫·兰斯和汉斯·塞林利用广义相对论证明：就像有质量的物体会使空间和时间弯曲——想想蹦床上的保龄球，旋转的物体也将拖曳其周围的空间（与时间）——这次你可以想想掉进果酱桶中的旋转石块。这一现象被称为*框架曳引*，我们来举个例子以说明这一现象。想象一个向着急速旋转的中子星或者黑洞自由下落的小行星，它会被卷入旋转空间的漩涡中，在其下落的过程中会被拖动着旋转，这种效应就是框架曳引。而这种效应之所以被称为框架曳引，是因为从小行星的角度看——从其参考系来看——它并没有被拖动旋转。不但没有旋转，小行星甚至是沿着空间格子按直线下落。但是由于空间形成了漩涡（如图14.1所示），格子变得扭曲，所以“直线下落”的概念和你以往在平直空间中形成的印象有所不同。

图14.1 有质量的旋转物体会拖曳其周围的空间——可以随便放入任何东西的框架

为了看清楚框架曳引效应和马赫原理之间的联系，让我们来试想一种由巨大的有质量的旋转空心球引起的框架曳引效应。1912年爱因斯坦（甚至在其完成广义相对论之前）首先进行了有关计算，1965年戴尔特·布里尔和杰弗里·科恩对爱因斯坦的讨论做了重要扩充，最后，1985年，德国物理学家赫伯特·菲斯特和K. 布劳恩彻底完成了这一计算。这些物理学家的相关工作表明，空心球内部的空间会被旋转运动拖曳，形成漩涡状的旋动。[1] 如果被固定住的桶内装满了水——所谓的“固定住”指的是从远处的参考点看——并被放到这样的一个旋转空心球内，那么根据计算，旋转的空间会对处于静态的水施加力的作用，使水相对于桶旋转起来，水面凹陷下去。

这样的结果肯定会令马赫非常高兴。尽管他可能会不喜欢“旋转的”空间这样的说法——因为这样的术语将时空视作某种东西——但他肯定会对空间与桶之间的*相对*旋转运动导致水面形状改变非常满意。事实上，如果外壳具有足够大的质量，大到足以与整个宇宙的质量不相上下，那么根据计算可知，无论你将这一过程看作空心球绕着桶旋转，还是看作桶在空心球内旋转，都没有关系。正如马赫所主张的那样，唯一有关系的是两者之间的相对运动。我在上文中提到的这一计算没有用到除广义相对论之外的任何东西，所以它可算作爱因斯坦理论中一个具有明显的马赫性质的例子。（不过，根据标准的马赫式推理，在无限大的空宇宙中旋转的桶里，水面会保持平面不变；但是根据广义相对论所得出的结论则并非如此。菲斯特和布劳恩的计算告诉我们，质量足够大的旋转球面能够完全隔绝通常情况下球面外的空间所带来的影响。）

1960年，斯坦福大学的德莱奥纳德·席夫和美国国防部的乔治·普夫分别独立提出，框架曳引的广义相对论预言可以利用地球的自转实验检验。席夫和普夫认识到，在牛顿理论中，悬浮在高于地球表面的轨道上的回旋陀螺仪——连在一根轴上的旋转轮——会一直指向固定的方向。但是根据广义相对论，回旋陀螺仪的轴会由于地球的空间曳引而很轻微地旋转。与菲斯特和布劳恩的计算中用到的假想空心球相比，地球的质量非常之小，相应的，地球的旋转导致的框架曳引效应也非常之小。详细的计算表明，如果回旋陀螺仪的转动轴初始指向选定的参考星，一年之后，缓慢的空间旋转会使回旋陀螺仪的指向改变十万分之一度。这一度数大约是钟表上的秒针在两百万分之一秒中转过的角度，所以，这样的探测无疑是对当代科学技术及工程能力的巨大挑战。

经过40年的发展，产生了近百篇博士论文之后，由弗朗西斯·艾弗里特领导、NASA资助的斯坦福组已经准备启动这一实验，在未来的几年间，漂浮在400千米之外的太空中，装备着有史以来最稳定的回旋陀螺仪的引力探测器B卫星将开始探测由地球的自转导致的框架曳引效应。一旦这一实验取得成功，它将成为有史以来最精确的广义相对论实验，并为马赫效应带来第一个直接证据。[2] 该实验也可能探测到与广义相对论的预言有所偏离的结果，这种可能性也同样令人兴奋。如果真的得到这样的结果的话，广义相对论中这小小的不和谐之音将使我们初窥迄今未见的时空性质。

捕获波

广义相对论告诉我们的一件重要事情是质量和能量可以使时空结构发生蜷曲。我们在图3.10中曾展示过太阳周围的弯曲情况。但是，静态的图片不能说明所有的问题，它有一定局限性，因为静态图片不能告诉我们当质量和能量发生转移或者以某种方式改变其自身构成时，空间的蜷曲将如何演化。[3] 要是你非常老实地站在一张弹簧床上，弹簧床就会保持固定的弯曲形状；而一旦你开始乱蹦乱跳，弹簧床就会跟着上下起伏。广义相对论也能给出与此类似的预言，如果物质处于完美的静止状态，空间就会保持固定的蜷曲形状，如图3.10所示的那样；但是一旦物质运动起来，空间的结构就会有所起伏。爱因斯坦在1916—1918年间认识到这一点，就在那个时期，他利用时新的广义相对论方程证明——就像在广播天线上来来回回的电荷会产生电磁场一样（无线电波与电视信号就是这样产生的）—— 物质的猛烈涌动（比如超新星爆发）会导致引力波的产生。因为引力就是曲率，所以引力波就是曲率波。将一块鹅卵石投入池塘会激起层层涟漪，向外扩散，旋转的物质会导致向外传播的空间涟漪。根据广义相对论，遥远天际中的超新星爆发就像投入时空这片巨大的池塘中的鹅卵石一样，会激起层层涟漪，如图14.2所示。这张图展示了引力波与众不同的一个重要性质：不同于电磁波、声波和水波这些*穿行于*空间传播的波，引力波就通过空间*自身*传播。引力波传播的就是空间本身的扭曲波动。

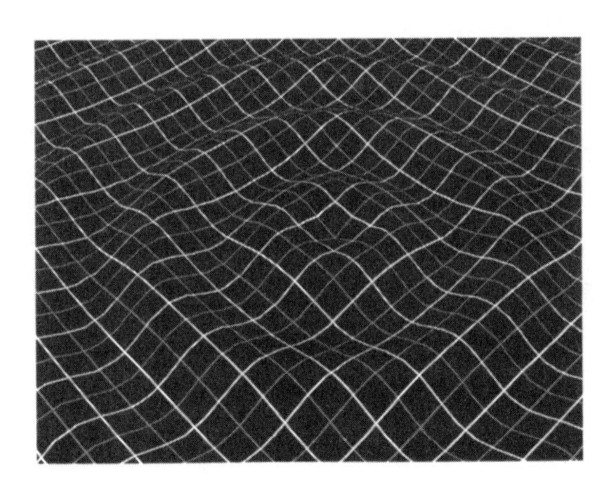

图14.2　引力波就是空间结构中的波纹

尽管现在的人们已经把引力波当作广义相对论的预言接受了下来，但是，有关这一课题的研究一直含混不清，饱受争议。造成这种情况的部分原因在于有些人死守着马赫哲学不放。如果广义相对论与马赫的思想完全协调一致，那么“空间的几何”就只能算是一种可以很方便地表述一个有质量的物体相对于其他物体的位置与运动的语言。以这种方式思考的话，真空这一概念将意味着真正的空空如也，那么讨论真空本身的波动还有什么合理性呢？很多物理学家曾试图证明假想中的空间中的波只不过是对广义相对论的数学的一种曲解。但是，所有的理论分析最后总是归结到正确的结论：引力波是真实的，空间可以波动。

引力波的波峰波谷川流不息，在某一方向上拉伸空间——及其中的一切，再在另一垂直方向上压缩空间——及其中的一切。如图14.3所示。原则上，你可以通过反复测量多个不同位置之间的距离，发现这些距离之间的比率有所变化来探测到引力波。

图14.3 引力波穿过物体的时候，会忽而这样忽而那样地拉伸物体（在这张图片中，典型引力波的扭曲尺度被极度地放大了）

但在实践中，没有人能够完成这样的任务，因而从未有人直接探测到引力波（即使这样，我们仍然有间接的有力证据支持引力波的存在[4]）。这一实验的困难之处在于，经过的引力波所带来的空间扭曲效应太小。1945年7月16日在新墨西哥州的Trinity[1]试爆的原子弹产生了相当于2万颗TNT炸药爆炸所产生的能量，所发出来的光异常强

1. Trinity，《圣经》中三位一体的意思。建造世界上第一颗原子弹的实验室选址于此后，其项目领导人奥本海默起了这样一个颇具意味的名字。——译者注

烈，以至于数千米之外的目击者仍需要带上护具以防止眼睛被原子弹产生出来的电磁波伤害。然而，即使你就站在放置原子弹的百英尺高铁塔之下，由爆炸所产生的引力波也仅仅会使你的身体拉伸不足原子直径的长度。引力波所带来的波动就是如此之弱，这无疑暗示着探测引力波是对技术能力的巨大挑战。（因为我们也可以将引力波看作数目巨大的引力子按同样的方式运动——就像电磁场是由数目很多的光子组成——所以引力波的影响之弱也暗示着探测到单个引力子非常困难。）

当然，我们感兴趣的并不是探测到原子弹爆炸所产生的引力波。但即便我们感兴趣的是能量要大得多的天体源产生的引力波，要探测到其存在也并非易事。天体源距离我们越近、质量越大，并且有关的运动能量越高、运动越猛烈，我们所接收到的引力波就将越强。但是，就算在10000光年远的距离上有一颗恒星变成了超新星，传到地球上的引力波的强度也就只能使1米长的杆拉伸千万亿分之一厘米——大约只是原子核尺度的百分之一。所以，除非在距离我们相对近些的位置上发生了某种出人意料的超大规模天体物理事件，否则的话，我们就只能通过发展能够探测在难以置信的小尺度上的尺寸变化的实验装置才能探测到引力波。

设计并建造了激光干涉仪引力波探测器（LIGO）（由美国国家科学基金出资，加利福尼亚理工学院和麻省理工学院联合运作）的科学家们接受了这一挑战。LIGO受人瞩目，具有令人难以相信的精度。它由两个空心管组成，每一个有4千米长，1米多宽，这两个管排成巨大的L形。激光在每一个管内的真空通道中同时照射，并被高度抛光的镜子反射，人们就用这样的装置高精度地测量相对长度。这一装置的设计思想在于，经过的引力波会使某一根管子相对于另一根有所拉伸，一旦这种拉伸足够大，科学家们就能探测到引力波的存在。

这样的管子之所以要造得很长是因为引力波带来的拉伸和压缩具有累加性。也就是说，如果引力波能把某个长4米的东西拉伸10^{-20}米，那么它就同时能把另一个4千米长的东西拉伸10^{-17}米。因而，探测的空间间隔越长，测得其长度发生改变就越容易。为了能够更好地利用这一点，LIGO实验实际上是让激光束在置于每根管子相反两端的镜子之间来来回回地反射上百次，这样可以利用每束激光实际探测大约800千米的长度。有了这样聪明的技巧和先进的工程技术，LIGO有能力探测到管中如人类头发丝的万亿分之一的长度——原子的亿分之一——上的改变。

对了，这样的L形装置实际上有两个。一个坐落于美国路易斯安那州的利文斯顿，另一个位于2000千米之外华盛顿州的汉福德。远方的天体物理喧嚣通过引力波使地球感受到的时候，会带给两个探测器相同的影响，我们在一个探测器上看到的引力波应该与在另一个探测器上看到的一样。用两台探测器进行这样的交叉检验非常有必要，因为即使人们采用了种种手段屏蔽探测器，那些生活中常见的振动（比如卡车通过时的隆隆声，链锯的嗡嗡声，轰然倒下的大树，如此等等）还是有可能会冒充引力波。而要求相隔很远的两个探测器上得到相同的结果则会排除掉这些可能的错误信息。

对于包括超新星爆发、非球形中子星的旋转运动，以及两个黑洞之间的碰撞在内的一大类可能产生引力波的天体现象，研究人员们都仔细计算了其引力波的频率——每秒钟内通过探测器的波峰波谷数。没有这些信息的话，实验家们就是在大海捞针；有了这些信息的话，实验家们就可以将他们的探测器聚焦到物理上感兴趣的波段。严格来讲，计算表明某些引力波的频率在每秒几千次左右；这些波要是声波的话，那它们就在人类的听觉范围内。中子星听起来就像音调急速升高的叽喳声一样，而一对碰撞的黑洞听起来则像被风当胸猛吹的麻雀发出的颤音一样。振荡于空间结构中的引力波就像丛林中的杂音一样，如果一切按计划进行，LIGO将是第一件能够收听这些声音的器具。[5]

使这一切如此令人激动的原因在于，引力波最大程度地展现了引力的两个主要性质：弱与无处不在。在所有的4种力中，引力与物质的相互作用最为微弱。正是这一点使得引力波能够穿过光无法通过的物质，使得我们能够触及以前隐藏起来的天体物理领域。而且，因为*万物*都受引力掌控（其他的力则并非如此，比如电磁力就只对带电物体有作用），所以世间的一切都有可能产生引力波以及可观测的信号。在这种意义上，LIGO可算是人类探索宇宙的转折点。

曾几何时，人类只能大睁双眼，仰望星空。17世纪，汉斯·利伯希[1]和伽利略改变了一切；在望远镜的帮助下，宇宙的广阔景象进入了人类的视野。很快，人类就认识到可见光只是整个电磁波段中很窄的一块。20世纪，在红外线、无线电、X射线以及伽马射线望远镜的

1. 荷兰米德尔堡的眼镜商，发明了望远镜。——译者注

帮助下，宇宙在我们的眼前变得焕然一新，我们看到了用肉眼不能看到的波段处的宇宙景象。现在，21世纪到了，天空的疆域在我们的面前再一次扩大了。利用LIGO及其未来的升级版[1]，我们将能以一种全新的方式重新审视宇宙。我们没有使用电磁波，而是使用了引力波；没有利用电磁力，而是利用了引力。

为了更好地体会这种新技术可能带来的革命性进展，我们可以想象有一群外星世界的科学家刚刚知道了如何探测电磁波——光，他们还在思考这一发现在短期内将如何改变他们对宇宙的认识。我们也正好处在第一次探测到引力波的前夜，与那些外星科学家所处的情况很类似。我们仰望这个宇宙已经几千年了，现在，人类有史以来第一次得到了聆听它的机会。

寻找额外维度

1996年之前，在大部分将额外维度的想法纳入其中的理论模型中，额外维度的尺度都是普朗克量级的（即10^{-33}厘米）。这样的量级比当前实验可能触及的区域小了足足17个量级，如果技术上没有什么奇迹发生的话，普朗克尺度上的物理不可能进入我们的研究领域。但是如果额外维度很“大”，大于万亿亿（10^{-20}）分之一米——大约是原子核尺度的百万分之一，那么普朗克尺度上的物理就有可能成为我们的研究对象。

---

1. 其中之一是计划中的激光干涉仪空间天线（Laser Interferometer Space Antenna，LISA），LIGO的太空版，由多个彼此间隔百万千米的飞船组成，这些飞船扮演着组成LIGO的管子的角色。LIGO也有可能与VIRGO合作，VIRGO是法国-意大利联合运行的引力波探测器，坐落于比萨城外。

正如我们在第13章中讨论过的那样，如果有一些额外维度“非常大”——大到几微米的水平上——对引力强度的精确测量就将揭示它们的存在。这样的实验已经进行了几年，技术上也是日新月异。到目前为止，人们还没有发现偏离三维空间中平方反比率的迹象，研究人员正在进一步探索更小的尺度。一旦发现偏离的信号，物理学的基础将被猛烈撼动。这样的信号会提供只对引力开放的额外维度存在的坚实证据，并对膜世界机制和弦论或M理论提供强劲的间接证据。

如果额外维度不小，但又并不是非常大，那么精确的引力实验就可能探测不到它们的存在，但是其他的间接方法还有可能起作用。比如说，我们在前面的讨论中曾经提到过，额外维度的存在暗示着引力的内禀强度可能比之前认为的要大。引力在观测上的微弱性可能是由于引力部分渗透到了额外维度中导致的，而不是由于其本身微弱导致的；在很小的尺度上，引力还不能进入额外维度，引力可能很强。由此导致的其他推论姑且不提，单说产生小黑洞所需要的质量和能量，就有可能比之前在一个引力本身就很弱的宇宙中预计需要的能量少很多。在第13章中，我们曾经讨论了这样的微观黑洞在大型强子对撞机——现在正在瑞士的日内瓦建造中的粒子加速器，预计于2007年完工[1]——上的高能质子-质子碰撞过程中产生的可能性。这样的前景激动人心。肯塔基大学的阿尔佛雷德·夏皮尔和加利福尼亚大学欧文分校的乔纳森·冯为我们带来了另一种令人兴奋的可能性。他们发现，宇宙线——穿过太空而来、连续地轰击着大气层的基本粒子束——也有可能导致微观黑洞的产生。

---

1. 由于技术上的原因，截至2008年年初，LHC并未启动，而是于2009年才开始运行。目前运行良好。——译者注

宇宙线粒子最初于1912年由奥地利科学家维克多·海斯发现。90多年过去了，关于宇宙线仍有很多未解之谜。每秒钟都会有大量的宇宙线进入大气层，并产生数以十亿计的次级粒子雨，这些次级粒子会顺利地穿过你我的身体，其中的一部分有可能被分布于这个星球上的各种专用探测器观测到。但是没有人能够完全知晓组成宇宙线的粒子究竟有哪些种类（虽然我们知道它们中的绝大部分是质子），我们仅仅知道宇宙线中的一部分高能粒子来自超新星的爆发。至于能量最高的那些宇宙线粒子究竟起源于何方，人们还没有什么好的想法。比方说，1991年10月15日，位于犹他州沙漠中的蝇眼宇宙线探测器观测到一个能量相当于300亿个质子质量的粒子划过天际。这一粒子所具有的能量如此巨大，几乎同马里亚诺·李维拉[1]投出的快球中的单个亚原子粒子所具有的能量一样大，是大型强子对撞机（LHC）上产生的粒子的能量的1亿倍。[6] 这样的观测事实令人非常困惑，因为没有任何已知的天体物理过程能够产生如此高能量的粒子，实验学家们一直在用更加精确的探测器收集更多的数据以便解决这一谜题。

对于夏皮尔和冯来说，超高能宇宙线粒子究竟来自何方还不是最值得关注的问题。这两位物理学家认识到，不论这样的粒子来自哪里，只要微观水平上的引力远远强于人们以前所认为的程度，这些超高能宇宙线粒子就有能力在撞入高层大气的时候创造出一个小黑洞。

通过碰撞产生出来的这些小黑洞对实验学家们和大尺度上的世界完全无害。这些小黑洞一产生出来很快就会分解，随之放出大量具

1. 纽约扬基队的终结投手，以投快速球著称，被称为扬基守护神。—— 译者注

有某种特征的其他比较基本的粒子。事实上，微观黑洞非常短命，以至于实验学家们甚至没有办法直接探测到它们的存在；实验学家们只能通过仔细分析落到探测器上的微观黑洞粒子雨来发现蛛丝马迹。世界上最灵敏的宇宙线探测器，皮埃尔·奥格天文台——可观测的范围差不多有整个罗德岛那么大[1]——正在阿根廷西部的大草原上建造。夏皮尔和冯估计，如果所有的额外维度都是10^{-14}米那么大的话，那么只要收集一年的数据，奥格探测器就有可能发现由产生于高层大气的微观黑洞导致的特征粒子碎片。如果奥格探测器没有发现这样的微观黑洞信号，那么额外维度就必须更小。找到产生于宇宙线碰撞的微观黑洞的残留信息的概率当然很小，但一旦成功，就无疑为我们打开了第一扇能看得到额外维度、黑洞、弦论以及量子引力的窗户。

除了黑洞的产生，研究人员在未来的10年间还可以利用另外一个基于加速器的方法来寻找额外维度。有的时候，兜里的硬币悄悄地就不见了，怎么回事呢？因为硬币顺着兜中的漏洞跑到衣服的夹层中了。用加速器来发现额外维度这一方法的核心思想就是复杂版的“跑到夹层中了”。

能量守恒是物理学中的一条核心原理。尽管能量可以以多种形式存在——被球棒击飞的棒球因为运动而具有动能，因为向上飞行而具有重力势能，因为撞击地面和激发各种振动而具有声能和热能；但只要你把所有种类的能量全部算清楚，你就会发现过程结束时的总能量总是等于过程开始时的总能量。[7] 直到今天，人们还没有发现任

1. 或者说差不多有3个香港那么大。——译者注

何与这一完美的能量平衡定律相冲突的物理事件。

但是在考虑额外维度理论时，情况可能会有所不同。人们可能会在最新升级的费米实验室和即将运行的大型强子对撞机上的高能物理实验中发现一些破坏能量守恒的过程——碰撞结束时的能量少于碰撞开始时的能量的过程，不过，具体如何要看假想中的额外维度究竟有多大的尺寸。造成这种情况的原因有点类似于你弄丢的硬币：能量（引力子所具有的）也有可能钻到缝隙中——微小的额外空间——从而导致计算能量的时候会少掉一部分。这种“丢失能量信号”的可能性以另一种方式告诉我们，宇宙的结构所具有的复杂性远超我们的直接所见。

必须承认，我对额外维度的理论稍有些偏心。毕竟，我在这一领域奋斗的时间已经超过15年了，额外维度的某些方面在我心中占有特殊地位。不过，即使承认了我的偏心，我还是要说：我很难想象出有什么发现比找到超出了我们所有人都熟悉的三维的额外维度的证据更令人兴奋了。在我心目中，眼下还没有什么其他重要想法的实验验证能够如此彻底地震撼物理学的基础，能够使我们必须去质疑基本层面上看起来不证自明的真实性原理。

希格斯、超对称，还有弦论

近来，人们之所以要升级费米实验室的加速器和建造庞大的大型强子对撞机，并不仅仅是出于探索未知的科学好奇心以及发现额外维度的考虑，还有很多特殊的动机，其中之一就是找到希格斯粒子。我们在第9章中曾经讨论过，令人迷惑不解的希格斯粒子是希格斯场——物理上假想的场，其所形成的希格斯海能赋予其他种类的基本粒子以质量——的最小组成。当前的理论研究和实验进展都在向人们暗示，希格斯粒子的质量应该为质子质量的100～1000倍。如果希格斯粒子的质量就在这一范围的下限附近，那么费米实验室就有很大的机会在未来的几年内找到希格斯粒子。当然，如果费米实验室没能成功但是估算的质量范围还是正确的话，大型强子对撞机应该在10年之内产生大量的希格斯粒子。希格斯粒子——的发现将是一个里程碑式的成就，因为它将最终确认一种理论粒子——物理学家和宇宙学家在没有任何实验证据的情况下提出了几十年的粒子——的存在。

费米实验室和大型强子对撞机的另一个主要目标是发现超对称的证据。回忆一下第12章，我们曾经讨论过自旋相差1/2的超对称粒子对以及超对称的想法如何起源于20世纪70年代早期的弦论研究。如果真实世界真的具有超对称性，那么每种已知的自旋1/2的粒子都会有一种自旋0的超对称伴；每种已知的自旋1的粒子都会有一种自旋1/2的超对称伴。比如说，自旋1/2的电子会有一种自旋为0的伙伴，称为*超对称电子*（supersymmetric electron），或简称为*超电子*（selectron）；自旋1/2的夸克会有一种自旋为0的伙伴，称为*超对称夸克*（supersymmetric quarks），或简称为*超夸克*（squarks）；自旋1/2的中微子会有一种自旋为0的*超中微子*（sneutrino）相伴[1]；对于自旋为1的胶子（gluon）、光子（photon）、W玻色子和Z玻色子来说，也分别有自旋1/2的gluinos、photinos、winos与zinos相伴（是的，物理

1. 在国内的文献中，超电子、超夸克、超中微子也会译作标量电子、标量夸克和标量中微子，因为自旋为0的粒子是所谓的标量粒子。——译者注

学家们在命名上总有些偷懒）。

那么为什么没人探测到这些假想中的粒子呢？对此，物理学家们只能解释这些超对称粒子的质量比对应的已知粒子的质量大。理论分析表明，超对称粒子的质量可能是质子质量的1000倍左右，如果真是这样的话，实验上没有看到任何这些粒子的信号就不足为奇了——现有的原子对撞机没有足够的功率来制造出这些粒子。不过，这一现状将在接下来的10年间得以改变。首先，费米实验室最近升级的加速器就有可能发现超对称粒子。其次，就像前文关于希格斯的讨论一样，要是费米实验室没有发现超对称的证据，但之前的理论对超对称质量范围的估计非常准确的话，大型强子对撞机就应该能够制造出这些粒子。

超对称的实验验证将是最近这20多年间基本粒子物理领域最重大的进展。这一进展将使我们对于超出成功的粒子物理标准模型的新物理的理解更进一步，并且间接证实弦论至少没有在错误的轨道上前进。但请注意，它并不能证明弦论本身。虽然超对称是在发展弦论的过程中建立起来的，但是物理学家们早就认识到超对称是更具普遍性意义的原理，并且可以非常容易地纳入传统的点粒子物理方案中。超对称的实验验证虽然确立了弦论体系的一个重要组成部分并且会为下一步的研究指明方向，但它绝对不能算是弦论的信号。

另一方面，如果膜世界方案正确的话，即将到来的加速器实验就有能力验证弦论。我们在第13章已经简要地介绍过，要是膜世界方案中的额外维度大到10^{-16}厘米的话，那么不仅引力要比以前认为的大，弦也比以前认为的要长得多。因为弦的长度越长，硬度就会越小，振动弦所需要的能量也就会越小。在传统的弦论体系中，弦的振动模式所具有的能量超出了当代加速器最高能量的千万亿倍；而在膜世界方案中，弦的振动模式所具有的能量可能只有质子质量的一千倍。要真是这样的话，大型强子对撞机上的高能对撞就会像在钢琴里跳来跳去的高尔夫球一样，有足够多的能量弹奏出弦振动模式的多种音节。实验学家们将会发现大量的前所未见的新粒子——也就是大量的前所未见的弦的振动模式——这些新粒子对应着弦论中不同的谐振模式。

这些粒子的性质及其之间的关系将明白无误地告诉我们：它们都只是同一壮丽的宇宙乐章的一部分，它们虽不相同却是彼此相关的音符，它们都只是同一种物体——弦——的不同振动模式。在可预见的将来，膜世界方案将是弦论最可能被直接验证的一种方案。

宇宙的起源

我们已经在前面的章节中看到，宇宙微波背景辐射在20世纪60年代中期被发现后，就一直在宇宙学的研究中扮演着重要角色。原因很明显：当宇宙处于幼年的时候，空间中满是带电粒子——电子、质子，等等，这些带电粒子会由于电磁力的缘故而连续地辐射光子。到了大爆炸之后的30万年左右，宇宙逐渐冷却，电子和质子组成了电中性的原子。从这个时候开始，辐射就开始几乎不受干扰地在整个空间中穿行，从而为我们留下早期宇宙的快照。每立方米的空间中差不多有4亿个原初宇宙微波光子，它们就是早期宇宙留下的遗迹。

最早测得的宇宙微波背景辐射在温度上呈现出明显的均匀性。但正如我们在第11章中讨论过的那样，晚近的一些探测——最早的宇宙背景探测器（COBE）以及稍后的一系列更先进的探测器所做的一些探测——发现了一些温度细微改变的证据，如图14.4（a）所示。图中，不同的灰度标示着不同的数据，较亮的部分和较暗的部分之间的温度差一般在万分之几度左右；那些斑点表示的是天际中微小但不可忽略的温度变化。

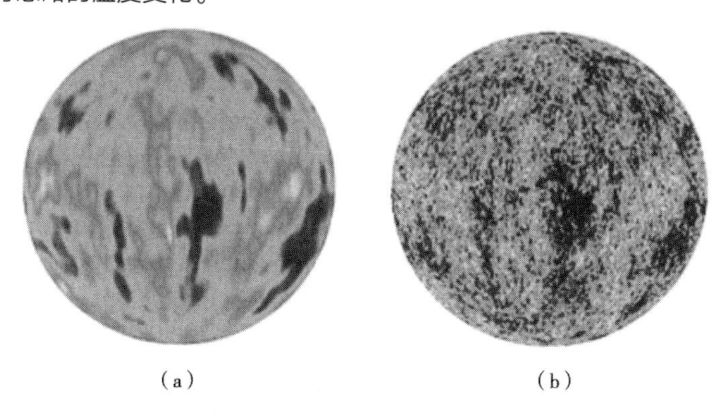

（a）　　　　　　（b）

图14.4　（a）COBE卫星所收集的宇宙微波背景辐射。自从大爆炸后的30万年起，这种辐射就无阻地穿行于宇宙中，所以这张图片反映的是距今差不多140亿年以前的宇宙微小温度变化。
（b）由WMAP收集到的更加精确的数据

COBE实验不但有了重大的发现，还从根本上改变了宇宙学研究的特点。COBE之前的宇宙学数据一般非常的粗糙。那个时候，一个宇宙学理论只要能够大体上符合天文学观测，就会使人们相信它。理论学家们可以在几乎不怎么需要理会观测限制的情况下抛出一个又一个理论，因为本来观测限制就少得可怜，仅有的几个又非常的不精确。但是COBE开启了一个新纪元，宇宙学理论要受到一系列标准的严格限制。现在，任何一个新提出的理论在被人们接受之前，先得成功地算出还在不断增加的大量精确的实验结果。2001年，由NASA和普林斯顿大学合资兴建的威尔金森微波各向异性探测器（WMAP）卫星开始以近乎COBE的40倍的分辨率和灵敏度测量微波背景辐射。将WMAP的最初结果［图14.4（b）］与COBE的结果［图14.4（a）］相对照，你就会立即看出WMAP能够画出的图究竟有多么精细。正在由欧洲空间局建造的另一颗卫星——普朗克——计划于2007年发射，如果一切按计划进行，普朗克卫星的分辨率将达到WMAP的10倍左右。

大量精确实验数据的出现结束了宇宙学研究中良莠不齐的局面，暴胀理论成了主要的理论候选者。但是，我们在第10章曾经提到过，暴胀理论并不是只有一个版本。理论学家们已经提出了很多个不同版本的暴胀理论（旧暴胀理论、新暴胀理论、暖暴胀理论、混合暴胀理论、超暴胀理论、援暴胀理论、永暴胀理论、扩充暴胀理论、混沌暴胀理论、双暴胀理论、弱标度暴胀理论、超自然暴胀理论，要知道这些还不是全部），每一种版本都具有标志性的短时间急速膨胀爆发阶段，但是在细节上又各不相同（场的数目或势能的形状有所不同，以及究竟是哪一种场位于势能最低的位置等区别）。这些理论中的差别导致了在预言微波背景辐射性质时候的区别（具有不同能量的不同场有些微不同的量子涨落）。通过与WMAP和普朗克卫星所得到的实验数据相比较，我们可以排除很多种理论上的可能性，使我们对宇宙的理解更进一步。

事实上，我们可以利用实验数据来为宇宙学研究领域进一步瘦身。尽管被暴胀膨胀放大的量子波动可以为观测到的温度变化提供一个合理的解释，但是暴胀理论还是有一个竞争者。我们在第13章讲过的由斯坦哈特和塔洛克提出的循环宇宙模型就是另一种可能的理论候选者。当循环宇宙模型中的两个3膜彼此相对靠近的时候，量子涨落会使不同的部分以些微不同的速率彼此接近。当这两片3膜在差不多3万亿年后最终撞在一起的时候，膜上的不同位置会在不同的时刻彼此碰撞，就像两张粗糙的砂纸拍在一起那样。两片膜没能够完美地均匀接触导致了每一片膜不能完美地均匀演化。而我们已经假定这两片膜中的一片就是我们的三维空间，所以膜的非完美均匀演化就是我们能够探测到的不均匀性。斯坦哈特、塔洛克及其合作者提出，这种不均匀性导致的温度变化可以与暴胀理论所预言的温度变化具有相同的形式；因此，只用我们现在所拥有的数据的话，我们没法区分循环宇宙模型与暴胀理论的宇宙学预言，两者都能解释当前的实验观测。

不过，在未来的10多年里，越来越多的精细数据有可能将两种方法区分开。在暴胀理论的框架下，被指数膨胀放大的并不只有暴胀子场的量子涨落，还有空间结构中的微小量子波纹。因为空间中的波纹不是别的，正是引力波（参见我们关于LIGO的有关讨论），所以暴胀理论预言早在宇宙的最初时刻就有引力波产生。[8] 我们一般将这种引力波称为*原初引力波*，以区分于晚近时期由于猛烈的天体物理现象而产生的引力波。而在循环宇宙模型中则正好相反。在这一模型中，对均匀性的偏离是慢慢建立起来的，整个过程所用掉的时间长得不可想象，这是因为两片膜要花差不多3万亿年的时间才能碰撞一次。膜的几何结构和空间的几何结构并没有迅速改变，这意味着根本就*不*会出现空间波纹。因而，循环宇宙模型根本就没有预言原初引力波的存在。所以，一旦原初引力波被实验验证，那就意味着暴胀理论又取得了一次重大胜利，而循环宇宙模型则被实验排除。

LIGO的灵敏度很有可能无法探测到暴胀理论所预言的引力波，但是建造中的普朗克卫星和另一个卫星实验——宇宙微波背景偏振实验（CMBpol）——则有可能从实验验证这一预言。这两个实验，特别是CMBpol，所关注的并不仅仅是微波背景辐射的温度变化，还会测量*偏振*——所探测到的微波光子的平均自旋方向。详细解释起来会涉及一连串的相关知识，所以我们在这里只是简单地说一下：来自大爆炸的引力波可能会在微波背景辐射的偏振中留下某种印记，而这种印记可能大到足以被实验发现的程度。

所以，10年之内，我们就可能会搞清楚究竟是真的有大爆炸这么一回事呢，还是我们所熟悉的宇宙实际上是一张3膜。在这个宇宙学的黄金年代，即使一些最疯狂的想法也得到了用实验检验的机会。

暗物质、暗能量以及宇宙的未来

我们曾在第10章中了解到：大量的理论和观测证据表明，宇宙的组成中只有5%是我们熟悉的物质——质子和中子（电子在普通物质中所占的份额少于0.5%），25%是所谓的暗物质，而另外的70%是暗能量。但是，物理学家们仍然没能搞清楚这些暗物质和暗能量究竟是些什么。很自然，人们首先会猜想暗物质也是由质子和中子组成的，只不过以某种特殊的方式组合在一起，没有形成发光的星体。然而，理论上的原因使得这样的猜想不可能正确。

通过精细的实验观测，天文学家很清楚整个宇宙中到处都是的轻的核元素——氢，氦，氘，锂——的平均相对丰度。物理学家们相信这些轻核通过某一过程形成于宇宙的最初几分钟，理论计算这种形成过程得到的结果与实验观测符合得非常好。理论和实验的这一精确符合是现代理论宇宙学的重大成就之一。但是，这种理论计算首先假定暗物质不是由质子和中子组成的；如果暗物质是由质子和中子组成的话，那么在宇宙的尺度上，质子和中子就会成为宇宙的主要构成物质，这样一来实验观测就将理论排除掉了。

那么，如果组成暗物质的不是质子和中子，又是什么呢？直到今天，虽然人们提出了大量的可能性，可是还没有人能够真正解决这个问题。从轴子到zino的很多名字都被人们拿出来当暗物质的候选者，毫无疑问，任何一位回答出这一问题的科学家必将被请到斯德哥尔摩一游[1]。人们还未曾探测到哪怕是一个暗物质粒子，这一事实对暗物质的候选者们提出了很强的限制。这是因为暗物质并不只存在于外太空，它们遍布于整个宇宙，也会存在于你我的身边。关于暗物质的很多理论都会告诉我们，每秒钟都会有数以10亿计的暗物质粒子穿过你我的身体，因而可能的暗物质候选者必须得是那些穿过物质但不留下痕迹的粒子。

中微子可算是一种可能性。计算表明，大爆炸产生出来的中微子的残留丰度大约是每立方米5500万，只要3种中微子中能有一种重达质子质量的一亿分之一（10^{-8}），它们就能够被当作暗物质的候选者。

1. 每年12月，诺贝尔奖都会在瑞典首都斯德哥尔摩颁发。——译者注尽管近来的实验已经获得了中微子具有质量的有力证据，但是测得的中微子质量实在太小，是所需要的程度的差不多一百分之一，所以中微子很难是暗物质。

另一个比较有希望的提议与超对称粒子——特别是photino，zino以及higgsino（分别是光子、Z玻色子和希格斯粒子的超对称伴）——有关。上述的这些粒子是超对称粒子家族中最冷漠的一些家伙，它们常常可以在几乎不受影响的情况下毫无声息地穿过地球，使得我们很难追寻到它们的踪影。[9] 通过计算在大爆炸过程中到底产生了多少这样的粒子以及存活到今天的还有多少，物理学家们估算出这些粒子的质量应该在质子质量的100~1000倍之间，只有这样它们才能充当暗物质。这是一个非常诱人的结果，因为人们在完全不考虑暗物质和宇宙学的情况下，单从超对称粒子模型和超弦的各种研究中得出的相关粒子质量范围也是这么大。两类研究的结果交汇到了一起，这样的事情只有在暗物质就是由超对称粒子构成的情况下才能说得通。因而，我们也可以把在世界上现有的和即将启用的加速器上寻找超对称粒子看作寻找可能性很高的暗物质候选者。

直接探测穿越地球而过的暗物质粒子的实验也进行一段时间了。毫无疑问，这样的实验极具挑战性。每秒钟，在1/4平方米的面积上大约会穿过100万个暗物质粒子；但即使这样，每天能在专为暗物质而设计的探测器上留下痕迹的暗物质粒子一般不会超过一个。到目前为止，人们还没能成功地探测到暗物质粒子。[10] 既然暗物质还没有使任何人获得诺贝尔奖，实验学家们当然会更加努力迎难而上。在未来的几年间，暗物质的身份很有可能最终得以确认。

暗物质存在的最终确认及其身份的直接认证将是科学上的重大进步。人类将有史以来第一次搞清如此基本却又难以捉摸的东西：宇宙的主要物质组成。

正如我们在第10章中看到的那样，近来的实验数据强烈地向我们暗示，即使暗物质的身份得以确认，有关宇宙内容的版图中仍有一大块尚需实验检验：对超新星的观测提供了一些证据——宇宙中70%的能量可用一种具有外推作用的宇宙常数来说明。作为过去10年间最令人激动并且最出乎意料的发现，宇宙常数——充塞于空间的能量——的证据还需要更为严格的检验。为此，人们已经想出了很多的办法，一些还在计划之中，而另一些已经启动。

微波背景辐射实验也要扮演非常重要的角色。图14.4中的斑点——每一个斑点代表的是温度相同的一块区域——反映的是空间结构的整体形状。如果空间的形状像球一样，比如说像图8.6（a）所示的那样，向外的膨胀就会使斑点变得比图14.4（b）中的大一点；如果空间的形状像图8.6（c）所示的那种马鞍面，向内的收缩就会使斑点变小一点；如果空间的形状像图8.6（b）所示的一样是平面，斑点就有可能变大也有可能变小。由COBE首先进行，WMAP进一步改善的精确测量强有力地支持了空间是平坦的这一主张。这样的测量结果不仅与暴胀模型的理论预言相吻合，也与超新星的观测结果完美吻合。我们已经知道，宇宙的空间平坦意味着总质量或总能量密度等于临界密度。这样一来，普通物质和暗物质一共占宇宙总密度的30%，暗能量再贡献了余下的70%，一切就都和谐一致了。对超新星结果的进一步直接确认是超新星加速探测器（SNAP）的目标之一。由劳伦斯·伯克利实验室的科学家们设计的SNAP是一台随卫星轨道运动的望远镜，它将观测的超新星数目是目前已研究过的数目的近20倍。SNAP不仅能确认早前的观测结果——即宇宙的70%为暗能量，还将更加精确地测定暗能量的性质。

你瞧，虽然我把暗能量描述成了爱因斯坦宇宙常数的另一个版本——恒定不变地推动着空间膨胀的能量——但还是有另一种密切相关却有所不同的可能性。还记得我们有关暴胀宇宙学的讨论吗（那只四处蹦的青蛙）？某个场在其场值高于最低能量时可以像宇宙常数一样，驱使空间加速膨胀，不过这样的过程仅能持续一小段时间。这个场迟早会回归到其势能碗的最低位置，向外的推力也随之消失。在暴胀宇宙学中，这个过程发生于短短的一瞬间。但要是引入一种新的场并小心地选取其势能形状，物理学家们就有办法使加速膨胀变得不那么猛烈但更加持久，这样的话，该场就可以在跌回到最低能量位置之前，以相对较慢但持久的外推力驱动空间加速膨胀很长时间——长达几十亿年。这样的想法引出了另一种可能，即，我们有可能正在经历极度柔和版的暴胀膨胀——且有理由相信这一膨胀过程开始于宇宙的最初时刻。

真实的宇宙常数与后一种可能性——即所谓的*精质*（quintessence）——之间的区别对于今天来讲并不重要，但从长远来说却对宇宙影响深远。宇宙常数是一个*常数*，它使得宇宙可以永不停息地加速膨胀。在宇宙常数的作用下，宇宙的膨胀会变得越来越快，宇宙的疆域也会越来越辽阔，同时，宇宙也变得更加稀薄、荒凉。但是由精质导致的膨胀会在某个时刻之后慢慢终结，与永远加速膨胀的宇宙相比，这样的宇宙拥有一个不那么荒凉的未来。通过测量空间加速度在长时间间隔的变化（通过观测不同远近——也就是不同时间——的超新星来进行这种测量），SNAP将有可能得以辨别这两种可能性。一旦SNAP为我们解开暗能量是否真的就是宇宙常数这一谜题，我们就有机会洞察宇宙未来的命运。

空间、时间以及猜想

探索空间和时间性质的旅程漫长遥远，其间满是各种惊奇，而且毫无疑问，人类在这一旅程中仍处于起步阶段。在过去的几个世纪里，人类经历了一个又一个重大突破，这些突破以激进的方式一次又一次地改变了我们关于空间和时间的概念。我们在这本书中所讨论的理论和实验进展代表着我们这一代物理学家们对这些概念的梳理，并且很有可能就是我们科学遗产的主要部分。在第16章中，我们将要讨论一些最新的带有猜想性质的进展。通过这样的讨论，我们或许可以看一看人类探索旅程的下一步可能通向何方。但是首先，我们将在第15章中想想另外一些不同的方向。

科学发展没有确定的模式，历史一再告诉我们，思想上的突破通常是通往技术手段的第一步。人类在19世纪理解了电磁力，正是这一理解使我们最终拥有了电报、无线电和电视。有了电磁的相关知识，再加上稍后人类对量子力学的理解，我们又拥有了计算机、激光，以及种种数不胜数的电子器件。对核力的理解既使人类得到了有史以来最强大的危险武器，也使人类有希望在未来的某一天只靠大量的盐水就能满足整个世界的能源需求。我们对空间和时间的深入理解会不会也只是类似的技术发展模式的第一步呢？我们有没有可能在未来的某一天了解时间和空间的奥妙，利用我们的相关知识实现一些现今只能出现在科幻故事中的构思呢？

没有人知道，但是我们可以一起看看我们已经有了些什么以及哪些神奇的构思有可能在未来的某一天得以实现。

第15章 超距传输器与时间机器

在时空中旅行

退回到20世纪60年代，当时的我或许真的是缺乏想象力。但在企业号[1]的甲板上看到电脑确实令我感到难以置信。作为一个20世纪60年代的小学生，我可以接受空间跃迁，我也可以接受宇宙中到处都是说着英语的外星人；但我真的难以想象竟然有一台这样的机器：它可以根据要求立即播出历史人物的画面，详细解说任何已有设备的技术细节，又或者调出任何一本已出版著作。这样的一台机器超越了我的想象极限，令我很难相信。20世纪60年代末的时候，一个小孩当然会认为永远都不会有办法收集、存储如此巨量的信息。但仅仅半个世纪后，我就可以坐在厨房里用笔记本电脑无线上网，可以使用语音识别系统，还可以看《星际迷航》，手都不抬一下就可以在巨型的知识库中寻找资料——重不重要的都可以找到。诚然，《星际迷航》中23世纪的电脑有着令人羡慕的速度和效率，但是今天的我们也可以预见，一旦真的到了23世纪，我们的电脑技术将大大超越影片中勾画的水平。

上面讲的只是科幻小说预言未来的众多例子中的一个。但在《星

1. 美国著名电视剧《星际迷航》中的飞船。——译者注

际迷航》这部电视剧中，最值得称道的仪器还得算是超距传输器——走进一间舱室，按一下按钮，然后你就被传送到遥远的地方或完全不同的时代。有没有可能在未来的某一天，人类真的可以超越空间与时间的局限，自由穿梭于时空，探索时空的最远疆界呢？科幻小说与科学之间的鸿沟有没有可能被填平呢？考虑到我已经告诉过你们，我小的时候完全没有办法相信真的会有信息革命到来的这一天，你们完全可以质疑我在预言未来技术突破方面的能力。所以，我们在这一章中不会妄加猜测未来会有什么，而要谈谈在朝着掌控空间和时间、实现超距传输器和时间机器前进的方向上，我们在理论和实践上已经取得了哪些进展。

量子世界的瞬间移动

在传统的科幻故事中，*超距传输器*（或者按照《星际迷航》中的名称——*传送器*）先要扫描某个物体以确定其全部组成信息，然后将这些信息发送到远方的某个位置，在那里，另一台机器将按照这些信息重构该物体。不管是先将物体本身“分解”，然后将其原子、分子与蓝图一起传送到远处来构建该物体的副本，还是直接用远端的分子和原子来构建物体的副本，都只是不同版本的小说式虚构。我们将会看到，过去10年间发展起来的超距传输方法在本质上与后一种情形倒有些接近，但由此引出两个问题。第一个是标准但棘手的哲学难题：如果真的可能的话，究竟从什么时候开始，我们才可以将副本识为、称为、认为是原始的物体，并像对待原始物体一样对待副本？第二个问题是，是否有可能——即使只是理论上的可能——完美地扫描一个物体，准确地探明其组成成分以便我们可以完美地绘制出该物体的蓝图从而重建该物体?

在由经典物理定律掌控一切的宇宙中,我们对第二个问题可以做出肯定的回答。理论上,组成一个物体的每个粒子的所有性质——每个粒子的类型、位置、速度,等等——都可以完全确定下来,并作为重构物体的蓝图传送到远方。当然,完全确定组成一个物体的全部基本粒子的所有信息会难得超乎想象;但是,在经典宇宙中,唯一的障碍来自复杂程度,而不是物理。

在一个由量子物理掌控的宇宙中——比如说我们的宇宙就是这样,情况则不是这么简单。我们已经知道,所谓的测量将使一个物体种种可能的性质中的一个脱离量子迷雾,使之获得确定的值。比如说,当我们观测一个粒子的时候,我们所观测到的当然是某一确定的性质,但这一性质并不能反映我们观测之前该粒子所具有的杂烩式量子性质。[1] 因而,一旦我们想要复制一个物体,我们就将面对量子的第二十二条军规[1]。要想复制,我们就必须知道要复制些什么,要想知道复制些什么,我们就必须观测,而观测又会造成改变,所以我们要是按照我们所看到的进行复制的话,那复制的产物就不是观测之前的那个物体了。这就表明在量子世界中,超距传输是不可能实现的,并且这种不可能并不是由技术上的复杂性造成的,而是由量子物理的先天局限性造成的。但是,我们在下一节中将会看到,20世纪90年代早期,一个国际物理学家团队找到了一种巧妙的方法绕开了这一结论。

---

1. 美国作家约瑟夫·米勒的名著《第二十二条军规》使“第二十二条军规”这个词进入英语,用以指无论怎么做都不行的限制性条款。——译者注

至于第一个问题，即原始物体与副本之间的关系，量子物理给了一个明确又鼓舞士气的答案。根据量子力学的原理，宇宙中的所有电子都彼此类同，因为它们都具有完全一样的质量，完全一样的电荷，完全一样的弱核力和强核力性质，以及完全一样的自旋。而且，已经经受住了实验检验的量子力学告诉我们：上面所列举的这些电子性质就是电子所能具有的*全部*的性质。按这些性质来看，全体电子彼此类同，而且也不存在其他可以用来区分电子的性质。同样，所有的上夸克彼此全同，所有的下夸克全同，所有的光子全同，总之，任何一种基本粒子都会彼此全同。几十年前量子方面的先驱者就认识到，粒子可以被看作一个场最小可能的波包（比如说光子就是电磁场最小的波包），而且，根据量子力学，一个场的这种最小组成总是全同的（或者，我们可以在弦论的理论框架下这样理解，同一种类的粒子之所以有全同的性质是因为它们都是同一种弦的全同振动模式）。

同一种类的两个粒子唯一有可能有所区别的地方是它们处于不同位置的概率，它们的自旋指向特定方向的概率，以及它们具有特定的速度和能量的概率。又或者按照物理学家们习惯的说法，两个全同粒子可以处于不同的*量子态*。但要是同一种类的两个粒子处于同一种量子态的话——有一种可能性不能算在内，即，一个粒子有极大的概率在*这*，而另一个粒子有极大的概率在*那*——量子力学原理就会保证它们不可区分，并且这种不可区分并不仅是实践意义上的，更是理论意义上的。这样的粒子可算是完美的双胞胎。一旦两个粒子交换彼此的位置（或者更准确地说，交换两个粒子处于给定位置的概率），我们将没有任何办法发现这种交换。

因此，我们可以这样想，开始的时候我们把一个粒子放于此处，[1]然后不管通过什么办法把另一个放在远处的同一种类粒子置于完全相同的量子态（使之具有相同的自旋指向概率、能量概率等），这样制备的粒子就将与原始粒子不可区分，这样的过程就可以称为量子超距传输。当然，要是原始粒子在整个过程中毫发无损的话，你可能更愿意将这个过程称为量子克隆或量子传真。但是我们将会看到，这些想法的科学实现将无法保护原始粒子——在超距传输过程中它将会不可避免地被改变——所以我们不会为到底取什么名称而感到两难。

很多哲学家以不同的方式思考过的一个更为紧要的问题是，在一个粒子身上能实现的事情是不是也能在真正的宏观物体身上实现呢？如果你可以将你的DeLorean[2]的每一个组成粒子都从一个地方传输到另一个地方，并且在这个过程中确保每个粒子的量子态以及彼此之间的相互关系100%地被复制，那你是不是就成功地传送了一台轿车呢？尽管没有实践经验可供参考，但是理论上得来的证据倒是强烈地支持已经成功传送这样的结论。决定一个物体看起来是什么样子，摸起来是什么感觉，听起来是什么声音，闻起来甚至尝一下是什么味道的就是物体中原子和分子的排列，所以传送过去的轿车应该就是原始的DeLorean——碰花的地方还在那里，左边的车门还是嘎吱嘎吱地响，你养的狗留下的尿骚味什么的也全都有——它也能像原来的那辆一样随时急转弯，油门踩起来的感觉也不会有所不同。传送过去

1. 超距传输要讨论的是将一个处于此处的物体传输到别的地方，因此，在本节探讨有关问题时，我说的话常常会带来一种感觉——好像粒子可以有确定的位置似的。事实上，更准确的说法应该是“一个有很大概率处于这一位置的粒子”或者“有99%的概率处于这一位置的粒子”，当然，谈到一个粒子被传输到某一位置时也应该这么说。但是为了不这么啰里啰唆，我就用了不太严格的语言。
2. DeLorean，汽车品牌。科幻电影《回到未来》中的时间机器就是用这个牌子的运动型轿车改装而成的。——译者注

的车究竟是原来的那辆还是精确的副本这一问题无关紧要。如果你要求联合量子海陆货运公司[1]将你的轿车用轮船从纽约运往伦敦，但他们却悄悄地用了超距传输的办法传送过去，那么只凭辨认的话,你永远也不会知道他们没按你的要求做——甚至连理论上的可能性都没有。

但搬运公司传送的是你的猫，或者为了满足你那独特的品位，你要求搬运公司对你本人来一次越洋传送，那又会有什么问题呢？走出接受室的猫或者人还是走进超距传输器的那只猫或那个人吗？我个人认为，是的，猫还是那只猫，人还是那个人。再次声明，我们没有任何相关数据，我或者任何其他人能做的都只是猜测。但是按我的思考方式，任何一个活着的人，只要他体内的全部原子和分子与组成我身体的原子和分子处于完全一样的量子态的话，那我就要说“他”就是我。即使“原始”的我在“拷贝”生成后仍然存在，我（我们）也会毫不犹豫地宣称每一个都是我。我们应该有同样的想法，都会发自肺腑地觉得彼此并不高于对方。思想、记忆、情感和看法这些东西建立在组成人体的分子与原子性质的基础上，要是这些基本成分具有相同的量子态的话，那么由这些基本成分构成的人也会有完全一样的意识。时光流逝，我们各自的经历将使我们彼此不同。但是我相信，从此以后将有两个我，而不是一个“真一点”的原始我加上一个“假一点”的拷贝我。

事实上，我倒愿意不那么严格地讨论一下。我们的物理组成无时无刻不在变化，只不过有的时候变得多些，有的时候变得少些，但是

1. 联合海陆货运公司，United Van Lines，美国物流公司。作者在这里改用了其名称。——译者注

我们还是我们自己。哈根达斯冰激凌会使我们血液中的脂肪和糖的含量增多；MRI（磁共振）会使大脑中一些原子核的自旋方向改变；心脏移植和抽脂术自不必说，每一百万分之一秒，普通人身体中会有一万亿个原子焕然一新。我们处于连续不断的变化之中，但是我们每个人的身份并没有发生变化。所以，即使超距传输后的那个“我”与本来的我在物理态上并没有完全吻合，那个“我”和本来的我仍可能是一模一样的人。在我的书中，那个“我”完全可以成为真的我。

当然，如果你相信除了物理成分，生命还意味着很多其他的东西的存在，特别是心灵的话，那么你的超距传输的成功标准可能会比我的严格一些。人们关于这一棘手的问题——我们每个人的身份究竟在多大程度上取决于我们物理上的身体——已经以各种不同的形式争论过多年，但还是没有找到令所有人满意的答案。我认为一个人的身份只取决于其物理上的身体，而另外一些人则并不认同。总之，没有人可以宣称已经找到了终极答案。

我们姑且先不讨论你在传输人类这一假想问题上究竟持何种观点。借助于量子力学的神奇力量，科学家们已经成功地证明单个粒子可以——实际上已经实现过——超距传输。

我们一起来看看。

量子纠缠与量子传输

1997年，其时还在因斯布鲁克大学的安东·泽林格领导的一组物理学家和罗马大学的A. 弗朗塞斯科·德·玛蒂尼领导的另一组物理学家[2]分别成功地实现了光子的超距传输。在这两个实验中，处于某一特别的量子态的初始光子被成功地传送到了另一个位置，虽然这两次实验只是横跨实验室的短距离传输，但是人们有理由相信同样的过程可以在任意距离上实现。这两个实验组所使用的技术基于另一组物理学家——IBM沃森研究中心的查尔斯·本耐特，蒙特利尔大学的吉尔斯·布拉萨德、克劳德·克莱玻和理查德·约茨扎，以色列物理学家艾舍尔·帕里茨，以及威廉斯学院的威廉·伍特斯——1993年关于量子纠缠的理论探讨（参见第4章）。

回想一下，两个处于纠缠状态的粒子——比如说两个光子——有一种奇特又密切的关系。若每一个光子都有确定概率的自旋指向（向下或向上），并且每一个光子在被测量的时候都会在各种可能性中随机“选择”，那么一旦这两个光子中的某一个做出“选择”，另一个就会跟着立即做出“选择”，即便空间间隔很远也是如此。我们曾在第4章中说明了人们无法利用纠缠粒子来实现两个不同位置之间的信息超光速传输。要是我们在相隔很远的位置上分别放置纠缠光子，然后分别连续测量这些纠缠光子，那么我们就会发现每一台探测器所收集到的数据只是一些随机序列（与粒子的概率波相一致的粒子自旋指向）。只有当我们对比不同的探测器上收集到的结果时，我们才会清楚地看到这些结果惊人的一致。但要实现这种对比的话，我们必须首先通过某种常规的、低于光速的通信方式交换彼此所得到的结果。既然进行结果对比之前人们无法获知任何可以表明不同位置的光子处于量子纠缠的证据，人们实际上就没法通过量子纠缠实现超光速通信。

不过，即使纠缠现象无法用于实现超光速通信，人们还是会形成这样的感觉——粒子之间的长距离关联非比寻常，很有可能会在某些非常规的事情上起作用。1993年，本耐特及其合作者就发现了这样一种可能性，他们发现量子纠缠很有可能用于量子传输。你可能实现不了超光速通信，但如果你想要的只是低于光速的粒子传输的话，量子纠缠可能会帮上你的忙。

这一结论背后的推理巧妙曲折——尽管数学上直截了当，我们现在就来感受一下。

假设我现在要把一个光子——称为光子A——从我纽约的家中传送到我在伦敦的朋友尼古拉斯那里。简单起见，我们来看一下我如何才能够准确地传送光子A的自旋所处的量子态，也就是说，我怎样才能使尼古拉斯获得一个自旋指向概率与光子A的自旋指向概率完全相同的光子。

我不能先测量一下光子A的自旋，然后打电话告诉尼古拉斯，让他在伦敦制备一个与我观测到的光子一样的光子；因为我观测到的结果将会被我的观测本身影响，所以观测后的结果不能真实地反映观测之前光子A所处的状态。那么我能怎么做呢？本耐特及其合作者提出，第一步是把一对处于纠缠态的光子——光子B和光子C——分给我和尼古拉斯，人手一个。我们怎样获得这两个光子并不重要。我们就先假定大洋彼岸的我和尼古拉斯分别得到了这对光子中的一个，比如说我得到了光子B而尼古拉斯得到了光子C，那么要是我沿着某一给定轴测量光子B的自旋，尼古拉斯也对光子C做同样的测量的话，我们就将得到完全一样的结果。

然后第二步，根据本耐特及其合作者的步骤，并不是直接测量光子A——我想要传输的那个光子——那样明显没有什么干涉作用。我应该做的是测量光子A及纠缠光子B的联合性质。例如，根据量子力学原理，我可以在不分别测量每个光子自旋的情况下测量光子A和光子B是否关于某一垂直轴具有相同的自旋。与此类似，量子力学也允许我在不分别测量每个光子自旋的情况下测量光子A和光子B是否关于某一水平轴具有相同的自旋。虽然我无法利用这种测量得到光子A的自旋，但我却能测得光子A的自旋与光子B的自旋之间的关系，而这种关系是非常重要的信息。

远在伦敦的那个光子C与光子B处于纠缠状态，所以，一旦我知道了光子A和光子B之间的关系，我就能推求出光子A和光子C之间的关系。如果我在这个时候打电话给尼古拉斯，告诉他光子A的自旋相对于光子C的自旋是怎样的，他就能知道怎样操控光子C才可以使其量子态与光子A的量子态正确匹配。在尼古拉斯实施了必要的操作之后，他所拥有的那个光子就与光子A全无二致了。然后我们就可以宣布已经成功地传输了光子A。比如我们来看一下最简单的例子：一旦我在测量后发现光子B的自旋同光子A的自旋完全一样，那我就能推断出光子C的自旋也和光子A的自旋完全一样，于是，什么都不用做了，我们已经完成了对光子A的传输过程。光子C与我们要传输的光子A处于完全相同的量子态。

大体上就是这样。上面介绍的是大体上的想法，要想解释清楚具体操作步骤上的量子传输，我必须再讲一讲一个到目前为止还没有谈及的关键要素。当我对光子A与光子B进行联合测量的时候，我测得的是光子A的自旋相对于光子B的自旋是怎样的。但是，正如在所有的量子测量中都不可避免的那样，测量本身会对光子有影响。因此，我所测得的并*不是*测量之前光子A的自旋与光子B的自旋之间的关系，而是在光子A和光子B都被测量行为干扰了之后两者之间的关系。所以，乍看之下，我们似乎再次遭遇了我在开头讨论如何直接复制光子A时遇到的量子麻烦：测量过程导致的不可避免的干扰。好在我们还有光子C。既然光子B与光子C处于量子纠缠状态，那么我使纽约的光子B受到的干扰*也会在身处伦敦的光子C的身上体现出来*。这就是我们在第4章中讨论过的量子纠缠的奇妙性质。事实上，本耐特及其合作者在数学上证明了测量所导致的干扰可以通过光子B和光子C之间的纠缠*显现在远方的光子C身上*。

这样的结果相当有趣。通过测量，我们可以知道光子A与光子B的关系，但测量也会带来一个棘手的问题——光子A和光子B都会由于测量的介入而被干扰。但是因为有纠缠的存在，光子C被引入我们的问题中——即使相隔千里，量子纠缠也会起作用——并且可以帮助我们分离出干扰的效应，从而使我们获得在测量过程中丢失的原始信息。如果我现在再给尼古拉斯打电话告知测量的结果，他就知道了测量产生干扰后光子A的自旋和光子B的自旋之间的关系，然后，再通过光子C，他就会知道*干扰本身的影响*。这个时候尼古拉斯就可以利用光子C除去测量所导致的干扰效应，从而跳过量子障碍，实现光子A的复制。本耐特及其合作者详细地证明了，至多通过对光子C进行一些简单的操控（如何操控要看我在电话里告诉了尼古拉斯哪些有关光子A和光子B的关系的信息)，尼古拉斯就可以用光子C及其自旋指向精确地复制出在我进行测量之前的光子A所处的量子态。而且，不但光子A的自旋可以被复制，光子A的量子态的其他性质(比如说光子A处于某一能量的概率)也可以通过类似的办法得以复制。因此，利用这个方法，我们就可以实现光子A从纽约到伦敦的超距离传输。[3]

如你所见，量子超距传输包括两个步骤，其中的每一个都会传递重要但又互补的信息。首先，我们将要进行传输的光子和某一纠缠光子对中的一个光子合在一起进行联合测量。在测量过程中产生的干扰会由于古怪的量子非定域性而体现在另一个位于远方的纠缠光子身上。这就是第一步，超距传输过程中清楚的量子部分。在第二步中，测量结果本身会通过较为传统的方式(电话、传真、E-mail，等等)传送到远方的接收站，这个步骤可称为超距传输过程中的经典部分。将这两个步骤结合到一起，通过对位于远方的另一个纠缠光子进行某种直接操作(比如说绕某个特定轴进行旋转)，我们就可以复制出与想要传送的光子具有相同的量子态的光子，从而实现超距传输。

有两个关键的量子传输性质需要注意一下。既然光子A的原始量子态已经被测量过程破坏，那么位于伦敦的光子C就成了唯一一个具有原始光子态的光子。原始光子并没有两个拷贝，所以我们不应该将这个过程称为量子传真，而应该称为量子传输。[4] 而且，即使我们把光子A从纽约传送到了伦敦——伦敦的那个光子已经与原始的光子A完全一致——我们还是不知道光子A的量子态。现在，伦敦的这个光子已经与在我们开始种种操作之前的那个纽约的光子A有完全一样的自旋指向概率了，但是我们并不知道这个概率究竟是多少。事实上，这正是量子传输中的绝妙之处。测量导致的干扰使我们无法获知原始光子A所处的量子态，但是按我们讲的办法，*我们并不需要知道一个粒子的量子态就能传输这个粒子*。我们需要知道的只是其量子态的某个方面，也就是在与光子B的联合测量中所获知的那些信息。接下来的事情就可以统统交给处于量子纠缠状态的远方光子C了。

按照这个办法实现的量子传输取得了丰硕的成果。20世纪90年代早期，制备纠缠光子对已是标准化的程序了，但人们还没有实现对两个光子的联合测量（就是前面讲的对光子A和光子B的联合测量，术语上讲就是贝尔态测量）。泽林格和德·玛蒂尼所领导的这两个实验组的成功之处就在于独创性地发明了联合测量的实验技术并在实验室中实现了这种技术。[5] 1997年，这两个组分别实现了目标，成为世界上最早实现单个粒子超距传输的实验组。

现实中的超距传输

你、我、DeLorean以及所有的一切都是由很多个粒子构成，所以很自然的，下一步需要考虑的就应该是如何将量子超距传输应用到这样大的粒子集合上，从而使我们实现将宏观物体从此地传送到彼处。但是，从传送一个粒子过渡到传送整个宏观物体可不是那么简单的事，这中间要完成的很多任务都不在研究者们现阶段所具有的能力范围之内，本领域的很多权威人士甚至认为或许等相当长的一段时间后人们才有可能实现这样的目标。下面纯粹为了凑趣，我们可以一起来看看泽林格的梦想在未来将如何实现。

假设我要把我的DeLorean从纽约传送到伦敦。这次我和尼古拉斯需要的就不仅仅是一对纠缠光子了（那是传送一个光子时我们所需要的全部），现在，我们每人要有一间库房，里面装满了质子、中子、电子以及其他的一些粒子，这些粒子要多到足以建构起一辆DeLorean；而且，在我的库房中的所有粒子要和尼古拉斯的库房中的所有粒子处于量子纠缠状态（如图15.1所示）。我还需要一台设备用

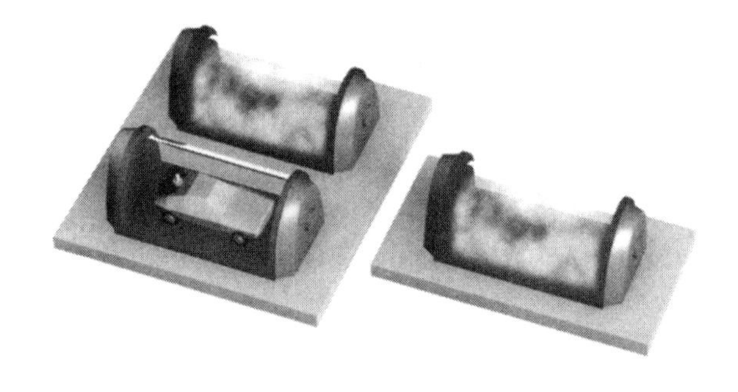

图15.1 假想中的物体超距传输。首先需要在传输地和目的地准备两个完全一样的粒子库，这两个粒子库中的粒子处于量子纠缠态；然后对传输地的粒子库和要传输的物体做一次联合测量。这些测量的结果将为操控第二个粒子库中的粒子提供必要的信息，根据这些信息人们可以利用第二个粒子库中的粒子复制物体，完成超距传输

以对组成我的DeLorean的所有粒子和库房中飞来飞去的粒子来一次联合测量（就好像对光子A和光子B进行联合测量一样）。因为两个库房中的粒子存在纠缠，所以我在纽约所做的测量也会影响尼古拉斯在伦敦的库房中的粒子（就如同光子C可以反映出对光子A和光子B所做的联合测量）。然后我就打电话告诉尼古拉斯我的测量结果（这次电话注定要花掉大笔的电话费，因为我要告诉尼古拉斯的是10^{30}个结果），这样的话，他就可以根据这些数据对他的库房中的粒子进行

种种操作（就像我前面在电话里告诉尼古拉斯如何对光子C进行操作一样）。一旦尼古拉斯完成了这些任务，在他的库房中的粒子就会和测量前的DeLorean中的粒子处于完全一样的量子态，这时，就像我们之前讨论过的那样，尼古拉斯已经 有了DeLorean。[1]这台DeLorean已经被成功地从纽约传送到了伦敦。

现在你明白了吧，以我们今天的能力，上面讲的每个量子传输步骤都不能完成。一台DeLorean差不多有千亿亿亿个粒子。虽然现在的实验学家们已经能够使多对粒子处于纠缠状态，但离使宏观物体中的粒子处于纠缠状态还相去甚远。[6] 所以，单单准备两间库房，并使其中的粒子处于纠缠状态就已经远远超越了今天的能力范围。而且，对两个光子进行联合测量都可以算作巨大的成功，可想而知，对数以百亿亿计的粒子进行联合测量在今天是超乎想象的。以我们今天的水平估计，客观地讲，要是就用我们传输单个光子时所采用的办法的话，那么实现宏观物体的超距传输将是很遥远的未来——甚至是永远不可能——的事情。

但是，考虑到科学技术领域中最常见的事情就是对不可能的超越，我必须要说，虽然宏观物体的超距传输看起来不可能实现，可是，谁知道未来会怎样呢？ 40年之前，企业号上的那种计算机看起来也是完全不可能的。[7]

---

1. 对于粒子集合来说——与单个粒子不同——量子态也需要囊括这个集合中每个粒子之间彼此关系的有关信息。所以，要想准确地复制组成一台DeLorean的粒子的量子态，我们必须确保这些粒子之间的关系也被正确地复制。在这个过程中，唯一的变化只能是这些粒子的位置——从纽约变到了伦敦。

时间旅行之惑

毫无疑问，如果超距传输宏观物体能像打电话叫联邦快递或等地铁那么容易的话，我们的生活肯定会和现在大不一样。那种空想中才有的旅行就会成为现实。旅行或运送的概念将发生革命性的巨变，在便利性和实用性方面的飞跃将重塑人类的世界观。

即使这样，超距传输对我们的宇宙观产生的影响也无法与时间旅行可能带来的冲击相提并论。大家都明白，只要有足够的耐心和决心，我们总能从一个地方到达另一个地方，尽管有的时候只存在理论上的可能性。虽然技术上的问题会使我们的空间旅行受到一定的限制，但只要在满足这些限制的基础上，我们总可以根据自己的愿望决定去哪。但是我们能从现在去到别的什么时刻吗？我们会根据自己的生活经验毫不犹疑地回答：只有一种办法，就是等着那一时刻的到来——等着时钟一秒又一秒地走到那个要去的时刻。显然，我们能去的时刻由不得自己选择，它只能是未来的某一时刻，而不能是过去的时刻。如果要去的时刻比“现在”要早，那么根据经验，我们立即就会得出判断：这绝不可能。回到过去根本不是选项之一。与空间旅行不同，时间旅行毫不理会个人意愿。说到时间，我们只能朝着一个方向不停前进，无论愿意与否。

要是我们能像驾驭空间那样容易地驾驭时间，我们的世界观就不仅仅是发生改变了，那将会是整个人类历史上最了不得的转折点。考虑到这种不可抗拒的强大影响力，我常常会吃惊于竟然没有多少人注意到有一种时间旅行——向着未来去的旅行——的理论基础早在

20世纪早期就已经诞生了。

爱因斯坦一发现狭义相对论时空的性质，就想到了飞向未来的可能性。如果你想看看一千年、一万年甚至是一千万年后地球上的景象的话，你就要看看爱因斯坦的物理定律，它会教你做到这一点。你需要建造一台速度接近光速——比方说达到光速的99.9999999996%——的飞行器。然后你就全速冲进太空，飞上一天，或者10天，甚至27年——这里说的时间指的是你在飞船上感受到的时间。之后你再扭过头来全速返回地球。那么你回来的时候，地球上已经过了一千年、一万年或者是一千万年。狭义相对论的这一预言毫无争议，并且已经在实验上得到了证实，这只是我们在第3章就讲过的速度增加会使时间变慢的一个例子。[8] 当然，建造一台速度接近光速的飞行器远远超过了当代的技术水平，所以人们根本没法检验这样一个预言。但正如我们之前讨论过的那样，研究人员已经用其他的一些例子证实了时间变慢的预言，比如说在速度远低于光速的商务飞机上就有速度变慢的情况；又比如说μ子之类的基本粒子以接近光速的速度穿过加速器时也会有时间变慢的现象（静止的μ子会在差不多两百万分之一秒的时间内衰变为其他粒子，也就是说它的寿命大概只有这么长。可μ子运动得越快，它自己的钟就会走得越慢，也就是说它的寿命也就越长）。总之我们可以找到很多使我们相信狭义相对论的正确性的理由；至于使我们怀疑狭义相对论的证据，现在还一条也没有。按狭义相对论的方法飞向未来将全如预言的那样有效。而我们之所以无法进入这样一个时代，完全是因为技术上的不足，而不是理论本身的限制。[1]

当我们思考另一种时间旅行——回到过去——的可能性时，我们遇到了一些棘手的问题。当然，你很有可能非常熟悉其中的一些，比如说，回到过去阻碍自己的出生这类标准的时间旅行悖论。在很多科幻小说中，这样的事情都是通过暴力手段达到；但我们也可以采用不这样极端但同样有效的方式介入过去——比如说阻止你父母的相逢——达到影响你的出生的目的。这里的悖论很清楚：要是你根本没被生出来，那么你怎么可能存在？特别是，你又怎么能够回到过去阻止他们相逢呢？要想回到过去阻止你父母的相逢，你就首先得被生出来呀；但要是你被生出来了，并且回到了过去使你父母不能相逢，那你就*不*会被生出来了。我们就这样陷入了逻辑上的死循环。

再来看看另一个与此类似的悖论，这个悖论是由牛津的哲学家麦克尔·杜麦特受其同事大卫·多奇启发后提出来的，这个悖论以略有不同、可能更令人困惑的方式捉弄着我们的大脑。现在就来讲一下这个悖论的一个版本。假设我造出了一台时间机器，然后用它到了10年后的未来世界。在“请你吃豆腐”（大规模的疯牛病使人们有了心理阴影，未来的人们早就没了对汉堡包的那种热情，请你吃豆腐一举超过了麦当劳）简单地吃过午餐后，我找到了最近的网吧，想上网看看

---

1. 脆弱的人体也是限制之一：在合理的时间内达到所需要的速度必须要有非常大的加速度，这样的加速度可能远远超过人体的承受能力。还要注意到，时间变慢使我们有可能——至少有理论上的可能性——到达太空中非常远的地方。要是一个火箭离开地球后以99.99999999999999999%的光速朝着仙女座星系飞去，那么我们可能就得等600万年才能看到它的归来。但在这样的速度下，火箭上的时间将比地球上的时间慢得不可想象。对火箭上的宇航员来说，回到地球的时候，整个行程刚刚用掉8小时（我们姑且先把宇航员根本承受不了达到这样的速度而必须有的巨大加速度这件事放在一边，先假定他或她可以承受这样的加速度，并且安全返航）。

弦论研究的进展如何。我感到非常惊喜。我发现弦论中所有的未解之谜全部告破。弦论已经被完全研究清楚了，并且已经被成功地用于解释所有已知的粒子性质。人们已经找到了额外维度的确切证据；弦论所预言的超对称粒子——它们的质量、电荷等的性质——已经在大型强子对撞机上全部得到验证。人们再也不需要有所怀疑了：弦论就是宇宙的统一理论。

我进一步探查，看看到底是谁做出了这样重大的贡献，结果我大吃一惊。突破性的论文发表于一年之前，作者是丽塔·格林，我妈妈！我太吃惊了。我并没有不敬的意思：我妈妈人非常好，但她不是一位科学家，也不明白为什么有些人愿意成为科学家。而且，我把我的上一本科普书《宇宙的琴弦》拿给她看，她才翻了几页就扔在一边，因为她一看这些书就头疼。所以，她怎么能写出弦论的那篇关键性论文呢？我在网上读了她的那篇论文，完全折服于文中简单而深刻的推理。在文章末尾的致谢中，她提到在托尼·罗宾斯研讨会上我让她克服恐惧追寻自己内心深处的物理学家梦想，并对我自那以后多年来在数学和物理方面的细心指导表示感谢。啊！我明白了。原来她也参加了在我启程来往未来之前的那次研讨会。我看我最好回到那个时候再来给些指导。

于是，我又回到了那个时候，开始指导我妈妈学习弦论。可惜进展并不顺利。一年过去了，两年过去了，虽然我妈妈在很努力地学习，可她还是不得要领。我开始变得担忧起来。我们又付出了几年，收效还是甚微。这时，我真的担忧起来了。离她的论文预计发表时间已所剩无几。她到底是怎样写出那篇论文的？最后，我做了一个重大决定。

当我在未来读到她的文章的时候，我留下了非常深刻的印象，始终都没有忘记。所以，与其让她自己做出发现——看似越来越不可能了——还不如我来告诉她究竟该怎么写，这样才能确保把我记忆中的那篇论文的每一点都囊括进去。她发表了那篇论文。很快，整个物理世界沸腾起来了。我在我的未来世界读到的每一件事都发生了。

但是这里有一个问题。到底谁应该获得我妈妈的那篇奠基性论文所带来的荣誉？这个人显然不能是我。因为我是通过读她的论文才学到那些理论的。可又怎么能是我妈妈呢？她所写出来的一切都是我告诉她的呀。当然，这里问题的关键并不是谁应该获得荣誉，而是新的知识、新的见解、发表在我妈妈的论文中的新思想到底是哪来的？我到底能指着谁说“就是这个人或这台计算机得出了新的结论”呢？我没有这种洞察力，我妈妈也没有，而且在这里也没有其他人什么事，我们甚至连计算机都没用过。但是，那些精彩的理论不知如何全都出现在她的论文中。很明显，在一个允许既向过去又向未来的时间旅行的世界里，知识会凭空产生。或许这个问题不像阻止你出生那个问题那么令人费解，不过也够古怪的了。

我们到底该如何对待这些悖论和古怪的事呢？我们是否能够得出这样的结论：朝向未来的时间旅行是由物理定律保证的，朝向过去的时间旅行必须得丢掉？有些人可能会这么认为。但是，我们即将看到，我们总归有办法应对这些讨厌的问题。但这并不意味着我们有可能通过时间旅行回到过去——那是我们很快就要讨论到的另一个问题——而是意味着朝向过去的时间旅行至少不会被我们刚刚讨论过的这些问题排除掉。

反思谜题

回想第5章，我们曾从经典物理的角度出发讨论过时间的流动，并得到了一幅与直观印象全然不同的物体图像。一路谨慎地探求使我们形成这样的看法：时空就像一块冰，时空中的每一个时刻都永远地冻结在那里。这与人们通常的看法——时间就像河流一样，带着我们从一个时刻流向下一个时刻——截然相反。这些冻结的时刻按不同运动状态中的不同观测者的不同方式汇聚成了*现在*，汇聚成了同一时刻发生的事件。时空块可以被切成不同的"现在"的概念，为了更好地体会这一点，我们也将时空比喻成一块可以从不同的角度切片的面包条。

但要是先把各种比喻放在一边，第5章告诉我们的是：时刻——组成每一块时空条的事件——就是时刻。时刻是永恒的。所有的时刻——每一个事件——都将永远存在，就像空间中的每一个点都永远存在一样。时刻并不是一被观测者的"聚光灯"照亮就活灵活现起来，那样的物理图像虽然符合我们的直觉，但经不住逻辑分析。真实的情况是，时刻一旦被照亮，便会永远都被照亮。时刻不会改变，时刻永远都是那样。被照亮只是组成时刻的多个不会改变的性质中的一个。从图5.1中，我们可以很清楚地看出这一点。在图5.1中，我们可以看到组成宇宙历史的所有事件，它们全都静止不变地待在那里。关于同一时刻到底发生了什么事件，不同的观测者有不同的结论——因为观测者们从不同的角度切削时空片——但是所有的时间片及其组成事件却是普适的。

量子力学对时间的经典物理图像做了一定的修改。比如说，我们在第12章中曾经看到，在极小的尺度上，空间和时空将不可避免地变得崎岖起伏。但是（参见第7章），要想完全利用量子力学来讨论有关时间的问题必须首先解决量子力学的测量问题。解决之道有很多，其中之一——所谓的多世界诠释——特别适合用来讨论由时间旅行引出的矛盾，我们会在下一节中进行有关内容的讨论。在本节中，我们先停留在经典物理的层次，用时空的冰块、面包条比喻来讨论有关问题。

假设你已经成功地回到了过去，并且阻止了你父母的邂逅。直觉上好像我们都知道那意味着什么：在你回到过去之前，你的父母相遇了——比如说，在1965年12月31日午夜[1]钟响的时候，他们相逢于纽约的晚会——然后又及时地生下了你；又过了许多年，你决定回到过去——1965年12月31日，也就是在这个时候，你改变了一切，使你的父母没有办法相逢，于是你妈妈也就没办法生下你。在前面我们曾经提到，对时间更为合理的描述是所谓的“时空片描述”，现在我们就用时空片描述来看看前面的“直觉式描述”到底有哪些问题。

本质上讲，直觉式描述之所以不正确就是因为假定了时刻可以变化。根据直觉式描述，1965年12月31日午夜钟响的时刻（采用了标准的世俗时间片）“起初”是你父母相逢的时刻，“后来”，由于你的介入，1965年12月31日午夜钟响的那一刻，你父母相隔几千米，甚至根本不在同一个大陆上。这种叙述事件的方式的问题在于把时刻看成是

1. 当然，我实际上应该说1966年1月1日，不过没关系。

可以变化的了，但我们已经知道，时刻是不变的，它们就只能是本来的那个样子。时空片应当是一种稳固不变的存在。一个时刻根本不可能“起初”一个样，“后来”又一个样。

如果你真的用时间机器回到了1965年12月31日，那你就会出现在那里，你过去一直在那里，将来也一直在那里，你永远都不可能不在那里。不会有两次1965年12月31日——一次你不在那里，一次你又在那里。在图5.1中，你静止不变地存在于时空片中各种不同位置处。如果你今天决定乘坐时间机器回到1965年12月31日晚间11点50分，那么这个时刻就会出现在那些能找到你的时空片中。你于1965年新年前夜在纽约的露面将是时空永恒不变的性质。

这样一种认识仍会使我们得到一些离奇的结论，但不会再有悖论了。比如说，你会出现在1965年12月31日晚间11点50分的时空片中，但是在那之前的时空片中完全没有你的任何记录。这虽然非常奇怪，却并没带来任何悖论。如果有个家伙看到你在11点50分突然出现，他可能会吓坏了，但要是他问你是哪来的，你就可以非常酷地回答：“未来。”至少到目前为止，我们还没在这样的场景中发现任何逻辑上的矛盾。当然，更加值得关注的是：你开始执行任务，阻止你父母相遇，这时又会发生些什么呢？要是非得坚持“时空块”观点的话，那么我们就只能这样回答：你肯定无法成功。不管你在新年前夜做些什么，你都终将失败。想要阻止你父母相逢——虽然看似并不难——在逻辑上是绝对行不通的。你父母肯定会在午夜时分相逢。你不会消失，你在那里，你“一直”都将在那里。每个时刻都存在，全都不会发生改变。将变化这一概念用在时刻身上绝对是对牛弹琴。你父母在

1965年12月31日午夜钟声响起的时候相逢于纽约，没有任何事情会改变这一事件，因为这一事件是永恒不变的事件，它在时空中永远有一席之地。

事实上，现在你再想想，回忆起童年的时候你曾经问过你的父亲他是怎样向你妈妈求婚的，你还记得他说他根本毫无准备。他在求婚前几乎从没见过你妈妈。但就在新年前夕纽约的一个晚会上，他看到一个男子——竟然宣称自己来自未来——不知道从什么地方突然冒了出来，这可把他吓坏了，简直不知所措，以至于一见到你妈妈他就昏头昏脑地决定求婚了。当时就是这样。

关键之处在于时空中全部的不变的事件必须能合成连续的自洽的统一整体，这样的宇宙才有意义。你乘时间机器回到1965年12月31日这件事，根本就是你在履行自己的命运。有一个人突然出现在1965年12月31日晚间11点50分的时空片中，而在之前的时空片中并没有这个人。要是假想我们身在图5.1之外，我们就会直观地看到这一切，我们也会看到那个出现在1965年12月31日晚间11点50分的时空片中的人就是现在年龄的你。要想使这些几十年前的时空片有意义，你就必须回到1965年。而且，我们这些“世外”之人还看到你父亲在1965年12月31日晚间11点50分战战兢兢地问了你个问题，然后就跑开了，接着在午夜时分遇到了你妈妈；再跳过几张时空片，我们看到你父母结婚了，又过不久你出生了，你慢慢长大了，然后有一天，你进了时间机器。如果真的有可能进行时间旅行的话，我们就再也不可能单单用更早时刻的事件就可以解释某一时刻的事件了（无论从谁的角度看都是如此）。但是，要是把全部的事件放在一起考虑的话，我们就会有一个合理的、连续的、毫无矛盾的故事了。

正如我们在前面一节强调过的那样，无论怎样发挥想象力，这也绝不意味着我们有可能通过时间旅行回到过去。但是上面的分析很清楚地告诉我们，那些所谓的悖论，比如说阻止自己的出生等，根本就是逻辑不清的产物。即使你能乘时间机器回到过去，你也什么都改变不了，就像无论怎样你也不能让π不是3.1415926……一样。如果你真的回到了过去，那你就是，并且永远都是过去的一部分，而这个过去与使你旅行到这里来的过去别无二致。

置身于图5.1之外的话，这种解释严谨又条理分明。纵览整个时空片，我们看到的是环环相扣、井然有序的宇宙连字谜。但是，在1965年12月31日的你看来，一切都那么令人困惑。我在前面的分析中说明，无论你费多大的劲，你都不可能用经典物理的办法阻止你父母的邂逅。你可以眼睁睁地看着他们相遇。你甚至可以为他们的邂逅安排机会；当然，你安排的邂逅可以不用像我在前面随随便便讲的那样。你可以一再地回到过去，过去可能有很多个你，每一个你都想阻止你父母的相逢。但要想成功地阻止你父母邂逅就必须改变一些东西，而这些东西会使“改变”这一概念失去意义。

但是，即使我们有了这些抽象的思考，我们也会忍不住问这样的问题：你为什么成功不了？如果你就在晚间11点50分的晚会现场，看到了你年轻时代的妈妈，到底是什么使你没法把她带走？又或者说，你看到了你年轻时代的父亲，但究竟是什么使你不能——这么说实在大不敬，但还是说了吧——给他来一家伙？难道你没有自由的意志了吗？从这里开始，量子力学就要登场了。

自由意志，多重世界，时间旅行

自由意志，即使不给时间旅行增加新的麻烦，也是个很棘手的问题。经典物理学定律带有确定性。正如我们在前面的章节中看到的那样，如果你既能准确地知道现在这个时刻事物是怎样的，又能洞悉全部经典物理学定律的话，那你就能准确地说出在任意给定时刻——无论是过去的某一时刻还是未来的某一时刻——事物是怎样的。这样的方程与假定存在的个人的自由意志毫无关系。所以，有些人就会根据这一点得出这样的结论：在经典宇宙中，自由不过是假象而已。你是由粒子组成的，如果物理定律可以确定任意时刻你的粒子的一切——这些粒子都在哪，它们都是如何运动的，等等——那你决定自己行动的意志力就完全可以推算出来。我相信这样的说法，但是有些人——他们认为人类不只是粒子的总和——并不以为然。

无论怎样，这些想法都没什么实际价值，因为我们所生活在其中的这个宇宙遵循的是量子物理，而不是经典物理。在量子世界中，真实世界的物理，虽然跟经典物理所描述的世界有些相似之处，但是还有些重要的区别。正如你在第7章中学到的那样，如果你知道了此时此刻整个宇宙中所有粒子的量子波函数，那么薛定谔方程就会告诉你你所感兴趣的任意时刻的波函数。量子物理在这一点上的确具有经典物理的那种确定性。但是，观测会给量子力学的故事增添很多新的篇章，正如我们所见，有关量子测量问题的热烈争论仍然未熄。如果有那么一天，物理学家们最终认定薛定谔方程就是量子力学的一切，那么整个量子物理，就会具有同经典物理一模一样的确定性。有了经典物理的确定性，有些人就可以说自由意志不过是假象；而有些人会不同意。但是如果现在的我们错过了量子力学的部分故事——如果从概率性到确定性的结果还需要某些超出标准量子体系的东西——那么自由意志至少有可能在物理定律中找到一个具体的实现。可能真像某些物理学家推断的那样，在未来的某一天，人类会发现有意识的观测行为是量子力学不可或缺的一个元素，是从量子迷雾中提取结果的催化剂。[9] 就我个人而言，我觉得这极其不可能，但是我找不到证明它不对的办法。

现在的局面是自由意识的地位及其在基本物理定律中扮演的角色仍不清楚。所以我们接下来就分别分析一下这两种情况——自由意识本就是一种假象；自由意识其实是真实的。

如果自由意识本是假象，并且我们有可能通过时间旅行回到过去的话，那么你无法阻止你父母相逢这件事就没什么好奇怪的了。尽管你感觉你可以掌控自己的行为，但其实不能，真正在背后起作用的是物理定律。当你想过去把你妈妈带走，或者给你父亲来一枪的时候，物理定律就会起阻碍作用。时间机器可能会在错误的地点着陆，使得你到达的时候他们都已经相会了；也有可能在你扣动扳机的时候，枪却卡住了；还有可能你虽然射出了子弹，却打歪了，直接把你父亲的情敌打中了，反而为你父亲扫清了障碍；再还有这样的可能：当你走出时间机器的时候，你再也没有阻止他们相逢的想法了。不管在你走进时间机器时你在想些什么，你走出时间机器时的行为只能是和谐一致的时空故事中的一部分。物理定律绝不允许任何有违逻辑的行为。

你做的一切都会很好地符合逻辑，现在如此，以后也将一直如此。你改变不了那些不可改变的事实。

如果自由意识不是假象，并且我们有可能通过时间旅行回到过去的话，量子物理就会给出与经典物理完全不同的说法。大卫·多奇所倡导的另一种非常吸引人的说法使用了量子力学的多世界诠释。还记得我们在第7章中提到过的多世界诠释吗？在这个理论框架下，包含在波函数中的每一种可能结果——粒子各种可能的自旋指向或者粒子可能出现的位置——都会分别出现在各自的平行宇宙中。我们所看到的任意给定时刻的宇宙都只是量子力学所允许的无限种可能演化中的一种。这个理论体系引人注意的一点在于它所提出的解释：我们觉得自己可以自由地选择做这做那，而这一点反映的是我们在接下来的时刻进入或这或那的平行宇宙的可能性。当然，既然在平行宇宙中你我都有无数个拷贝，那么我们就有必要在这个宽泛的框架下解释一下个人身份与意志的概念了。

就时间旅行和可能的悖论，多世界诠释提出了一种新颖的解决办法。你返回1965年12月31日晚上11：50，拿出你的枪，瞄准你的父亲，扣动扳机。枪响了，你击中了目标。但是这件事情并没有发生在你登上时间机器的那个平行宇宙，所以你的旅行并不是一趟时间旅行，而是从一个平行宇宙来到另一个平行宇宙的旅行。在你扣动扳机击中目标的这个平行宇宙中，你的父母没法相遇——在这样一个宇宙中，多世界诠释保证了我们的存在（因为符合量子力学的所有可能的宇宙都会存在）。所以，根据这样的说法，就没什么悖论存在了，因为每个给定时刻都会有位于不同平行宇宙中的各种不同的版本；根据多世界诠释，时空片会有无穷多个，而不是唯一的一个。在原来的宇宙中，你的父母相逢于1965年12月31日，后来你出生了，长大了，不知怎地就和你父亲的关系变得恶劣了，你着迷于时间旅行，开始了你去往1965年12月31日的时间之旅。而在你所到达的那个宇宙中，你父亲被刺于1965年12月31日晚上，那个时候他还没有遇到你妈妈，刺杀他的凶手宣称自己是他未来的儿子。你在这个宇宙中的版本永远都不会被生出来，不过没关系，那个扣动扳机的你的确是有父母的。只不过他们生活在另一个平行宇宙中。至于这个宇宙中的人们是相信你的故事还是把你看成妄想症患者，那我就不知道了。但可以肯定的是，在每一个宇宙中——你离开的那个宇宙以及你来到的这个宇宙——人们都会讨厌自相矛盾的事情。

而且，即使按照现在这种宽泛的说法，你的时间旅行也不会改变过去。对于你离开的那个宇宙，这一点很明显，因为你回到的根本就不是它的过去。至于你去往的那个宇宙，你在1965年12月31日晚上11：50出现也没有改变那个时刻：因为你的确并且永远都会在那个时刻出现在那个宇宙。于是我们再一次看到，根据多世界诠释，在每一个平行宇宙中发生的事件都是物理上自洽的事件。在你到达的那个宇宙中，的确根据你的心意发生了谋杀事件。你在1965年12月31日晚上11：50的露面，以及你所造下的一切罪孽，都是那个宇宙永远不可抹去的真实之一。

多世界诠释也会对那些不知道从哪突然冒出来的知识——比如我妈妈写出来的那篇弦论方面的发轫之作——给予类似的解释。按照多世界诠释的说法，在无数平行宇宙中的一个中，我妈妈的确迅速成了弦论方面的专家，我所看到的那篇弦论论文全都是她一个人写出来的。当我决定飞往未来的时候，我的时间机器恰好把我带到了那个她写出了论文的宇宙。我在我妈妈的那篇论文中读到的结果事实上是她在那个宇宙中的版本首先发现的。然后我回到了我的时代，我妈妈在这个平行宇宙中的版本实在是没办法理解物理学了。在多年教而未果的情况下，我选择了放弃，然后告诉她怎样写出那篇论文来。于是我们看到，在这个解释里丝毫没有“理论的关键性突破究竟是谁做出来的”这种困惑。真正的理论发现者是我妈妈在另一个宇宙中的版本，在那个宇宙中的“她”是一个物理学天才。而我的几次时间旅行带来的结果就是将那个宇宙中的我妈妈做出来的发现带给了另一个平行宇宙中的我妈妈。如果你觉得平行宇宙这种解释要比找不到文章作者这件事——极具争议性的命题——好理解的话，那你就为知识和时间旅行的相互影响找到了一个稍好些的解释。

我们在这节或前一节中讨论过的这几种方案都不一定是对时间旅行所带来的悖论的*真正*解释。这些解释方案告诉我们的是，回到过去的时间旅行并不会因为这样的悖论就被排除掉。即使以我们现在的理解力，物理学家们也能找到很多方法来规避掉这些悖论。但是，没有排除掉远不等于承认它的可行性。所以，我们现在来问几个主要的问题。

时间旅行能回到过去吗

大部分清醒的物理学家都会回答不可能。我也会说不可能。但是这个不可能并不同于有些问题的不可能，比如说，狭义相对论会允许一个有质量的物体达到并且超过光速吗？又或者麦克斯韦理论会允许带一个电荷的粒子分解成总共带两个电荷的几个粒子吗？对于这些问题，我们会毫不犹疑地回答你，不可能，这种不可能是经过实践检验的。

事实上，没人能够证明物理定律已经将回到过去的时间旅行排除掉了。正相反，倒是有几个物理学家列出了几条建造时间机器的理论方法。要是你拥有无限的技术能力，可以任意地运用已知的物理学定律，那么你就有可能建造出一台时间机器（我们所说的时间机器指的是既能飞往未来也能回到过去的时间机器）。我们这里说到的时间机器可不是H. G. 威尔斯所描述的那个旋转式的小发明或布朗博士那台加大马力的DeLorean[1]。而且所有的设计元素都刚好和已知的物理定律擦边，这就使很多研究人员猜想，等到我们对大自然规律的认识再进步一点，现有的和未来的时间机器方案可能就不仅仅是纸上谈兵了。但就今天而言，这种猜测仅仅基于一种感觉和一些间接证据，没有实际的根据。

至于爱因斯坦本人，在正式发表广义相对论之前的那十几年高强度研究过程中，他也曾经思考过通过时间旅行回到过去的可能性。[10] 坦白地讲，他要是没想过这些可能性那才奇怪呢。因为他对空间和时间激进的诠释摒弃了长久以来的教条，人们自然会不断地问：这场巨变还能持续多久？人们熟知的、来自日常经验的、纯直觉式的时间性质中还有哪些能够幸存下来？但爱因斯坦之所以没在时

---

1. H. G. 威尔斯（1866—1946），英国著名的科幻小说家。名著《时间机器》是他的第一部科幻小说；布朗博士，电影《回到未来》三部曲中的疯狂科学家，他把自己的DeLorean轿车改装成了时间机器。—— 译者注

间旅行这个问题上发表什么文章是因为他单凭自己并没能做出什么有价值的东西。但在他的广义相对论的文章发表后的10多年间，另一些物理学家慢慢地做出了点东西。

广义相对论的早期论文中有几篇与时间机器有关，包括苏格兰物理学家W. J. 范 · 斯托克姆[11] 写于1937年的一篇论文和爱因斯坦在高等研究院的同事科特 · 哥德尔于1949年所著的另一篇论文。范 · 斯托克姆研究了广义相对论中的一个假象问题——一个高密度的无限长圆柱体绕着它自身的无限长轴做旋转运动的有关问题。范 · 斯托克姆对这个并非物理上真实的无限长的圆柱体进行了一番研究，得出了一些有意思的东西。我们在第14章中曾经看到，有质量的旋转体将曳引空间做漩涡状的旋动。在范 · 斯托克姆所考虑的情况中，这种旋动如此巨大，以至于我们可以根据数学上的分析发现，被拉进漩涡之中的并不只有空间，还有时间。简单地讲，旋动使得圆柱体周围的时间方向发生扭曲，所以绕着圆柱体的圆周运动可以把你带回过去。如果你的火箭绕着圆柱体飞行，那么你就能够返回到你开始这趟旅行之前的那个时刻。当然，没人能够造出一个无限长的圆柱体。但是这篇论文作为早期的一篇暗示广义相对论并不会排除回到过去的时间旅行的论文，其价值不可磨灭。

哥德尔在他的论文中讨论的也是一种与旋转物体有关的情况。但哥德尔所关注的并不是在空间中旋转的物体，他感兴趣的是在整个空间都在旋转的情况下会发生些什么。马赫可能会认为这毫无意义。如果整个宇宙都在旋转，那么我们就找不到一个旋转运动可以参照的物体。所以按照马赫的观点，一个旋转的宇宙与一个静止的宇宙毫无区别。而这正是马赫的空间关系概念中另一个没能被广义相对论肯定的例子。根据广义相对论，谈论整个宇宙的旋转是有意义的，而且这种可能性会带来简单的可观测结果。比如说，如果你在旋转的宇宙中射出一束激光，那么广义相对论就会告诉你这束激光将按弯曲路径而不是直线路径射出（你要是骑在旋转木马上，然后用手中的玩具枪向上射出子弹，那么这颗子弹的路径就有点像我们所讨论的这束激光的路径）。哥德尔的分析之所以令人惊奇在于他认识到：如果你的火箭在旋转的宇宙中按照某一适当的轨迹运行，那你就有可能在你出发之前回到火箭升空之处。因而，旋转的宇宙本身就是一台时间机器。

爱因斯坦对哥德尔的发现表示了祝贺，但也同时提出进一步的探索可能会表明那些使得广义相对论方程允许时间旅行回到过去的解会与其他基本的物理要求相矛盾，从而使其失去物理上的意义，变成纯粹的数学意外。至于哥德尔的解，近来精确的实验观测已将其直接现实意义减小到最低的程度，因为观测结果表明我们的宇宙并没处于旋转之中。但是范·斯托克姆和哥德尔的工作放出了瓶中的妖精；之后的几十年间，人们发现了更多使爱因斯坦方程允许向过去时间旅行的解。

近些年来，人们对设计假想中的时间机器的兴趣又浓厚起来了。20世纪70年代，弗兰克·蒂普勒重新分析并且精炼了范·斯托克姆所提出来的解决方案；而1991年，普林斯顿大学的理查德·哥特发现了另一种建造时间机器的方法，他的方法利用了所谓的宇宙弦（假想中早期宇宙所残留下来的无限长、灯丝似的东西）。这些贡献都非常重要，但最容易讲清楚的是由基普·索恩及其在加利福尼亚理工学院的学生们提出来的一种方案——有关的概念我们曾在早前的章节中有所讨论。索恩他们利用的是虫洞。

虫洞时间机器的蓝图

我在这里先把建造一台索恩所构想的虫洞时间机器的基本步骤列在这里，在下一节中我们将详细讨论索恩雇佣的承建商将会遇到哪些问题。

虫洞是假想的空间通道。虫洞类似于穿山而过的隧道，那种穿山而过的隧道可以缩短两个不同位置之间的距离（没有它的话你就只好翻过山才能到另一个位置）。虫洞所起的作用就类似于此，但它同传统意义上的隧道有一个重要的区别。传统意义上的隧道是在已经存在的山体上凿出来的——没有隧道的时候，山和山所盘踞的地方就已经在那里了——而虫洞则是沿着一条全新的、之前并不存在的空间管构建出一条连接空间中两个不同位置的通道。即使你把穿山而过的隧道废掉，那里的空间仍然存在。但你要把虫洞移除的话，它原本所占据的空间就消失了。

图15.2（a）中所示意的就是连接Kwik-E-Mart和斯普林菲尔德核电站[1]的虫洞，当然这种画法有些误导之处，因为虫洞画成了横跨斯普林菲尔德小镇的样子。更准确一点的话，虫洞应该被想成是一个全新的空间区域，并且这个区域只在其端点——或者说端口——才与

1. 这两个地名都是在动画片《辛普森一家》中出现的，其中Kwik-E-Mart是一家连锁超市。——译者注

我们熟悉的普通空间相交。你要是以为只在斯普林菲尔德大街上走走，抬头看看天就能找到虫洞的话，那你就大错特错了。看到这个虫洞的唯一方法是走进Kwik- E-Mart，在店里你会发现平常的空间中开着一个洞——一个虫洞的端口。往洞里看去，你会看到核电站的内部，也就是图15.2（b）中的第二个端口的位置。图15.2（a）中另一个容易被误解之处在于虫洞看起来似乎并不是一条捷径。将图15.2稍稍改动一下变成图15.3的样子，这个问题就解决了。如你所见，通过常规的路径从Kwik-E-Mart到核电站的确是比通过虫洞要远些。图15.3之所以会画得扭曲完全是因为我们很难在平面上画出广义相对论几何，但即使画成这样，这张图也会给我们带来一些虫洞的直观感受。

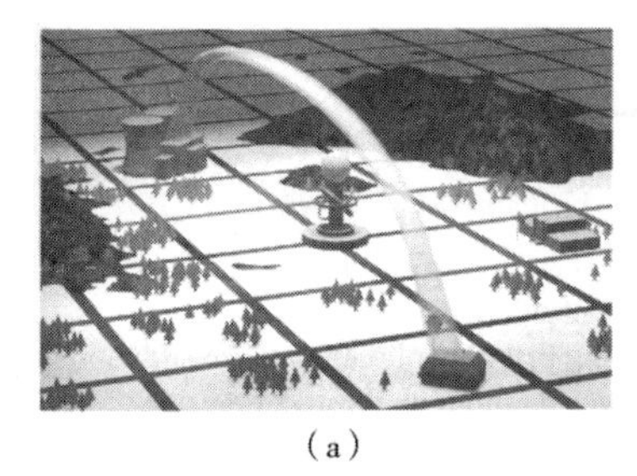

（a）

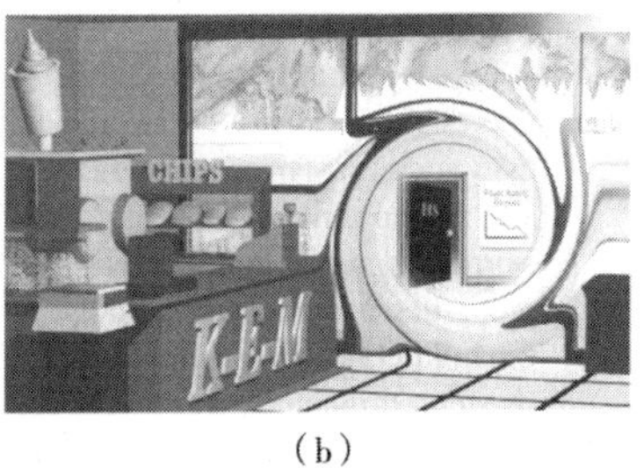

（b）

图15.2 （a）Kwik-E-Mart和核电站之间的虫洞。
（b）视线穿过虫洞看到的景象，洞的一端是Kwik-E-Mart，而另一端就是核电站

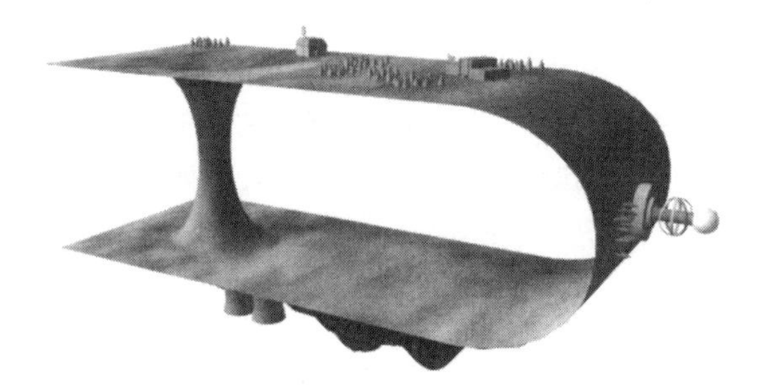

图15.3 利用几何，我们可以更加清楚地看到虫洞真是一条捷径（虫洞实际的端口分别在Kwik- E-Mart和核电站内，图中很难显示这一点）

没有人知道虫洞是否真的存在，但是早在很多年前物理学家们就证明了虫洞是广义相对论的数学所允许的内容，当作游戏搞搞相关理论研究是完全没有问题的。20世纪50年代，约翰·惠勒及其合作者成为虫洞研究方面的先锋人物，他们一道发现了虫洞的很多基本数学性质。到了近一些的时候，索恩及其同事发现虫洞不仅仅是空间上的捷径，也可以是时间上的捷径，从而使虫洞研究领域空前繁荣起来。

现在我们来看看索恩的想法。想象这样一幅场景：巴特和莉莎分别站在斯普林菲尔德虫洞的两端——巴特在Kwik-E-Mart这端，而莉莎在核电站那端——懒散地聊着给霍默准备什么样的生日礼物，巴特准备来一趟跨星系的短程旅行（给霍默带点他喜欢的仙女座炸鱼条回来）。莉莎本来对这趟行程不感兴趣，但是考虑到她自己一直很想看看仙女座，所以她就劝说巴特把他那边的端口挂到飞船上，这样她就可以看看仙女座的样子。你或许会认为要是巴特把端口挂到飞船上一起走的话，虫洞就会被抻长，但这是在假定虫洞是普通空间才会有的情况。其实不然。如图15.4所示，由于奇妙的广义相对论几何，虫洞的长度会在整个行程中保持不变。这一点非常关键。即使巴特的飞船飞往仙女座，他与莉莎之间的虫洞的长度也不会发生变化。而这就使虫洞作为捷径的角色更加明显了。

为明确起见，我们姑且假定巴特的飞船以99.999999999999999999%光速的速度飞行了4小时才到达仙女座，在这个过程中他与莉莎一直通过虫洞聊天，就像起飞之前那样。当飞船到达仙女座的时候，莉莎让巴特停下来以便她能清楚地看一看仙女座的风景。但是巴特觉得应该赶快叫上一份外卖炸鱼条，然后掉头返航。虽然莉莎对这么快就返航

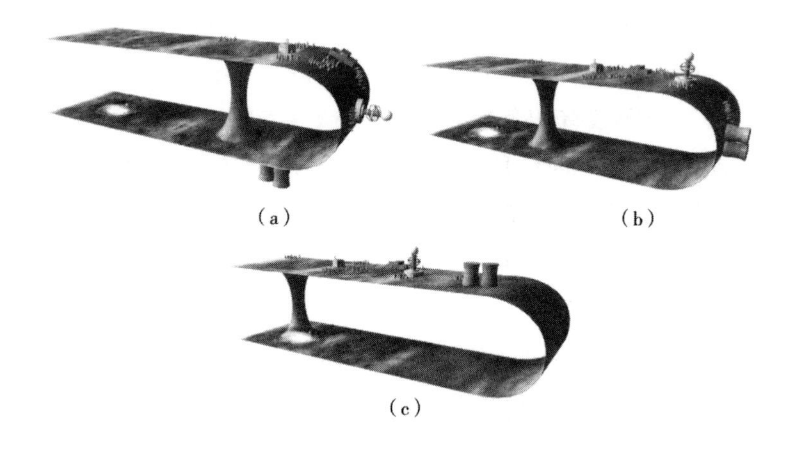

图15.4 （a）连接Kwik-E-Mart和核电站的虫洞。

（b）虫洞开启的下端连的是外层空间（从核电站连到未画在图中的宇宙飞船）。

（c）虫洞的一端到达了仙女座星系，另一个端口则还在Kwik-E-Mart。在整个航行过程中，虫洞的长度并未发生变化

感觉很气恼，但还是同意继续和巴特聊天。4小时再加几把五子棋后，巴特安全地降落在斯普林菲尔德高中。

当他从舷窗中望出去的时候，巴特一下子呆住了。那些建筑看起来完全不一样了，滚球场上空漂浮的计分板显示现在已经是他离开之后差不多600万年的时候了。“嘿，哥们，怎么回事！？”他对自己说道，过了一会，一切都搞清楚了。他记起最近通过心连心的方法从杂耍鲍勃那里学到的狭义相对论：你运动得越快，你的钟就会变得越慢。如果你乘坐高速宇宙飞船出去遛一圈然后回来，那么你飞船上的时间可能仅仅过了几小时的光景，但是外面的世界已经过了成千上万年。快速地计算后巴特确认，以他航行的速度来看，飞船上的8小时意味着外面世界的600万年。计分板上的时间是正确的，巴特认识到他已

经来到了未来的地球。

"……巴特！你在哪？巴特！"莉莎从虫洞里喊道，"你能听到我说话吗？加快油门，我想按时回家吃饭。"巴特看了看虫洞的端口，告诉莉莎他已经降落在斯普林菲尔德高中的草坪上了。从虫洞中仔细地看了看后，莉莎发现巴特没说谎，但从Kwik-E-Mart往斯普林菲尔德高中的方向望过去，莉莎没能发现飞船的影子。"我糊涂了。"她说。

"实际上，这很好理解，"巴特得意洋洋地回答道，"我的确是降落在了斯普林菲尔德高中，只不过是600万年后的斯普林菲尔德高中。你从Kwik-E-Mart的窗户看不到我，因为你虽然看对了地方，但没看对时间，你早了600万年。"

"对了，没错，狭义相对论的时间延迟效应，"莉莎赞同道，"很酷。但不管怎么说，我想按时回家吃饭，所以快爬过虫洞，我们得快点。""好的。"巴特应道，然后爬出了虫洞。他在阿普[1]那儿买了黄油棒，然后就和莉莎回家了。

注意，虽然巴特一会儿就穿过了虫洞，但这却意味着他穿过了整整600万年。巴特与他的飞船还有虫洞的端口降落在600万年后的未来。他只需要走出飞船，同人们谈上几句，看看报纸，就会确认这一切都是真的。但是，一旦他爬出虫洞，就会又回到现在和莉莎在一起

1. Kwik-E-Mart便利店的印度裔老板。—— 译者注

了。任何一个像巴特一样穿过虫洞的人也都有同样的遭遇：他也将穿越600万年的时间。与此类似，任何人从位于Kwik-E-Mart的虫洞端口爬进去都会来到巴特飞船降落的600万年后。这里的关键之处在于巴特并不是仅带着虫洞的端口穿越空间。他的这趟旅行也使虫洞的端口穿越了时间。巴特的旅程把他自己和虫洞的端口带到了未来的地球。简而言之，巴特将一条空间隧道变成了一条时间隧道，他将一个虫洞变成了时间机器。

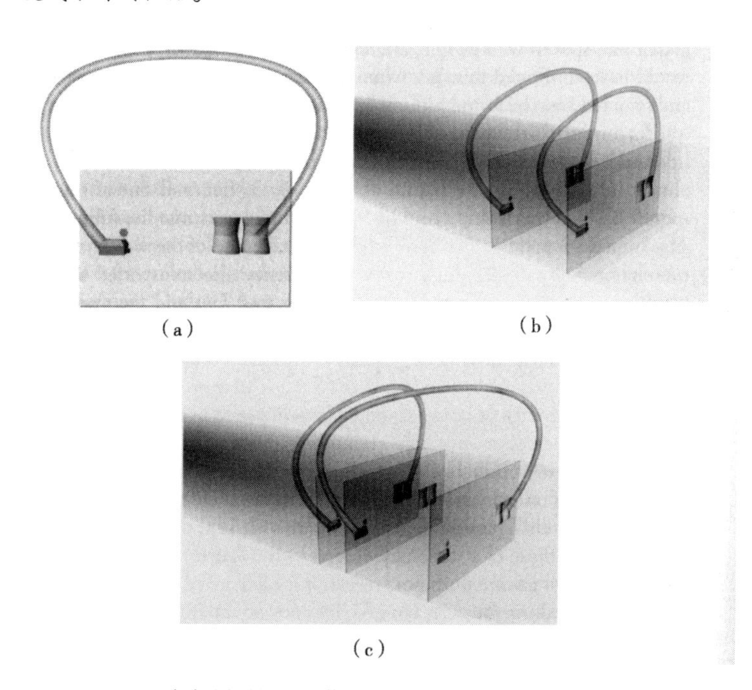

图15.5 （a）某个时刻所创建的虫洞，将空间中的两个位置联系起来了。

（b）如果虫洞的两个端口之间没有相对运动，它们就会以相同的速率“穿过”时间，这样一条虫洞连接的是相同时间的两个区域。

（c）如果虫洞的一个端口处于往返旅程中（图中未示），那它所用掉的时间就会少些，因而这样的虫洞连接的就是不同时刻的两块空间区域，这样的虫洞就是一台时间机器

图15.5是这个过程的一张粗略示意图。在图15.5(a)中，我们可以看到一个虫洞将空间中的两个位置联系起来了，之所以这样画虫洞是为了使之区别于普通空间。在图15.5(b)中，我们展示了这个虫洞的演化，这里假定了虫洞的两个端口全部处于静止状态(时间片为静止观测者的时间片)。在图15.5(c)中，我们展示了当虫洞的一个端口被挂在往返行程的飞船上时的情况。对于运动的虫洞端口来说，它的时间就像运动的钟的时间一样会变慢，所以运动的端口被传送到了未来(如果运动的钟仅仅过了1小时，而静止的钟却过了千年的话，运动的钟就来到了静止的钟的未来)。因而，静止的虫洞端口连接的并不是同一时间片的端口，它通过虫洞连接的是*未来*时间片的端口，如图15.5(c)所示。除非虫洞的端口又运动了，否则的话两个端口之间的时间差就会一直存在。任意时刻，只要你从一个端口进去再从另外一个端口出来，你就成了时间旅行者。

建造一台虫洞时间机器

现在，我们已经搞清楚了建造一台时间机器需要有哪几步。第一步：找到或者干脆创造一个虫洞，这个虫洞要宽到能把你或者你想通过时间机器传送的东西放进去的程度。第二步：使得虫洞的两个端口之间存在时间差——也就是说，使一个端口相对于另一个端口运动。理论上讲，这就行了。

但在实践中能行吗？正如我在开始时提到的，人们甚至不知道是不是真的有虫洞存在。有些物理学家说在空间结构的微观层次上存在很多微小的虫洞，这些小虫洞产生于引力场的量子涨落。如果是这样的话，那么我们面临的挑战就是如何将它们放大到宏观尺度。至于究竟应该怎么达到这种效果，人们已经提出了一些建议，不过那些方案都非常晦涩，不在有趣的理论妙想范围内。而另一些物理学家则将制造宏观虫洞当作广义相对论应用方面的工程项目。我们知道空间反映的是物质和能量分布，所以，只要能很好地控制物质和能量，我们就有可能使某块空间区域变成虫洞。这种方法还有另外一个难点，正如我们非得在山上撕开一个口子才能建造穿山隧道一样，我们也必须在空间结构中撕开一个口子才能给虫洞找一个端口。[12] 没人知道物理定律是否允许我们这么干。我在弦论方面的工作（参见第13章“膜”小节）表明，某些类型的空间撕裂是没问题的，但我们到目前为止还不清楚这样一些缝隙是否与制造虫洞有关。即使按最好的情况来看，获得宏观虫洞的想法也是一个*非常*长的时期内才有可能实现的梦想。

而且，就算我们想出了什么办法得到了宏观虫洞，事情也没完，我们还要面临一大堆的困难。首先，早在20世纪60年代，惠勒和罗伯特·弗勒就曾利用广义相对论方程证明，虫洞是不稳定的。虫洞壁会一瞬间就向内塌陷，这就使得我们没法用它做任何旅行。但是后来，物理学家们（索恩、莫里斯以及马特·维瑟）又发现了绕过塌陷问题的可能途径。如果虫洞不是空的，而是含有具有外推力的物质——所谓的*奇异物质*（exotic matter），那么虫洞就有可能持续开放并且稳定。虽然奇异物质的效应有点类似于宇宙常数，但奇异物质生成外推的排斥性万有引力纯粹是由于具有负能（而不是宇宙常数的负压特征[13]）。在某些非常特别的情况下，量子力学会允许负能量的存在[14]，但生产足够多的奇异物质来维持宏观虫洞的开放显然是一项巨大的挑战（比如说，维瑟曾经计算过，要想打开1米宽的虫洞，所需要的负能差不多等于太阳在过去100亿年间产生的总能量[15]）。

其次，即使我们通过什么方法找到或者制造出了宏观虫洞，并且有办法支撑洞壁使之不坍缩，还使两个端口之间有了一定的时间差（比如说，让其中的一个端口绕另一个端口高速飞行），要想得到一台时间机器也还得克服另外一些困难。包括霍金在内的几位物理学家提出了新的可能性。他们指出，真空涨落——由于各种场的量子不确定性而带来的涨落，如我们在第12章中讨论过的那样，即使对于平坦空间，这种涨落也是存在的——可能会在虫洞变成时间机器的时候摧毁它。其原因在于就在穿越虫洞的时间旅行变得可行时，一种可怕的反馈机制——就像有的时候我们拿的麦克风与音箱的位置不合适而产生刺耳的啸叫——可能开始起作用。未来的真空涨落可能也会穿过虫洞而回到过去，而回到了过去的真空涨落可能也会顺着普通的空间和时间而来到未来，再次进入虫洞，再次回到过去，如此循环往复，使虫洞中出现一直增加的能量。推测起来，这样的能量可能会毁灭虫洞。理论研究表明这是一种真正的可能性，但真要实际计算又需要我们理解弯曲时空中的广义相对论和量子力学，因此，这一问题尚未有定论。

显然，建造一台虫洞时间机器将面临巨大的挑战。但是我们还不能下定论究竟是能还是不能，除非我们对量子力学和引力的理解更上一层楼，而这种提升可能需要通过弦论的发展。尽管单靠直觉，大部分物理学家都认为通往过去的时间旅行并不可行，但在今天，这个问题尚未盖棺定论。

宇宙观光

谈到时间旅行的时候，霍金提出了一个有趣的问题。他问道：“如果真的可以做时间旅行，那么我们为什么从来也没遇到过来自未来的客人呢？”你可能会说：“或许我们早就遇到过了。”你也可能进一步辩解道：“这些时间旅行者中的大部分都被我们扔到紧锁的病房里去了，剩下的那些多半不敢表明自己的身份。”当然，霍金的话半是玩笑，我的回答也是这样，但他提出的问题却很严肃。如果你也像我一样认为，我们尚未遇到过任何来自未来的人，那是不是可以说时间机器根本是不可能的呢？毫无疑问，要是未来的人们真的成功地建造出了时间机器，那么某些历史学家必定要亲身到现场研究一下第一颗原子弹的建造，第一次的月球之旅，或者第一台电视机的投产。所以，要是我们相信从未有来自未来的人访问过，那么也就相当于说我们相信根本不可能有时间机器这回事。

但实际上，这可不是一个必然的结论。*乘坐时间机器并不能回到第一台时间机器建造出来以前的时代*。对于虫洞时间机器来说，仔细看看图15.5就会明白这一点。尽管虫洞的两个端口之间有时间差，尽管这种时间差使得我们可以向未来或向过去做时间旅行，但你却不能去一个早在时间差建立起来之前的时刻。虫洞本身并不能存在于时间片左边很远的地方，所以你也没办法到达那样的地方。因而，假如说时间机器在距今1万年后建造出来，那一时刻无疑将吸引很多时间旅客，但是在那之间的时代，比如说我们这个时代，就是时间机器永不可及的了。

我们对自然定律的现有理解不仅能告诉我们如何避免显而易见的时间旅行悖论，还能为建造时间机器这样的想法出谋划策，这一点实在令我感到非常新奇。可别当我错了，我可属于清醒物理学家行列——我们凭直觉认定未来的某一天利用时间机器回到过去的可能性将会被物理定律排除掉。但在明确的证明出现之前，我们最好公正客观地保持着开放式思维。至少，研究这些问题的物理学家们不自觉地深化了我们对极端条件下的空间和时间的理解。他们可能正朝着时空高速路迈出关键的第一步。不管怎么说，在我们成功地造出时间机器之前的每一个时刻都将一去不返，永远地弃我们以及我们之后的人类而去。

第 16 章 幻象的未来

空间和时间的前景

对于物理学家来说，其一生的大部分时间都在困惑的状态中度过，这甚至可算是一种职业病。要想在物理学领域获得成功就得学会在通往真理的曲折道路上爱上疑惑。对含混不清的东西无法忍受的感觉激发了普通人身上所蕴藏的非凡天赋和创造性，有待调和的不谐事物特别容易使人集中思想。但是在探索之路上——在为解决著名问题而进行的研究工作中——理论学家们必须穿越迷茫的丛林，他们所能依靠的导引只能是直觉、模糊的概念，断断续续的线索与计算。而且，由于大多数的研究者有掩饰痕迹的习惯，所以在很多复杂困难的细节上，人们常常一无所知。但是千万不要忘记没有什么可以轻易获得。大自然不会轻易说出它的秘密。

在本书前面的很多章节中，我们读到了很多有关人类追寻空间和时间之意义的故事。尽管我们已经谈到了很多既深刻又令人惊奇的思想，但是仍有种种疑惑未能弄清楚，我们仍未到达可直呼“Eureka”[1]的那一刻。毫无疑问，我们仍在丛林中探寻出路。那么，未来的路在何方？时空故事的下一章应该是些什么内容？显然，没有人知道。但

1. Eureka意为“明白了”“搞清楚了”。据说古希腊著名学者阿基米德在洗澡的时候突然想清楚了测量不规则物体体积的办法，兴奋地跳出浴缸，高呼：“Eureka！”——译者注

是近年来，一些线索已初见端倪；虽然这些散碎的证据还不能连成完整一致的物理图像，但很多物理学家仍然相信这些证据暗示着宇宙学上另一次大突破的来临。于此之际，很多物理学家相信时间和空间这样的概念不过是埋藏在物理真实性中的更加精细丰富的基本理论的一种幻象。在即将结束本书之际，让我们试着了解一下这些零散的线索并初窥我们探寻宇宙结构之旅的下一站在哪个方向。

空间和时间是基本概念吗

德国哲学家伊曼努尔·康德认为，要是把空间和时间的概念剔除掉，思考并且描述宇宙就不单单是有难度了，而是根本就不可能。坦率地讲，我能理解康德为什么会这么想。无论什么时候，只要我坐下来闭上双眼，试着想一想某个或某件既不占任何空间也没经历任何时间的东西或事情，我都会大脑短路。有空间才会有内容，有时间才有变化，两者总是无声无息地存在着。具有讽刺意味的是，埋头于数学计算（这时候用的常常是时空）的时候，才是我的大脑与时空的概念联系最紧密的时候，因为这些数学练习能够短暂地吞没我的思想，在某种抽象意义上就像没有空间和时间一样。但是思想本身以及思想需要依托的身体则还是不得不占据着时间和空间。要真的清除了空间和时间，那么甩掉你的影子简直易如反掌。

然而，很多当代主流物理学家怀疑，空间和时间虽然无处不在，却不一定是真正的基本概念。就像炮弹的坚硬源于组成炮弹的原子的集群性质，玫瑰的香气源于组成玫瑰的分子的集群性质，猎豹的敏捷源于其肌肉、神经以及骨骼的集群性质，空间和时间的性质——这本书中所讨论的主要东西——也可能源于某种我们尚不清楚的基本成分的集群性质。

物理学家有时会将这些可能性归结为一句话：时空根本是一种幻象。一种有争议的描述，其意义需要合理的解释。不管怎么说，当你被炮弹击中，或者闻到了玫瑰的香气，或者正好看到了飞奔的猎豹的时候，你是无论如何也不会因为这些事物都有其更加基本的结构而否定其存在的。相反的，我想我们大多数人都会同意这些由各种物质汇聚起来的事物自有其存在性，而且，要想了解这些事物，我们仅仅知道作为其组分的原子或分子的性质是不够的，我们还需要研究其整体的性质。但是，由于它们都是由更基本的物质组成，所以我们不会去试着建立一个基于炮弹、玫瑰以及猎豹的宇宙理论。类似的，即使空间和时间真是某种复合实体，那也并非就意味着我们所熟知的空间和时间表象——不论是牛顿的桶还是爱因斯坦的引力——只是一种幻象；无须怀疑，不论未来我们对时间和空间的理解有什么样的发展，空间和时间在实际意义上仍将保有其无处不在的地位。而且，复合时空的概念意味着一种对宇宙更为基本的描述——既不需要空间也不需要时间的宇宙——尚未被发现。这样，空间和时间这种幻象就只是人类所臆造的概念之一，对宇宙最深刻的解读将使我们看清楚空间和时间这一信念将土崩瓦解。当你在原子以及亚原子水平上研究物质的时候，炮弹的硬度、玫瑰的香气、猎豹的速度都不再有任何意义；与之类似，当我们钻研大自然的最基本法则的时候，空间和时间的概念也将自行消融。

时空并不是最基本的宇宙组成可能使你觉得有点牵强。在这一点上你的感觉可能是对的。但有关时空并不与最基本的物理定律相关联的说法并不是一个胡诌的理论。相反，这种想法的提出正是基于一系列理性的思考。下面我们一起来看看其中最出色的几个想法。

量子平均

在第12章中，我们曾讨论过空间结构以及宇宙中的其他事物究竟是怎样被归结为量子不确定性的涨落的。你或许还记得，正是这些涨落，一下子冲垮了点粒子理论；也正是这些涨落，使得人们无法从点粒子理论中得到一个合理的量子引力理论。弦论则不然，它用圈和片代替了点，抹平了涨落——从根本上减小了量子涨落的幅度。就是这样，弦论成功地统一了量子力学和广义相对论。然而，大大减弱了的时空涨落仍然可以存在（就像图12.2中倒数第二层所展示的放大效果），而我们将以它们为线索来思考时空的命运。

首先，我们了解到，人们所熟知的空间和时间——就是浮现在我们脑海中、运用在方程式中的那个空间和时间——来自某种平均过程。当你的脸贴近电视机荧屏的时候，你看到的是一个个像素。这时的感觉与你在一个舒适的距离看电视时的感觉大为不同。这是因为，当你的眼睛没法分辨单独的像素时，它就会把各个像素组合起来平均一下，从而得到平滑过渡的图像。请你注意，只有通过这样的平均过程，由大量的像素构成的图像看起来才是连续的画面。同样，时空的微观结构中也存在着随机波动，但是由于不能在那么小的尺度上分辨时空，我们没法直接知晓这些随机波动。我们的肉眼，甚至我们最为强大的设备，会将这些波动平滑起来得到均匀连续的感觉，就像看电视那样。由于这些波动是随机的，因而在一个小区域内“向上”的波动很可能同“向下”的波动一样多，这样平均一下，大体上就会彼此相消，使我们看到一个平和的时空。但是，与电视机的情形类似，时空之所以以平滑安稳的形式出现，仅仅是由于平均过程的存在。

我们熟悉的时空其实是一种幻象，对于这一说法，量子平均提供了一个非常实际的解释。平均方法的用途很多，但天生就有不能为深层细节提供清楚图像的特点。尽管平均说来，每个美国家庭有2.2个孩子，但你能找出一个有2.2个孩子的家庭吗？尽管一加仑牛奶的平均价格是2.783美元，你却找不到一家按这个价格卖牛奶的商店。我们熟悉的时空也是这样，尽管其自身为平均过程的结果，却不能描述那些我们想要将其称为“基本”的概念的细节。空间和时间只是一种近似，一种集群概念，一种在除最微观尺度外的几乎所有尺度上研究宇宙的极好工具，一种类似于有2.2个孩子的家庭的幻象。

我们来看看第二种相关的见解：尺度越小则量子涨落越强意味着不断地将距离或间隔分割成更小单位的概念可能会在普朗克长度（10^{-33}厘米）与普朗克时间（10^{-43}秒）附近走到尽头。我们在第12章中讨论过这一想法。我们曾经强调过，尽管这一概念与我们从日常生活中获得的空间和时间的感受完全不同，但与日常生活有关的性质被推广到微观尺度时变得面目全非实在没什么值得惊奇的。既然空间和时间的无限可分性是我们日常生活中所熟知的性质，那么这一概念的不再适用就成了另一条线索：暗示我们微观尺度上隐藏着某些我们不了解的东西——或许可称为时空基底的半成品的东西——它构成了我们所熟悉的时空概念。我们认为这尚未明确的组分，这最基本的时空体，不可以再被分成更小的片；因为我们最终会到达量子涨落非常猛烈的尺度，而在那里将没有我们日常在大尺度上感受到的时空。看起来基本层次上的时空组分——不管它到底是什么——被平均过程彻底地改变了面貌，以至于成为我们在日常生活中所体验到的时空。

因而，在最深层次的大自然定律中寻找熟悉的时空可能就像一个音符一个音符地听贝多芬的《第九交响曲》，或者就像一笔一笔地看莫奈的画。在最基本的层面上，自然界中的时空就像这些人类表现力中的极品一样，其整体与其部分完全不同，全无类似之处。

翻译中的几何

另一种想法，物理学家称之为*几何对偶性*的理论，同样提出时空可能并不具有基本性，只不过提出这一论断的角度相当不同。相比于量子平均，描述这一理论时需要更多的专业术语，因此你要是觉得这一小节太过晦涩，那就略过不读好了。不过很多研究者都认为这些想法是弦论中最具象征意义的内容，因而努力读一读，试着了解其主旨还是很值得的。

我们在第13章中看到，本以为不同的5种弦论究竟为什么是同一种理论的5种翻译。我们在众多内容中特别强调这一点，是因为很多时候这种翻译会使极其困难的问题变得简单一些。但是，在统一5种理论的翻译字典中，有一种目前为止我一直忽略没提的特性。将一个问题从一种弦论中的形式翻译到另一种弦论中的形式时，其困难度会大幅度变化；同样的，将一个问题从一种时空的几何形式描述转换到另一种时空的几何形式描述时，问题的困难度也会有大幅度变化。我要说的就是这个。

在我们的日常生活中，空间只有三维，时间只有一维，而弦论则需要更多的维度。这就使我们有理由探讨额外的维度究竟藏在哪里这样的问题，就像我们在第12章和第13章中做的那样。我们当时找到的答案是这些额外的维度会蜷曲起来，它们蜷曲以后的尺度如此之小，以至于我们目前的实验水平还无法触及。在那些章节中，我们也弄明白了在我们熟悉的大维度上的物理依赖于额外维度的精确大小以及形状，因为额外维度的几何性质会影响弦的振动模式。很好，现在来谈谈我之前故意忽略的问题。

能够将一种弦论中提出的问题翻译为另一种弦论中的不同问题的那本字典，*也可以用来将第一个理论中的额外维度的几何翻译为第二个理论中的额外维度的几何*。比方说，假如你正在研究IIA型弦论的物理内涵，在这个理论中，额外维度蜷曲到特定的大小和形状，那么，你所得到的每个结论至少在理论上可以从被翻译到其他弦论（比如IIB型弦论）中的同一问题中推演出来。但是，要想在不同的理论中完成问题的翻译，就得*要求*IIB型弦论中的额外维度按特定的几何形式蜷曲，而这特定的几何形式将取决于——*但通常来说却区别于*——IIA型弦论中的额外维度的几何形式。简而言之，具有按某种几何形式蜷曲的额外维度的给定弦论等价于——可被转译为——具有按*不同*几何形式蜷曲的额外维度的另一种弦论。

而且，时空几何上的差异并不会很小。比方说，要是IIA型弦论中的一个维度被蜷曲为一个圆环，如图12.7所示，那么那本字典就会告诉你这个理论完全等价于其中一个额外维度蜷曲为圆环的IIB型理论，而且，IIB型弦论中的圆环半径*反比*于IIA型弦论中的圆环。如果一个圆环很小，另一个就会很大，反之亦然，因而没有任何办法可以分清两种几何（这里我们用普朗克常数的倍数来表示距离。如果一个圆环的半径为R，则数学字典会告诉你另一个半径为1/R）。你可能会觉得搞清楚哪个是大圆环哪个是小圆环非常容易，但在弦论中可真的没有那么容易。所有的观测都得自于弦之间的相互作用；而这两种弦论，具有一个大圆环维度的IIA型弦论和具有一个小圆环维度的IIB型弦论，只不过是同一物理的不同翻译版本——只不过是不同的表述方式而已。你在一种弦论框架下描述的所有观测都可以在另一种弦论中找到完全等价的描述，尽管每种理论的语言以及所给出的解释会有所不同。[之所以有这种可能，则是因为对于沿圆环维度运动的弦来说，可能存在两种定性上全然不同的构造：一种是弦像绕在锡杯上的橡胶圈那样绕在圆环维度上；另一种则是弦被固定在圆环维度的某处而不是绕着它。前者具有*正比*于圆环半径的能量（半径越大，缠绕它的弦就要被拉伸得越长，因此弦中蕴藏的能量也就越大）；后者具有*反比*于半径的能量（半径越小，弦在圆环维度所能占据的就越多，所以弦运动时由于量子不确定性而导致的能量也就越大）。值得注意的是，要是我们可以将原本的圆环半径*反换*，并同时将“蜷曲的”弦同“不蜷曲的”弦交换，则物理能量——以及更普遍意义上的物理——将不受影响。这一点正是字典在将IIA型弦论翻译为IIB型弦论时所需要的，也正是两种显然不同的几何——大圆环维度和小圆环维度——可以彼此等价的原因所在。]

若我们将额外维度的形状由简单的圆环变为第12章中讲过的更为复杂的卡拉比-丘流形，我们还将得到类似的想法。额外维度蜷曲为特定的卡拉比-丘流形的某种弦论可以被字典转译为额外维度蜷曲为不同的卡拉比-丘流形的另一种弦论（我们说两者互为*镜像*或者*对偶*）。在这些例子中，不仅卡拉比-丘流形的大小可以不同，它们的形状，包括其上的洞的种类和数目，也可以不同。但是那本翻译字典却能保证它们按照正确的方式有所区别，因而，尽管额外维度的尺寸和形状不同，不同的理论所蕴含的物理却是完全相同的（在一个给定的卡拉比-丘流形中可能有两种类型的洞，弦的振动模式——以及所诱导的物理——仅对两种类型的洞的数目*之差*敏感。所以，如果在某个卡拉比-丘流形上有 2 个第一种类型的洞，以及5个第二种类型的洞；而在另一个卡拉比-丘流形上有5个第一种类型的洞，以及2个第二种类型的洞，那么虽然这两个卡拉比-丘流形的几何形状不同，但它们对应的理论将带来同样的物理[1]）。

从另一个角度看，这对“空间并非基本概念”这一猜测是一个有力的支持。用5种弦论中的某一种描述宇宙的人将会宣称包括额外维度在内的空间具有某种特殊的大小和形状；而用另一种不同的弦论描述宇宙的人将会宣称包括额外维度在内的空间具有另一种不同的大小和形状。这两个人观测的是同一个*物理*宇宙，却给出了两种不同的*数学*描述，而这并不意味着两者中必有一个是错的。他们可能都是正确的，尽管他们有关空间的结论——大小和形状——不尽相同。还需要注意的是，这里并不是说他们按照不同的却等效的方式切割时空，

---

1. 要是对与圆环以及卡拉比-丘流形有关的几何对偶性的细节有兴趣的话，请参见《宇宙的琴弦》第10章。

就像狭义相对论中那样。这两位观测者所不能达成共识的乃是时空自身的整个结构。这就是关键之所在。如果时空真的是基本的，大多数物理学家都会认为每个人，不论其视角如何——不管他们用的理论语言是怎样的——都将会就时空的几何性质达成共识。但现在的情况是——至少在弦论中是——使用不同理论的人们不能就时空结构达成共识，而这一点正意味着时空很可能是个次级现象，而不是基本概念。

因而我们就自然地被带到这样一个问题前：如果前面两节所讨论的线索的确为我们指引了正确的方向，即我们熟悉的时空只不过是某种基本实体的大尺度表象，那么这种实体究竟是什么？它又具有哪些性质呢？今天还没有人能够回答这个问题。但是在探寻这个问题的路上，研究者们发现了更多的线索，而最重要的线索来自对黑洞的思考。

黑洞的熵有什么用

黑洞可算是宇宙中最难以捉摸、最老谋深算的家伙。从外部来看，黑洞要多简单有多简单。黑洞的3个特性分别是质量（质量将决定黑洞的大小，也就是其中心到其视界——一旦触碰则有去无回的隐蔽表面——的距离）、电荷，以及自旋速度。这就是黑洞。只要搞清了这几点就可以看到黑洞向宇宙展现的面貌。物理学家将这一点总结为“黑洞无毛”，也就是说黑洞缺乏那种有个性的具体特征。如果你见过了一个具有特定质量、电荷和自旋（当然，你只能间接地通过环绕黑洞外的气体和星体来获得这些信息，因为黑洞是黑的）的黑洞，那你就见过了所有具有相同质量、电荷和自旋的黑洞。

然而，黑洞岩石般坚硬的外表下，却匿藏了现今所知的宇宙中最极端的狂乱。在一切具有给定尺寸的任意可能组成的物理系统中，黑洞包含着最高可能性的熵。根据第6章讲过的内容，我们可以粗略地讲，这一结论得自于熵的定义——熵是物体内部组分重排数目的量度，与物体的外在无关。至于黑洞，虽然我们并不知道在其内部究竟有些什么——因为我们根本不知道物质撞进黑洞后会发生些什么——我们却可以心安理得地说黑洞内部成分的重新排列组合并不会对黑洞的质量、电荷和自旋产生影响，就像把《战争与和平》的页码打乱重排不会影响这本书的重量一样。既然质量、电荷以及自旋完全决定了一个黑洞展现给外部世界的面貌，那么所有的那些重排组合我们可以统统无视，于是我们说黑洞具有最大可能的熵。

即使讲了这么多，你还是可能会提出用下面这样的办法增加黑洞中的熵。首先造一个与给定黑洞同样大小的空心球，然后往里充气（氧气、氢气、二氧化碳，什么都行）并使之遍布整个球内部。你充进去的气越多，气体的熵就会越多，因为气体分子越多意味着可能的重排组合数目就越多。于是你就会说，只要你不停地充气，这样一直下去，早晚会超过黑洞的熵。这个办法听起来挺高明，但是广义相对论却告诉你这行不通。你充进去的气越多，球体所包容的质量就越大。在你还没来得及将它充到等体积的黑洞所含有的熵的时候，球体内不断增加的质量就会达到一个临界值，这时球体及其内部的一切就会变成一个黑洞。我们其实找不到什么办法绕过这一点。黑洞就是拥有最大的混乱度。

如果你继续往黑洞里打气，其中的熵将会怎样增加呢？熵当然会继续增加，只不过游戏规则却需要变一变。当有物质跃入黑洞贪婪的视界内时，黑洞的熵毫无疑问会增加，但是*其大小也会增加*。黑洞的大小正比于其质量，因而，只要你往里注入更多的物质，黑洞自身就会变得更重更大。所以，一旦你通过制造黑洞的办法使某一区域内的熵达到了最大值，那就再也找不到什么增加这个区域内的熵的办法了。这一区域内的混乱度再也不能增加了。其中的熵已经满了。无论你做什么，不管你是充进更多的气还是扔进去一辆悍马，你都只能使黑洞所占据的空间增加。因而，黑洞中所包含的熵的多少告诉我们的不仅仅是黑洞的基本性质，还会告诉我们空间自身的某种基本性：*某一空间区域——任何空间区域内，不分地点、时间——内所能容纳的最大的熵等于与该区域等大小的黑洞中所能容纳的熵。*

那么，给定尺寸的黑洞中到底能够包含多少熵呢？这正是有趣之处。我们先靠直觉猜想，用比较容易想象出来的事物来举例，比方说我们先来分析一下特百惠[1]塑料容器中的空气的熵。如果你把两个一样的特百惠容器对接在一起，那么体积就会翻倍，相应的空气分子数目也会翻倍，于是你就会认为熵也翻倍了。具体的计算 [1] 也将确证这种猜测，并会同时告诉你其他一切（比方说温度、密度等）没有发生变化。我们熟悉的物理系统中的熵正比于其体积。于是我们自然会猜测那些我们不太熟悉的物理系统中的熵也将正比于体积，因此我们就会得出结论说黑洞中的熵正比于其体积。

20世纪70年代，雅克布 · 贝肯斯坦与史蒂芬 · 霍金发现这种猜

1. 特百惠，美国知名家用塑料制品品牌。—— 译者注

测并不正确。他们的数学分析证明黑洞的熵并非正比于其体积，而是正比于其视界的*面积*——粗略说来是正比于其表面积。这是一个全然不同的结果。要是你把黑洞的半径翻倍，其体积就会变为原来的8（2^3）倍，而其面积则只变为原来的4（2^2）倍；要是你把黑洞的半径变为原来的100倍，其体积就会变为原来的100万（100^3）倍，而其面积则只变为原来的1万（100^2）倍。黑洞体积的变化速度要大于黑洞表面积的变化速度。[2] 因而，虽然黑洞所能够包含的熵是所有给定大小的事物中最多的，但贝肯斯坦与霍金却证明黑洞所包含的熵比我们之前简单估算的结果小得多。

熵正比于表面积并不仅是黑洞同特百惠容器之间的一个古怪差别，要是那样的话我们就可以做个笔记然后继续往后讲。我们已经知道（即使只是在理论上），黑洞为空间区域内所能填充的熵的数量设定了上限：取一个与所要讨论的区域等大小的黑洞，找到这个黑洞中的熵的大小，这个数值*就是*所要讨论的空间区域中所能容纳的熵的上限。既然这个熵，如贝肯斯坦与霍金证明的那样，正比于黑洞的表面积——黑洞的表面积正好等于所讨论的区域的表面积，因为我们假定两者具有相同的大小——我们就可以得出结论说任意给定空间区域内所能容纳的最大熵正比于该*区域*的表面积。[3]

这里所得到的结论同思考塑料容器中的气体所得到的结论（在那段讨论中我们发现容器中的熵正比于容器的体积而不是表面积）之间的分歧很容易解释：因为我们事先假定了容器内的气体分子均匀分布，所以我们在讨论塑料容器时实际上忽略了引力；可是不要忘了，当引力起作用的时候，事物会聚团。当密度很低的时候，忽略引力是没问题的，但如果所讨论的问题牵涉到很大的熵，密度很高，那引力就要起作用了，而那段用特百惠塑料容器所做的分析就不再有效了。这种极端条件需要贝肯斯坦与霍金那种基于引力的计算，得到的结论也应当是空间区域中所能容纳的最大熵正比于其表面积，而不是体积。

话说回来，我们为什么要在乎这些呢？原因有两个。

首先，熵界提供了另外一条超小尺度上的空间具有细小结构的线索。具体说来，贝肯斯坦与霍金发现，如果你在头脑中往黑洞视界上画一张跳棋盘，其中每个小格子的大小都是一个普朗克长度乘以一个普朗克长度（所以每个这样的“普朗克方块”的大小是10^{-66}平方厘米），那么黑洞的熵就等于填满整个黑洞表面所需要的小格子的数目。[4] 到了这里我们就很难放过这样一个结论：每一个普朗克方块就是一个最小的空间基本单元，它所具有的熵就是最小单位的熵。这就意味着——即使只是在理论上——普朗克方块内什么都发生不了，因为任何一种活动都会带来无序度的提升，而那就会导致普朗克方块内的熵大于贝肯斯坦与霍金算出来的那一个单位的熵。于是又一次，我们从一个全然不同的视角出发，最后得出了存在基本空间实体的认识。[5]

另外，对一位物理学家来说，某一空间区域中可能存在的熵的上限是一个临界的，几乎具有神圣意义的量。要明白为什么会这样，试着想象一下你正在跟一位行为精神病学家一起工作，你的任务是每时每刻详细记录一群过度活跃的小朋友之间的相互影响。每天早上你都会祈祷上帝，希望今天小朋友能够表现得好点，因为小朋友们制造的麻烦越多，你的活就越麻烦。虽然直观上看理由很明显，但我们还是有必要说清楚：小朋友们的行为表现越混乱，你需要记录下来的内容就越多。宇宙就给了物理学家们一个这样的挑战。一个基本层面上的物理理论需要描述给定区域内一切正在发生的事——或者可能会发生的事，即使这事只有理论上的可能性。而且，就像记录小朋友们的活动那样，一个区域内所能容纳的混乱程度越高——即使只有理论上的可能性——物理理论所必须说明的内容就越多。因而，一个区域内所能容纳的最大熵就是一块简单但锋利的试金石：物理学家们期望真正意义上的基本理论应该能够完美地匹配出任意空间区域的最大熵。这个真正的基本理论应该几乎不需要调节参数就能与大自然相符，其所能记录的最大混乱度应该正好等于一个区域所能有的最大无序度，既不多也不少。

问题在于，如果对特百惠容器的思考所得出的结论具有无限的有效性，那么一个基本理论就得有能力计算正比于任意区域体积的混乱度。但是这种思考却没将引力算在内，而一个基本理论又必须包括引力，于是我们知道了一个基本理论只要有能力计算正比于任意区域表面积的混乱度就足够了。从前面几段给出的例子中，我们可以清楚地看到，对于比较大的空间区域，混乱度正比于面积会比正比于体积小得多。

因而，贝肯斯坦与霍金的结果告诉我们，在某种意义上，一个包括了引力的理论将比一个没有包括引力的理论简单些。包括了引力的理论所必须描述的“自由度”将更少——能够变化因而会对混乱度有贡献的东西更少。这一认识本身就非常有趣，而假如我们沿着这种思路更进一步的话，我们就将发现一些极为古怪的事情。如果任意给定的空间区域内的熵的最大值正比于空间的表面积而不是体积的话，那么真正基本的自由度——那些能够带来混乱度的特性——*或许存在于区域的表面而不是内部*。或许，宇宙中真正的物理过程都发生在一张薄薄的环绕着我们的遥远表面上，我们所看到和体验到的一切只不过是这些过程的一个投影。或许，宇宙就像全息图一样。

这一想法非常古怪，但正如我们将要论及的那样，它最近得到了很多实质性的支持。

宇宙是一幅全息图吗

所谓的全息图实际上是一张二维的塑料板，但这张塑料板上所刻蚀的内容在适当的激光照射下会投影出三维的图像。[6] 早在20世纪90年代，荷兰诺贝尔奖得主杰拉德·特霍夫特与弦论的另一个创造者莱昂纳德·萨斯金就曾提出，宇宙本身的运行模式可能就像全息图一样。这两位物理学家提出了一个惊人的想法：我们在日常生活的三维世界中所观测到的过去、现在和将来可能是发生在遥远的二维表面上的物理过程的全息投影。按他们新奇的观点，我们和我们所看所做的一切就像全息图一样。在柏拉图看来，普通的人类感知所感受到的只不过是真实的影子，全息原理承认这一点，只不过认为位置应该颠倒一下。影子——那些存在于低维表面的扁平家伙——才是真实的，而看起来结构更加丰富的高维事物（我们，以及我们周围的整个世界）反倒是影子那轻盈的投影。[1]

尽管这是一个相当不可思议的想法，并且我们也不知道这个想法究竟能在多大程度上帮助我们最终搞清楚时空，特霍夫特和萨斯金的所谓“全息原理”还是非常有启发性。正如我们在上一节中所讨论过的，空间中某块区域所能容纳的最大熵由该区域的表面积而不是体积决定。于是自然就会想到，宇宙最基本的组成，其最基本的自由度——携带着整个宇宙的熵的那些东西，就像携有《战争与和平》的熵的书页——就应该在宇宙的边界面上而不是在宇宙的内部。我们在宇宙的“体内”——用物理学家常说的话即为“在体空间（bulk）中”——所体验的一切，实际上是由发生在边界面上的物理所决定的，正如我们在全息投影中看到的一切是由刻蚀在塑料板上的信息编码决定的一样。物理定律如同宇宙的激光，照亮宇宙的真实过程——发生在远方薄薄的表面上的过程——并产生出我们日常生活的全息幻象。

我们还没能搞明白究竟怎样才能在真实世界中实现全息原理。困难之一在于我们对宇宙的传统描述，将宇宙想象成无限膨胀下去或者蜷曲回自身——就像球面或者电子游戏屏幕那样（参见第8章），不管怎样宇宙都不会有什么边界。这样一来，这个所谓的“边界全息面”究竟该被安置在哪就成了问题。而且，物理过程看起来不就是在我们的掌控之中吗？不就是发生在宇宙内部吗？怎么看也不像是连

---

1. 如果你不愿意再提柏拉图，那么就可以用膜世界原理所提供的全息图说法来理解整件事。在这个说法中，影子就是它本来的意思。假想我们生活在包裹于四维空间外面的3膜上（就像三维的苹果外面的二维苹果皮）。全息原理说的就是我们的三维感知实际上是发生在我们的膜世界所包裹着的四维世界的物理的影子。

其位置都弄不清楚的边界的事物决定了体空间中发生的一切。难道全息原理要告诉我们的是，那种种一切尽在掌控的感觉和自主意识其实都是虚幻的？又或者我们应该将全息原理看成某种对偶性？根据这种对偶性，每个人可以基于品味而不是物理选择熟悉的表述方式——在体空间中起作用的基本物理定律（这种体空间内的物理定律符合人类的直觉与感知），或者不熟悉的表述方式——在宇宙边界上起作用的基本物理定律，这两种视角彼此等价。关于这些重要的问题目前仍有很多争议。

1997年，在先前几位弦论学家的启迪下，阿根廷物理学家胡安·马达西纳取得了重大突破，出人意料地推动了对这些问题的思考。马达西纳的发现并没有直接回答全息原理在我们的真实世界中所扮演的角色问题，他只是按照传统的物理学家风格，找到了一个理想模型——一个假想的宇宙，在这个假想的宇宙中，关于全息原理的各种奇思妙想可以通过数学变得具体而精细。出于技术上的原因，马达西纳研究了一个具有4个空间维度和1个时间维度的假想宇宙，并且假定这个宇宙的所有维度都有相同的负曲率——你可以把这样的假想宇宙想象成图8.6（c）中那样的品客薯片。标准的数学分析表明这个五维时空有一个边界，[7] 并且就像所有的边界一样，这个边界也比它所包裹的形状少1个维度：也就是说该边界有3个空间维度和1个时间维度（和以前一样，我们还是很难想象高维形状的样子，所以你要是非得在脑海中想点什么东西的话，那就想象有一听番茄罐头——罐头盒中的三维番茄就可以类比于五维时空，而罐头盒表面的二维铁皮就类比于我们所要讨论的四维时空边界）。马达西纳又将弦论所要求的那些额外的蜷曲维度考虑进来，然后他满怀信心地提出：一个生活在这个假想宇宙中的观测者（番茄罐头中的观测者）所见证的物理可以由发生在这个宇宙边界上的物理（罐头盒表皮上的物理）全盘描述。

尽管这一研究工作所讨论的内容并不是真实世界的物理，但它却给出了将全息原理具体实现的第一个坚实且可数学化处理的例子。[8]依靠这种办法，人们对于将全息原理应用于整个宇宙多了一些概念上的认识。比如说，在马达西纳的工作中，物理定律的体空间描述和边界描述是完全等价的，两者之间不存在谁高谁低的问题。这里的精神实质就如同5种弦论之间的关系，体空间理论与边界理论彼此互为转译。这种特殊翻译的不平凡之处在于，体空间理论比等效的边界理论有更多的维度。另外，体空间理论中包括了引力（因为马达西纳是靠弦论得出这些结果的，而弦论是包括了引力的），而计算表明边界理论中则不包括引力。不过，在一个理论中提出的任何问题或者完成的任何计算都可以被翻译为另一个理论中的问题和计算。尽管不熟悉字典的人可能会认为两个理论中彼此对应的问题与计算一点关联性都没有（比如说，边界理论没有包括引力，因而在体空间理论中与引力有关的问题都得被翻译成边界理论中面目全非的无引力问题）；但是一个对于两种语言都很熟悉的人——同时为这两种理论的专家——却能看出两者之间的对应关系，并且会知道在不同理论中对应问题的答案以及对应计算的结果必定彼此符合。事实上，到目前为止完成的所有计算全部支持这一论断。

要想搞清楚这其中的种种细节显然是很困难的，但不要被这些细节遮住了要点。马达西纳的结果非常神奇。他在弦论的框架下，具体地实现了全息原理，虽然仅是一种与现实世界无关的理论上的讨论。马达西纳证明了某种没考虑引力的量子理论其实是另一种包括了引力且多一个空间维度的量子理论的翻译，而且两者无法区分。而为了将这些思想应用于更加真实的宇宙——我们的宇宙——而展开的研究计划正在进行中，但由于技术上的复杂性，进展非常缓慢（马达西纳之所以选择了一个假想的研究对象就是因为他所选用的研究对象在数学分析上稍微容易一些，而更加接近于真实的例子则很难对付）。不管怎样，我们现在已经知道了弦论——至少在某种程度上——有能力支持全息原理的概念。而且，就像早前讲过的几何翻译的例子，这里讲到的全息原理也提供了一条时空不具有基本性的线索，除了时空的尺寸和形状可以在不同的理论之间来回翻译，空间维度的数目也可以在完全等价的不同理论之间改变。

越来越多的线索都指向同一个结论：时空的形式只是一个无关紧要的细节，在不同的物理理论体系下，时空的形式会发生改变，而不是具有真实性的一个基本元素。就像单词cat的字母数、音节以及元音全都不同于其西班牙语翻译gato一样，时空的形式——其形状、大小以及维数——也会在翻译过程中有所改变。对于任何一位运用某种理论来思考宇宙的观测者来说，时空看起来都是那么真实且不可或缺。而一旦这位观测者将其理论体系变变样子，用一个等价的翻译版再去分析，就会发现先前的真实与不可或缺已不再成立。因而，如果这些想法是正确的——我必须强调它们已被严格证明——那空间和时间的地位就会被强烈动摇。

在本章讨论过的所有例子中，我认为最有可能在未来的研究中扮演重要角色的将是全息原理。全息原理发端于黑洞的一个基本性质——黑洞的熵，而很多物理学家都会同意，对黑洞的熵的认识需要坚实的理论基础。即使我们现有理论的细节需要有所改变，任何合理的引力理论也都必须为黑洞留有一席之地，于是从中得出的有关熵界的讨论将继续有效，全息原理也仍有用武之地。弦论自然而然地顺应全息原理——至少在可应用数学分析的例子中是这样的，是全息原理可靠有效的另一个强有力的证据。我认为，不管未来有关空间和时间的基础的研究会把我们带到哪里，也不管等待我们的是弦论或M理论的哪种疯狂变种，全息原理都将继续保持其先导性概念的地位。

时空的组分

纵观全书，我们时不时地就会提到时空的超小尺度组分，尽管我们进行了很多有关其存在性的间接讨论，但到目前为止我们还没有谈过它们究竟可能是些什么。之所以如此实在不得已，因为我们根本不知道它们是些什么。或者，我可以这么说，一旦需要辨识时空的基本成分时，我们才发现我们根本不知道令我们信心满满的究竟是些什么。尽管这是我们思考过程中的一个主要障碍，但还是有必要从历史发展角度来仔细看看这个问题。

要是你能够对19世纪晚期的科学家做一个问卷调查，看看他们对物质的基本组成有些什么样的看法，你会发现根本找不到一个大家普遍认同的答案。一个多世纪前，原子假说还有很多争议，很多著名的科学家——欧内斯特·马赫就是其中之一——认为原子假说是错误的。而且，从原子假说被广为接受的20世纪前叶开始，科学家们就没有停止过更新原子论的图像，越来越多的基本组分被不断提出（比如说，先是提出了质子和中子，后来又提出了夸克）。沿着这条路一路走来，最新的一步就是弦论。但是因为弦论一直不能得到实验的证实（即使弦论被实验证实，那也并不意味着排除了其他有待发展的更高级理论），我们必须坦白承认对自然界中的物质的基本组成的研究尚未到头。

空间和时间被纳入现代科学理论可追溯到牛顿时代的17世纪，而对其微观组分的严肃思考则需要20世纪广义相对论和量子力学的发现。因而，从时间角度说，我们对时空的研究才刚刚起步；因而，不能给时空“原子”——时空最基本的组分——一个明确的说法并不是这个研究项目上的一大污点，甚至可以说是远远不是。我们所得到的已经够多了——我们已经搞清了大量完全有别于日常经验的时空性质——这已经证明我们比一个世纪前进步了很多。对大自然的最基本元素——不论是物质的基本组分还是时空的基本组分——的研究，将会是我们在未来一段时间内所面临的强大挑战。

对于时空来说，在寻找其基本组分方面目前存在两个大有希望的方向。其中之一为弦论，而另一个则是所谓的*圈量子引力*理论。

弦论的方案要么令你直觉上觉得很不错，要么令你感到非常困惑，全看你究竟把它想得多难。当我们说到时空的“结构”时，我们的话中已经暗含了弦论的提案，或许时空就是由弦编织起来的，就像衬衫是由线编织起来的那样。这就好比将大量的线按照一定的模式连接起来就产生了衬衫的结构，或许将大量的弦按照一定的模式连接起来就产生了我们通常称为时空结构的东西。物质，比方说你和我，则可归结为振动的弦的再次聚合——就像明快的音乐是由一个个单调的声音组成或是漂亮的绣花是由朴素的材料织成，而物质还将在时空的弦织成的框架中移动。

我认为这是一个引人入胜的想法，可惜还没人能够将它转变成精确的数学语言。我只能告诉你，它实在是比你想象的还要难对付。比方说，要是你的衬衫被完全扯烂了，就会剩下一堆线头——虽然视环境不同，你可能会感到难堪或者恼火，但不会感到有什么神秘之处。而讨论的对象变成弦的话——在我们讨论的这个想法中，弦就是用来编织时空的线——那就颇费脑力了（至少对我是这样）。我们究竟该怎样看待这“堆”从时空布片上扯下来的弦？或许更为切中要害的说法应是，我们究竟该怎样看待还没有缝合成时空之布的弦呢？我们可能会简单地将这些弦类比成织成衬衫的线——就将弦想象成需要编织起来的原材料——但要这么想的话就丢掉了一个极其重要的细节。在我们勾画的图像中，弦是在时空中振动。但是，若时空之布是由弦有序编织起来的话，*就根本没有空间，也没有时间*。在我们要讨论的这个想法中，空间和时间的概念根本就没有意义，除非数不胜数的弦交织起来编成时空。

因而，要想令这个方案有意义，我们还需要一个理论框架来描述弦。在这个框架下，我们用不着从一开始就假定弦在默认存在的时空中振动。我们需要一个无空无时的弦论体系，在这个体系中，时空来自弦的集群效应。

尽管我们在这个方向上已经取得了一些进展，但还没人能够给出这样一套无空无时的弦论体系——物理学家将具有这种属性的体系称为*不依赖于背景的体系*（使用这样术语的原因在于，物理学家们将时空视作一个不严格的背景，以区别于发生于其中的物理事件）。与之相反的是，本质上所有的方法都认为，弦是在时空中移动以及振动，而时空的概念则是“用手”放到理论中的；时空并非脱胎于理论本身——在物理学家设想的不依赖于背景的体系中，时空就应该来自理论本身——而是由理论学家添加到理论中去的。很多研究者将不依赖于背景的体系的发展看作弦论所面临的未解决问题中最重大的一个。不依赖于背景的体系的发展不仅会对我们关于时空起源的认识有所启发，还可能是我们在第12章最后遇到的重大问题——理论目前还不能挑选出额外维度的几何形式——的解决工具。一旦其有关任意给定时空的数学公式问题得以解决，我们的研究就可以进行下去，弦论也将有能力勘察所有的可能性，并从中找出正确的那个。

“把弦当作织起时空之线”这个方案所面临的另一大难题在于，如我们在第12章中讲过的，弦论中除了弦还有其他东西。这些其他组分在时空的基本组成中扮演的又是什么角色？这一问题在膜世界方案中变得尤为尖锐。如果我们所感受到的三维空间是一个3膜，那么这个膜究竟是本身即不可再分呢？还是由理论中的其他组分构成呢？比方说，膜究竟是由弦构成的呢？还是说膜和弦都具有基本性呢？或者我们还需要考虑其他的可能性吗？比方说膜和弦其实都是由更基本的元素构成这种可能性。这些问题就是现今的研究前沿。但既然这最后一章所关注的只是迹象与线索，就让我讲一个引起诸多关注的相关思想。

稍早前，我们讲过人们可以从弦论或M理论中找到各种膜：1膜、2膜、3膜、4膜，如此等等。尽管之前我没特意强调过，但理论中也可以有*0膜*——没有空间延展性的组分，就像点粒子那样。0膜看起来与整个弦论或M理论格格不入，弦论或M理论本来就是要从点粒子理论的框架下解脱出来，以调和量子引力中剧烈的波动。然而，0膜就跟它那如图13.2所示的高维兄弟们一样，附着于弦而来，因而其相互作用完全受弦掌控。所以，毫不奇怪的是，0膜不会有同传统的点粒子一样的行为；而且，最重要的是，0膜彻底参与到超微观时空涨落的延展及减弱中；0膜并不会重新引入困扰着同样试图融合量子力学和广义相对论的点粒子方案的致命缺陷。

事实上，罗格斯大学的汤姆·班克斯，得克萨斯大学奥斯丁分校的威利·费施勒，以及斯坦福大学的莱昂纳德·萨斯金和史蒂芬·森克尔提出了一个弦论或M理论，在这个理论中，0膜才是基本组分，它们可以组合到一起生成弦及其他高维的膜。这一提案，所谓的*矩阵理论*（matrix theory）——M理论中的M的又一层意义——引发了一股后续研究热潮，但是其中所涉及的数学如此之难，以至于到目前为止科学家们还没法将这个理论完善起来。不过，物理学家们在这个理论框架下努力完成的计算看起来是支持这一提案的。如果矩阵理论正确，那就意味着一切事物——弦、膜，甚至时空本身——都是由0膜的恰当集合构成。这一理论的研究前景令人振奋，研究者们持谨慎的乐观态度，认为未来几年的进展将使人们了解该理论的有效性。

到目前为止，我们一直沿着用弦论研究时空结构的道路前进。但正如我提到过的，还有另一条道路，它来自弦论的主要竞争对手——

圈量子引力。圈量子引力出现于20世纪80年代，是另一种有希望将广义相对论和量子力学融合起来的方案。我不打算详细讲解该理论了（如果你有兴趣，可以看看李·斯莫林的优秀作品——《量子引力的3条道路》），但会提一下对我们目前的讨论特别有意义的几个关键点。

弦论和圈量子引力全都宣称自己实现了人们长久以来寻找引力的量子理论这个目标，但两者达到这一目标的方式却完全不同。取得成功的粒子物理学几十年来的传统就是寻找物质的基本组成，弦论发轫于粒子物理；对于弦论的最早研究者来说，引力最多只是一个稍远的次要关注点。与之相反的是，圈量子引力则脱胎于一个与广义相对论紧密相连的传统；对于这一方法的大量研究者来说，引力一直都是主要焦点之所在。一言以蔽之，弦论学家从小（量子理论）开始，进而包围大（引力），而圈量子引力的追随者则从大（引力）开始，进而包围小（量子理论）。[9] 事实上，正如我们在第12章中看到的那样，弦论最初是作为在原子核内起作用的强核力的量子理论发展起来的；后来人们才偶然认识到，弦论实际上可以将引力纳入其中。而另一方面，圈量子引力从爱因斯坦的广义相对论出发，试图将量子力学纳入其中。

弦论与圈量子引力这两个理论彼此首尾对应。在某种意义上，一个理论所取得的重大成就将是另一个理论的重大挫折。比方说，弦论试图用振动着的弦的语言来融合所有的力与所有的物质，其中也包括引力（避开圈方法的完整统一）。传递引力的粒子引力子，只不过是弦的一种特殊振动模式，因而弦论可以很自然地用量子力学的语言描述这些基本的引力丛如何运动、如何相互作用。然而，正如我们刚刚提到过的，弦论体系目前主要的缺陷即在于预先假定了弦运动以及振动于其中的时空的存在。相反，圈量子引力的主要成就——这一点令人印象深刻——则在于其并不假定时空的存在。圈量子引力就是一个不依赖于背景的体系。然而，从这个极其陌生的以无空、无时为起点的理论中，抽取出普通的空间和时间，以及在大尺度上获得人们熟悉且已取得成功的广义相对论的性质（用目前的弦论体系可能很容易做到），却远非易事。而且，与弦论相比，圈量子引力在对引力子动力学的理解上几乎没有前进半步。

也有一种调谐两者的可能性，即弦论的追随者与圈量子引力的拥趸所构建的可能是同一种理论，只不过出发点相差巨大。这两种理论都与圈有关——在弦论中，圈就是弦圈；而在圈量子引力中，不用数学语言实际上很难描述圈指的到底是什么，但大体说来指的是空间的基本圈，这可能意味着两者之间有某种联系。而对于少数在两个理论中都可以很好地研究的问题，比如说黑洞的熵，两个理论给出的结果完全相符，这个事实也进一步支持了两者可能是同一理论这种可能性。[10] 而且，在时空组分的问题上，两者都提出时空可能有某种微小的结构。我们已经知道了弦论所提供的有关这一问题的线索，而来自圈量子引力的线索虽然复杂但是更具说服力。圈方面的专家已经证明，圈量子引力中的无数圈可以彼此交织在一起——就像细细的羊毛卷可以编织成毛衣——生成在大尺度上看起来如同时空中的区域一般的结构。最令人欢欣鼓舞的是，圈方面的专家计算出了这种空间表面可以容许的面积。什么意思呢？比方说你可以找到1个电子、2个电子或者202个电子，但你就是不能找到1.6个电子或其他分数个电子。圈量子引力的专家们用计算证明，他们找到的空间的表面积只能是1

普朗克长度的平方或者2普朗克长度的平方，又或者202普朗克长度的平方，总之不会是分数个普朗克长度的平方。再次重申，这是一个空间——就像电子——具有不可再分的结构的重要理论线索。[11]

若要我斗胆猜一猜未来的发展的话，我估计圈量子引力学家们开发的不依赖于背景的体系会为弦论学家借用，为不依赖于背景的弦论体系开道铺路。我猜，这星星之火可能会燃起第三次弦论革命；乐观估计的话，这第三次弦论革命可能会解开很多深奥的谜题，这样的进展可能会为有关时空的漫长故事画上圆满的句号。在较早的章节中，我们有关空间、时间以及时空的观点就像钟摆一样，在相对论者与绝对论者之间摆来荡去。我们曾问道：空间是具体的还是抽象的？时空是具体的还是抽象的？而人类在过去几个世纪的思考，带给我们的却是各种彼此不同的观点。我相信，一个能够在实验上验证的，可以将广义相对论和量子力学联合起来的不依赖于背景的理论将会为这些问题提供令人满意的答案。由于这样的理论所具有的不依赖于背景的特性，这个理论中的不同部分会彼此关联，但这个理论中不会有从外面放进去的时空，理论中的各个元素将找不到一个搭好的背景舞台。重要的将只是相对关系——这是一个具有莱布尼茨或者马赫这样的相对论者所持有的精神实质的答案。那么，由于该理论中的组分——弦、膜、圈，或者在未来的研究中发现的其他什么东西——结合起来产生了我们熟悉的大尺度时空（不论是我们的真实时空还是在假想实验中有用的理论例子），时空重新变得具体起来。这一点类似于我们之前对广义相对论的讨论：即使在一个空空如也、平直、无限大的时空中（一个有用的假想例子），旋转着的牛顿的桶中的水面也会凹陷。关键之处在于，时空和更加切实的物质之间的界限会变得模糊，因为两者都来自理论——在基本层面上无空无时的理论——中更加基本的元素的适当集合。如果最终的答案真是这样，那莱布尼茨、牛顿、马赫以及爱因斯坦就都要宣布分享胜利了。

太空的里外

预测科学的未来既有趣又富于建设性。预测科学的未来就是要在更为宽广的背景中看待我们今日之事业，特别是我们为之努力的目标。但要说到猜想有关时空自身的研究的前景，那就难免会带有某种神秘色彩了：因为我们所要思考的乃是主宰着我们对真实性的理解的概念。再次重申，不论未来有何发现，空间和时间无疑都将继续扮演我们个人体验的载体这个角色；空间和时间，无论时光如何流逝，都将一成不变。将会持续发生改变的，将会发生不可思议的变化的，乃是我们对空间和时间所提供的框架——从实验的真实性角度说，空间和时间为我们搭建的舞台——的理解。几个世纪的思索之后，空间和时间仍然是我们最熟悉的陌生人。空间和时间从不介意现身于我们的日常生活，却始终巧妙地将自己的基本组成掩藏于其无处不在的影响力之下。

在过去的20世纪，通过爱因斯坦的两个相对论，通过量子力学，我们已经对先前那些隐藏起来的空间和时间之特性不再陌生了。时间的变慢，同时性的相对性，其他的时空片，作为空间和时间蜷曲和弯曲原因的引力，真实性的概率性，长程量子纠缠，所有的这些问题早已超出了19世纪时世界上最棒的物理学家的研究计划，但实验数据与理论诠释可以证明，这些问题的确存在。

在我们这个时代，我们也有能使自己震撼的奇思妙想。暗物质和暗能量看来必是宇宙的主要成分。爱因斯坦的广义相对论所预言的引力波——时空结构中的波纹——在未来的某一天可能会使我们有机会洞察时间。遍布整个空间的希格斯海，一旦得到实验的证实，将会帮助我们搞清楚粒子如何获得质量。暴胀式膨胀，有可能解释宇宙形状，解开宇宙在大尺度上的各向同性之谜，并为时间之箭点明方向。弦论用圈和能量片代替点粒子，并且承诺实现爱因斯坦之梦——用一个单独的理论统一所有的粒子和所有的力。弦论的数学中自然出现的额外空间维度，有可能在未来10年内通过加速器实验得以验证。在膜世界理论中，我们的三维世界被假定为漂浮在高维时空中的众多世界中的一个。甚至就连时空本身也成了问题，空间和时间的微观结构本身就是由更基本的无空无时的实体构成。

接下来的10年间，前所未有的强大加速器将为物理学家们提供急需的大量数据；很多物理学家都相信，从计划中的高能实验中收集的数据将验证很多我们讲过的新理论。我也无法免于这种狂热，也在急切地期盼着结果。在我们的理论能够与可观测量、与可检验的现象联系起来之前，它们一直徘徊在危险的边缘——它们是否能同真实世界关联起来还没人知道。新的加速器能将实验与理论更加紧密地联系起来，我们这些物理学家希望新的加速器能将大量的想法变成扎实的科学理论。

但还有另外一种令我觉得奇妙到无与伦比的想法，虽然其胜出的机会非常之小。在第11章中，我们讨论过如何在清晰的夜空中看到小小的量子涨落效应，其根据就是宇宙的膨胀会将这小小的量子效应充分拉伸，使之聚团，成为恒星和星系的种子（还记得我们做的那个类比吗？气球上的涂鸦随着气球的膨胀而在气球表面延展开来）。这个例子展示的就是通过天文学观测探索量子物理的办法。而且我们还可以进一步深入下去。或许宇宙的膨胀会使更小尺度上的过程的印记或特征——有关弦之物理，或者更普遍意义上的引力，或者超微观尺度上时空自身的微小结构——得以放大，并通过复杂但可以通过天文学办法观测的方式使其影响得以彰显。或许，宇宙已经将其微小纤维或结构在天空中清楚地画了出来，我们需要做的只是对其特征加以识别。

对深层次物理前沿理论的检验可能需要能够重新创造出大爆炸之后从未再现过的猛烈瞬间的强力加速器。但对我来说，比起确证我们有关超小尺度的理论——我们有关超小尺度上的空间、时间，以及物质组成的理论，没有什么其他的理论能更具诗情画意，也没有什么其他结果更为优雅，更不会有什么其他的统一理论会更加完备了。

注释

第1章

[1] 物理学家阿尔伯特·迈克耳孙于1894年在致芝加哥大学的Ryerson实验室的献词中引用过开尔文勋爵的话（见D. Kleppner, *Physics Today*, 1998年11月）。

[2] 罗德·开尔文，"Nineteenth Century Clouds over the Dynamical Theory of Heat and Light", *Phil. Mag.* li–6 th series, 1（1901）。

[3] 阿尔伯特·爱因斯坦、内森·罗森和鲍里斯·波多斯基，*Phys. Rev.* 47, 777（1935）。

[4] 亚瑟·爱丁顿爵士，*The Nature of the Physical World*（Cambridge, Eng.: Cambridge University Press, 1928）。

[5] 就像第6章注释2中更加详尽的解释那样，这样的说法有点过头，因为有些与相对奇怪的粒子（比如K介子和B介子）有关的例子表明，所谓的弱核力并没有平等地对待过去和未来。然而，从我以及其他思考过该问题的人的角度看来，由于这些粒子并没有在决定日常物体性质中起关键作用，所以它们不可能对解释时间之箭的谜团有什么重要作用（虽然，我不得不补充一句，没有人能肯定）。因此，虽然从技术水平上来说，这样描述有点过头，但我可以肯定，假设这些定律平等地对待过去和未来，并不会犯什么大错——至少在解释时间之箭的谜团时是这样。

[6] Timothy Ferris, *Coming of Age in the Milky Way*（New York: Anchor, 1989）.

第2章

[1] 艾萨克·牛顿，《自然哲学之数学原理》。*Sir Isaac Newton's Mathematical Principle of Natural Philosophy and His System of the World*, A. Motte与Florian Cajori译（Berkeley: University of California Press, 1934）, vol. 1, p.10。

[2] 同上，p.6。

[3] 同上。

[4] 同上，p.12。

[5] 阿尔伯特·爱因斯坦为Max Jammer的著作*Concepts of Space: The Histories of Theories of Space in Physics*（New York: Dover, 1993）写的序言。

[6] A. Rupert Hall, *Isaac Newton, Adventurer in Thought*（Cambridge, Eng.: Cambridge University Press, 1922），p.27.

[7] 同上。

[8] H. G. Alexander编辑，*The Leibniz: Clarke Correspondence*（Manchester: Manchester University Press, 1956）。

[9] 在那些反对空间可以独立于居于其间的物质而存在的人中，我以莱布尼茨为代表，但还有其他许多人也尽力维护相同的观点，其中克里斯蒂安·惠更斯和贝克莱主教较为知名。

[10] 参见，比如说Max Jammer的著作，p.116。

[11] V. L. 列宁，*Materialism and Empiriocriticism: Critical Comments on a Reactionary Philosophy*（New York: International Publications, 1909）。为*Materializm' i Empiriokrititsizm': Kriticheskia Zametki ob' Odnoi Reaktsionnoi Filosofii*（Moscow: Zveno Press, 1909）的英文第2版。

第3章

[1] 对于受过数学训练的读者而言，这4个方程是：
$\nabla \cdot E = \rho / \varepsilon_0$，$\nabla \cdot B = 0$，$\nabla \times E + \partial B / \partial t = 0$，$\nabla \times B - \varepsilon_0 \mu_0 \partial E / \partial t = \mu_0 J$
其中E，B，ρ，J，ε_0，μ_0分别表示电场强度、磁场强度、电荷密度、电流密度、自由空间的介电常量和自由空间的磁导率。如上所示，麦克斯韦的方程将电磁场的变化率与电荷、电流联系起来。不难看出这些方程暗示着电磁波的波速为$1\sqrt{\varepsilon_0\mu_0}$，而这实际上就是光速。

[2] 关于这些实验在爱因斯坦发展狭义相对论的过程中所起的作用还存在争议。在爱因斯坦的传记*Subtle Is the Lord*: *The Science and the Life of Albert Einstein*（Oxford: Oxford University Press, 1982）pp.115–119中，亚伯拉罕·派萨认为，从爱因斯坦后几十年的陈述中可以看出他承认迈克耳孙–莫雷实验的结果。Albrecht Fölsing在*Albert Einstein*: *A Biography*（New York: Viking Press, 1997）pp.217–220中也写道，爱因斯坦承认迈克耳孙–莫雷实验的结果以及早期寻找以太证据时所做实验的无效结果，比如阿曼德·菲佐的工作。但Fölsing和许多科学史家们都认为这些实验在爱因斯坦思想的形成中起了次要的作用。爱因斯坦首先是受数学的对称性、简易性和神秘的物理直觉引导的。

[3] 如果我们想要看到任何事物，光就不得不到达我们的眼睛；同理，如果我们要看到光，光本身也要先到达我们的眼睛。因此，当我说巴特看到飞驰的光时，这只是一种简略的说法。我们可以想象巴特有一队助手，都以和巴特相同的速度运动着，并且分布于他和光束所走路径的不同位置。他们不断给巴特更新信息：光走了多远以及光到达他们的时间。于是，基于这些信息，巴特就可以计算光比他快多少。

[4] 爱因斯坦对于时间和空间的见解源于狭义相对论，有许多基本的数学推导。如果你感兴趣的话，可以看一下《宇宙的琴弦》的第2章（在该章的注释中有很多数学细节）。埃德温·泰勒和约翰·阿奇博尔德写有一篇更加专业但非常清楚的报告*Spacetime Physics*: *Introduction to Special Relativity*（New York, W. H. Freeman & Co., 1992）。

[5] 以光速运行时，时间将停止是一个非常有趣的概念，但不要对这做过多解释。狭义相对论表明没有物体可以达到光速：一个物体运动得越快，我们就越难使它的速度增大。由于小于光速，我们

将不得不给物体一个无限大的推力使其运动得更快，但这是我们所不能做到的。这样看来，“永恒的”（不受时间影响的）光子的说法仅限于*无质量*的物体（光子就是一个例子），因此“永恒之物”不过是一些可以达到标准的粒子而已。如果我们想要知道狭义相对论是如何影响我们的时间感受的，不妨想象一下当我们以光速运动时宇宙发生了什么变化，这是一个非常有趣且有益的游戏，最终我们的焦点将集中在物体比如我们将会发生哪些变化上。

[6] 见亚伯拉罕·派萨的*Subtle Is the Lord：The Science and the Life of Albert Einstein*（Oxford：Oxford University Press，1982）pp.113-114。

[7] 为了使描述更加精确，我们将水面处于凹形的情形定义为水在旋转，反之则水没在旋转。从马赫式的角度来看，在一个空的宇宙里没有旋转的概念，因此水面总是平的（或者，为了避免出现没有重力作用于水的问题，我们说连接两块石头的绳子总是松弛的）。这里的陈述即为，通过对比，狭义相对论中有旋转的概念，即便在真空的宇宙中也是如此，因此水面可以是凹的（连接两块石头的绳子是紧绷的）。从这种意义上来说，狭义相对论背离了马赫的观点。

[8] Albrecht Fölsing，*Albert Einstein：A Biography*（New York：Viking Press，1977），pp.208-210.

[9] 数学功底不错的读者将会发现，如果我们通过选择单位，使光速取每单位时间走单位距离的形式（如每年1光年，每秒1光秒，其中1光年约9万亿千米，1光秒约300000千米），那么光将以45度的光线穿越时空（因为这样的对角线满足单位时间内走单位空间，两个时间单位内走两个空间单位，等等）。因为没有物体能够超越光速，所以任何物体在某一时间段走过的空间不可能比光更多，因此该物体穿越时空的路径一定与图的中心线（该线起于面包皮，穿越了面包的中心，最后止于面包皮）呈一定角度，并

且该角度要小于45度。而且，爱因斯坦指出，以速度v运动的观测者的时间片——该观测者处于某一时刻时的全部空间——都符合一个方程。为简易起见，假设只有一个空间维度$t_{运动}=\gamma[t_{静止}-(v/c^2)x_{静止}]$，其中，$\gamma=(1-v^2/c^2)^{-1/2}$，$c$表示光速。当单位$c=1$时，$v<1$，因此对于运动的观测者的时间片而言——$t_{运动}$取定值的位置——$(t_{静止}-vx_{静止})$=定值。这样的时间片与静止的时间片（$t_{静止}$=定值的位置）之间存在一定角度，因为$v<1$，所以它们之间的角度小于45度。

[10] 对于数学功底不错的读者而言，闵科夫斯基时空的最短路径——两点之间最短的时空长度——是不依赖于任何坐标或参考系的几何实体。它们是内在的、绝对的、几何的时空性质。明确地说，用闵科夫斯基的度规标准来看，（类时）最短路径是直线（该线与时间轴的角度小于45度，因为不可能出现比光速更快的速度）。

[11] 重要的是所有的观测者，不管他们的运动状态如何，都将在这一点上达成一致。我们的描述中已间接说明了这一点，但它更值得我们直接说明。如果一件事情是另一件事情的原因（我扔了一块石头，结果砸碎了窗户的玻璃），则所有人都会同意原因发生在结果之前（所有人都认为我先扔石头，然后窗户的玻璃碎了）。对于数学功底不错的读者而言，用数学的示意图描述将不难看出这一点。如果事件A是事件B的原因，那么从A到B的线条与每个时间片（事件A发生时观测者所看到的时间片）相交的角度将大于45度（空间轴与AB线之间的角度——轴位于给定的时间片——大于45度）。举个例子来说，如果A和B发生在空间的同一位置（橡皮筋绑着我的手指[A]，结果我的手指变白[B]），那么连接AB的线条将与时间片呈90度的角度。如果A、B发生在空间的不同位置，从A到B发生的任何事情所造成的影响（我扔的石头从射击点到达窗户）都将比光速慢，这就意味着角度将不同于90度（无速度时的角度），也不会小于45度——也就是说，与时间片（空间轴）的角度将大于45度（本章的注释9中曾说明因光速的限制，这类运动轨迹最多呈45度）。现在我们再来看看

注释9，处于运动状态的观测者的时间片与静止的观测者的时间片呈一定角度，但这个角度总是小于45度（因为两个观测者之间的运动速度总是小于光速）。因为因果相关事件的角度总大于45度，观测者（他的速度肯定小于光速）的时间片，不可能先遇到结果再碰到原因。对所有的观测者而言，先因后果。

[12] 如果电磁感应比光速还快，上一条注释中所说的先因后果的观点将受到挑战。

[13] 艾萨克·牛顿，*Sir Isaac Newton's Mathematical Principles of Natural Philosophy and His System of the World*，A.Motte与Florian Cajori译（Berkeley：University of California Press，1934），vol.1，p.634。

[14] 因为在地球表面不同位置所受到的引力不同，所以一个双臂伸展开的、处于自由落体运动的观测者也可以探测到剩余的引力的影响。也就是说，如果观测者下落时释放了两个棒球——一个从伸展开的右胳膊扔出，另一个从左胳膊扔出——每个都朝地心的位置下落。这样，从观测者的角度来看，他将竖直下落到地心，而他右手释放的球将竖直向下运动并稍微向左边一点，左手释放的球将竖直下落并稍微向右边一点。经过仔细的测量，观测者将发现这两个球之间的距离慢慢减小了；它们彼此向对方移动了一点儿。之所以是这样，关键就在于，棒球从空间中两个略为不同的位置释放，所以它们自由下落到地心的路径也略有不同。因此，对爱因斯坦观点更准确的描述应为：一个物体的空间体积越小，它通过自由下落消除引力就越彻底。虽然这是理论中非常重要的一点，但在我们的讨论中完全可以放心地将其忽略。

[15] 要想更详细、更通俗地了解一下广义相对论对空间和时间的蜷曲的解释，可以看看《宇宙的琴弦》第3章。

[16] 对于有过数学训练的读者而言，爱因斯坦的方程为$G_{\mu\upsilon}=(8\pi G/c^4)T_{\mu\upsilon}$，其中等式左边是用爱因斯坦张量表示的时空曲率，右边是用能量-动量张量表示的宇宙中物质和能量的分布。

[17] 查尔斯·迈斯纳、基普·索恩和约翰·阿奇博尔德·惠勒合著的*Gravitation*（San Francisco：W. H. Freeman and Co.，1973），pp.544-545。

[18] 在1954年，爱因斯坦给同事的信中写道：“实际上，人们应当不要再谈马赫原理了。”（在亚伯拉罕·派萨的《上帝是微妙的》一书中被引用，p.288）

[19] 就像前文中提到的，连续几代人把该想法归功于马赫，尽管他在自己的著作中并没有以这种方式明确地表达出来。

[20] 这儿需满足的一个条件是：那些在宇宙起源时距离我们很远，以至于它们的光——或引力作用——没有足够的时间到达我们的物体，对我们感受到的引力不会产生影响。

[21] 专业的读者可能会意识到这种说法，从学术的语言来看，有点说过头了，因为对于广义相对论而言，存在非平凡的（也就是说，非闵科夫斯基空间）真空。我在这里利用一个简单的事实做了简化，即没有引力存在的情况下，狭义相对论可被看作广义相对论的一种特殊情况。

[22] 为了平衡，我们来看一下不同意这一结论的物理学家和哲学家的说法。即使爱因斯坦放弃了马赫原理，在最近30年间，马赫原理仍自有其存在价值。现在关于马赫原理有各种各样版本的诠释，比如，一些物理学家认为广义相对论实际上从根本上包含了马赫观点；只是时空并不具有它本可以具有的某些特殊形状——例如像真空宇宙的无限大平直时空。或许，他们提出，其他一些并不现实的时空——其中满是恒星和星系之类——实际上满足马赫原理。其他人则重塑了马赫原理的体系。在他们的体系中，问题不再是物体（比如说被绳子系着的两块石头或装满水的桶）在真空宇宙是怎样的，而是各种不同的时间片——各种不同的三维空间几何——究竟是怎样通过时间与其他时空片联系起来的。对有关这些想法的现代思考极具参考价值的是*Mach's Principle*：

From Newton's Bucket to Quantum Gravity（《马赫原理：从牛顿的桶到量子引力》），Julian Barbour与Herbert Pfister编辑（Berlin：Birkhäuser，1995），该书收集了与此问题有关的一些论文。有趣的是，该书包含了一项民意测验：40名物理学家和哲学家对马赫原理的看法。大多数人（90%以上）认为广义相对论并不完全符合马赫原理。另一本以明显的超马赫式观点对此问题进行讨论，并在一定程度上适合普通读者阅读的，优秀且极其有趣的书是Julian Barbour的*The End of Time*：*The Next Revolution in Physics*（Oxford：Oxford University Press，1999）。

[23] 喜爱数学的读者在知道爱因斯坦认为空间不能独立于它的度规（描述时空距离关系的数学工具）而存在的观点后会感到很受启发，如果有人移走了每一样东西——包括度规——时空将不再是某种实体。当提到“时空”的时候，我指的都是一个拥有可解爱因斯坦方程的度规的流形，因此我们所得出的结论，用数学语言说就是，度规时空才是某种实体。

[24] Max Jammer，*Concepts of Space*：*The Histories of Theories of Space in Physics*（New York：Dover，1993），p. xvii.

第4章

[1] 更确切地说，这看起来像是个可以追溯到亚里士多德的古老概念。

[2] 就像本书后面将要讨论的，在许多领域中（像大爆炸和黑洞）还存在着大量未解之谜，这些谜题至少可以部分归结为：体积过小，密度过高，从而造成爱因斯坦的优雅理论无法适用。因此，这里的描述适用于大部分情况，但已知定律无法应用的极端情况除外。

[3] 本文的最早读者中有一位擅长伏都魔咒，他告诉我，有些东西可以根据施魔咒者的意念——也就是灵魂——从一个地方被传送到另一个地方。因此，我这个充满幻想的非定域性例子——决定于你是否会伏都魔咒——可能是错的。不管怎么说，你搞清

楚其中的思想就行了。

[4] 为了避免混乱，我再强调一下我刚才说的，“宇宙并非定域性的”，或者“我们在此地做的事情会与彼地的事情发生联系”，我并不是指能用瞬间的意念控制远在千里之外的事物。换句话说，我指的是相隔很远的地点（这两个地点距离非常远以至于都没有足够的时间让光从一个地点到达另一个地点）发生的事情之间的联系——通常以测量结果之间的联系的形式表示。因此，我指的是物理学家们所说的*非定域关联*。乍看之下，这样的关联可能不会使你特别惊奇。如果有人送给你一只盒子，里面有一只手套，而配套的另一只手套送给了你远在千里之外的朋友，你们其中任何一人打开各自的盒子看到的手套将与另一人的存在关联：如果你看到的是左手戴的那只，你朋友将看到右手那只；如果你看到右手那只，你朋友将看到左手那只。显然，这种关联并没有什么神秘之处。但是，就像我们逐渐要讨论的，量子世界中这种明显的关联就是一种与众不同的性质了。这就好像你有一副“量子手套”，一只左手的，一只右手的，当观察或者相互作用时，它们就会表现出明显的偏手性。诡异之处在于，虽然观察时每只手套都会随机选择偏手性，但即使它们被相隔很远，这两只手套也会一前一后地选择相应的偏手性：如果一只选择左边，另一只就会选择右边，反之亦然。

[5] 量子力学预言的微观世界与实验观测完全符合。就凭这一点，它就得到了大家的普遍认同。然而，本章中将要讨论的量子力学的具体特点，完全不同于常识，而且由于理论的数学公式（关于理论如何填补微观现象和宏观测量结果之间的空白的不同公式）不同，人们就如何诠释理论（然而，理论可以从数学上解释各种各样的令人迷惑的数据）的各种特点并没有达成共识，包括非定域问题。在本章中，我持一种特殊的观点，我觉得它是建立在现代流行理论的理解和实验结果的基础上的最令人信服的观点。但在这儿我得强调一下，并不是所有的人都同意这个观点，在后面的注释中详尽地解释完该观点之后，我将简要地介绍一下别人的观点并介绍更多相关的参考资料。我也得强调一下，在稍后的讨论

中，实验将与爱因斯坦的信念（他认为实验数据只能用粒子具有明确但隐藏起来的性质来解释，而该性质*没有任何非定域纠缠*）相矛盾。不管怎样，这个观点的失败只能排除一种定域宇宙，它不能排除粒子有明确但隐藏起来的性质的可能性。

[6] 对于数学功底不错的读者而言，我们来看看这种描述可能导致的误解。对于多粒子系统而言，概率波（用标准术语的话，就是波函数）与刚才所讲的内容有本质上一样的诠释，但概率波被定义为粒子在*位形空间*的函数（对一个单独的粒子而言，*位形空间*与真实空间同构，但如果是N粒子系统，则它就变成3N维的了）。这对于我们思考波函数是一个真实的物理实体还是仅仅是一个数学工具非常重要，因为如果站在前者的立场，我们就需要认同位形空间的实在性——第2章、第3章主题的有趣变异。在相对论量子场论中，场可以在通常的四维时空中定义，但也有一些用得比较少的体系，使用了推广的波函数——定义在更为抽象的空间“场空间”上的所谓*波泛函*。

[7] 我在这儿提到的实验是*光电效应*实验，在该实验中，光照在各种金属上使金属表面发出电子。实验学家们发现，光的强度越高，发射出去的电子就越多。而且，实验还表明每个发射出去的电子的能量是由光的颜色——频率——决定的。爱因斯坦认为，如果光是由粒子组成的话，这很容易理解，因为光强越大就意味着光束中光的粒子（光子）越多——而且光子越多，撞击金属表面的机会就越多，从而使得金属发出的电子也越多。进一步来看，光的频率会决定每个光子的能量，因此每个发射出去的光子的能量将精确地与数据相符。光子的粒子性最终在1923年被亚瑟·康普顿通过电子和光子的弹性散射实验证实。

[8] 索尔维国际物理讨论会，《第5届索尔维国际物理讨论会会议论文集》（*Rapport et Discussions du 5ème Conseil*）（Paris，1928），pp.253 ff。

[9] Irene Born，trans.，《玻恩和爱因斯坦书信集》（New York：

Walker, 1971), p.223。

[10] 亨利·斯坦普, *Nuovo Cimento* 40 B (1977), 191–204。

[11] 戴维·玻姆是20世纪量子力学领域最富有创造性的科学家之一。他于1917年出生于宾夕法尼亚州，曾是伯克利罗伯特·奥本海默的学生。在普林斯顿大学教书时，他曾被众议院非美活动调查委员会传唤，但他拒绝在听证会上做证。后来他离开美国，先后在巴西的圣保罗大学(São Paulo)、以色列的理工大学(Technion)、伦敦大学的伯克贝克(Birkbeck)学院任教授。1992年，他在伦敦逝世。

[12] 当然，如果你等的时间足够长，你对一个粒子做的事情，从原理上讲，会影响另一个粒子：一个粒子可以发出某种信号警告另一个粒子它正被测量，而且该信号也会影响接收粒子。然而，由于没有信号会比光的速度更快，所以这种影响不会即刻发生。现在讨论的关键点在于，我们测量粒子绕某一给定的轴自旋时，会发现其他粒子也绕该轴自旋。因此，粒子之间的任何一种“标准”通信——光速或亚光速通信——都不能说明问题。

[13] 在本节和下一节中，我对贝尔发现的归纳，受到David Mermin的美妙文章的启发：*Quantum Mysteries for Anyone*, *Journal of Philosophy* 78, (1981), pp.397–408; *Can You Help Your Team Tonight by Watching on TV?* 收录在 *Philosophical Consequences of Quantum Theory: Reflections on Bell's Theorem*, James T.Cushing与Ernan McMullin编辑(University of Notre Dame Press, 1989); *Spooky Action at a Distance: Mysteries of the Quantum Theory* 发表于 *The Great Ideas Today* (Encyclopaedia Britannica, Inc., 1988)，以上全部收录在N.David Mermin的 *Boojums All The Way Through* (Cambridge, Eng.: Cambridge University Press, 1990)。如果有人对有关这些想法的技术问题感兴趣，那么最好从贝尔本人的论文开始，它们大部分都收录在J.S.贝尔《量子力学可以言说的和不可以言说的》(Cambridge, Eng.: Cambridge

University Press，1997）。

[14] 虽然定域性假设对爱因斯坦、波多斯基和罗森的论证是非常重要的，但研究者们努力寻找的却是其论证中其他一些元素的错误，力图避免得出宇宙允许非定域性存在的结论。比如说，有些人偶尔会声称所有数据需要的是我们放弃所谓的实在主义——物体拥有的被测到的那些性质与测量过程无关。在这里，这样的看法错过了重点。如果EPR的论证得到了实验的证实，那么量子力学的长程关联性也没有什么神秘之处，它们不会比传统的长程关联性（比如你在这边发现左手手套就一定能够在那边发现右手手套）更令人惊奇。但这种推理受到了贝尔-埃斯拜科特实验结果的驳斥。现在，即使我们为了回应EPR的驳斥而放弃实在主义——就像我们在标准量子力学中所做的，这也不会对削弱空间上相隔很远的*随机*过程之间的长程相关性的奇异性有多大帮助；当我们放弃了实在主义，手套就如注释4中所说的那样，成为"量子手套"。放弃实在主义无论如何也不会使观察到的非定域关联看起来不那么诡异。事实上，正是受EPR、贝尔和埃斯拜科特结果的启发，我们才试图保持实在主义——举个例子来说，正如在本章后面部分将要讨论到的玻姆理论中的情形——我们需要用来与数据保持一致的非定域性看起来更加严重，它与非定域的相互作用有关，而不仅仅是非定域关联。许多物理学家反对这样的选项，因此放弃了现实主义。

[15] 见穆雷·盖尔曼，*The Quark and the Jaguar*（《夸克与美洲豹》）（New York：Freeman，1994），以及Huw Price的*Time's Arrow and Archimedes' Point*（Oxford：Oxford University Press，1996）。

[16] 狭义相对论不允许任何曾比光速慢的物体超越光速限制。但如果某物*总是*比光跑得更快，它也不会被狭义相对论严格排除在外。这种假设的粒子被称作*超光速粒子*。大多数物理学家认为超光速粒子不存在，但有一些人则认为存在这种可能性。根据狭义相对论的方程，这种比光速还快的粒子具有一些特殊性质，所以目前，没有人发现它们有何种特殊用途——即使只是在理论假设

上也没什么用。在现代研究中，人们普遍认为有超光速粒子的理论并不可靠。

[17] 数学功底不错的读者应该记着，本质上讲，狭义相对论要求物理定律具有洛伦兹不变性，也就是说，物理定律要在闵科夫斯基时空中的SO（3，1）坐标变换下具有不变性。那么，如果量子力学可以完全用洛伦兹不变性方式表达的话，我们就可以说它与狭义相对论相符。现在，相对论性的量子力学与相对论性的量子场论正在朝这个目标努力，但关于它们是否可以在洛伦兹不变的框架内解决量子力学的测量问题，人们还没有达成一致意见。举个例子来说，在相对论性场论中，可直接以洛伦兹不变的方式来计算各种实验结果的概率幅和概率。但标准做法描述了在量子概率范围内的或这或那的特定结果出现的方式——也就是说，在测量过程中发生的事情。这对量子纠缠而言是一个特别重要的问题，因为该现象会受实验者行为——测量纠缠态粒子特性的行为——的影响。有关更深入的讨论，请参考Tim Maudlin，*Quantum Nonlocality and Relativity*（Oxford：Blackwell，2002）。

[18] 对于数学功底不错的读者，下面就是所做预言与这些实验相符的量子力学计算。假设探测器测量到的自旋所绕的轴分别是垂直、绕垂直轴顺时针旋转120度以及绕垂直轴逆时针转120度（就好比表盘上的中午12点、4点和8点；有两个表盘，每个对应一个探测器，相对放置），为了便于讨论，想象一下，有两个电子，以所谓的单态形式背靠背地朝着探测器飞去。这种总自旋为零的态保证了如果一个电子处于自旋绕某轴向上的态的话，另一个电子将处于自旋向下的态，反之亦然。（还记得吗？在正文中为了方便，我曾将电子之间的关联描述为如果一个电子自旋向上，另一个电子自旋也将向上，如果一个自旋向下，另一个也向下；事实上，关联是指自旋处于相反的方向。为了与正文呼应，你可以将两个探测器想象为刻度相反，因此一个自旋向上，另一个则自旋向下。）基础量子力学的标准结果表明，如果两个探测器所测得的电子自旋所绕的轴之间的角度为θ，那么它们测量到相反自旋值的概率为$\cos^2(\theta/2)$。因此，如果校准探测器的轴（$\theta=0$），它

们一定会测得相反的自旋值（类似于我们在正文中所讲的，当为探测器设定相同的方向时，测得的值总是相同的），如果把轴的方向调成+120°或-120°，则两个探测器测得相反自旋的概率为$\cos^2(+120°或-120°)=1/4$。现在，如果探测器的轴的方向是随机选择的，那么有1/3的概率指向相同的方向，2/3的概率指向相反的方向。因此，整体来看，发现相反的自旋的概率为（1/3）（1）+（2/3）（1/4）=1/2，和实验数据一致。

你可能觉得有点奇怪：在定域性假设的前提下，自旋关联的概率（大于50%）竟会大于我们用标准量子力学（恰好50%）算出的自旋关联；你可能会想，量子力学的长程纠缠应该产生更多的关联。事实上，确实如此。这里应当这样想：全部测量中有50%的关联性时，对于左右探测器的轴选定相同方向的测量来说，量子力学将带来100%的关联性。在爱因斯坦、波多斯基和罗森的定域性宇宙中，对于选定相同的轴方向的测量来说，要想有100%的符合，就需要全部测量中有大于55%的关联性。粗略地讲，在定域宇宙中，全部测量中50%的关联性将使得在选择相同轴的前提下出现小于100%的关联性——也就是说比我们在非定域宇宙中发现的关联性要小。

[19] 你可能会想，从一开始，波函数的瞬间坍缩就与光速设定的速度上限相矛盾，因而必会与狭义相对论相矛盾。如果概率波像水波那样，你的结论将不容置疑。概率波的值在一个很大的范围内突然衰减为零，简直比太平洋的海面瞬间宁静、海水停止流动还要让人惊奇。但是，量子力学的支持者们提出，概率波不同于水波。虽然概率波描述物质，但它本身并不是物质。这些支持者们继续说，光速限制只适用于物质性对象，而其运动都可以直接看到、感觉到、探测到。如果仙女座星系中电子的概率波衰减为零，仙女座星系的物理学家们将100%探测不到电子。仙女座星系的任何观测都不能表明概率波的突变与一些成功的探测行为——比如说在纽约发现电子——有关。只要电子本身没有以大于光速的速度从一个地方运动到另一个地方，就不会与狭义相对论相矛盾。正如你所看到的，唯一发生的事情是在纽约——而不是在别的什么地方——探测到电子。我们甚至都不需要讨论它的速

度。因此，虽然概率波的瞬间坍缩是一种令人困惑不解的迷惑而且有问题的理论（在第7章中有更全面的讨论），但这并不意味着它与狭义相对论矛盾。

[20] 关于这些观点的讨论，可以参考Tim Maudlin, *Quantum Nonlocality and Relativity*（Oxford: Blackwell, 2002）。

第5章

[1] 对于数学功底不错的读者而言，从方程$t_{运动}=\gamma[t_{静止}-(v/c^2)x_{静止}]$（在第3章的注释9中曾讨论过）中，我们发现丘巴卡在某一给定时刻的现在目录中将包含地球上的观测者声称是$(v/c^2)x_{地球}$之前发生的事情，其中$x_{地球}$表示丘巴卡距离地球的距离。以上的描述是假设丘巴卡远离地球而去。如果是朝向地球运动，v的方向相反，因此向地球移动的观测者将声称这样的事件发生在$(v/c^2)x_{地球}$之后。令$v=16$千米/时，$x_{地球}=10^{10}$光年，我们发现$(v/c^2)x_{地球}$大约为150年。

[2] 这个数字——和后文中描述丘巴卡朝向地球的运动时用到的一个类似的数字——在本书出版时都是有效的。但随着地球上时间的流逝，它们会变得没那么精确。

[3] 数学功底不错的读者应该注意到，从不同角度切割时空条的比喻正是狭义相对论课程上教授过的时空图概念。在时空图中，从被认为是静止的观测者的角度看，某一特定时刻的所有三维空间都可以用一条水平线来表示（或者，在更准确的图示中，用一个水平面来表示），而时间可以用垂直轴来表示（在我们的叙述中，每个"面包片"——平面——代表的是某一时刻的所有空间，而横穿面包的轴则是时间轴）。时空图为讲清你和丘巴卡的现在片提供了一种有力的工具。

图中的细实线为相对于地球（为了使问题简化，我们假定地球既没有旋转也没有加速，这些因素对我们要讨论的问题并不重要，只能带来没有必要的复杂性）静止的观测者的等时线（现在片），细虚线为相对于地球以约15千米/时的速度运动的观测

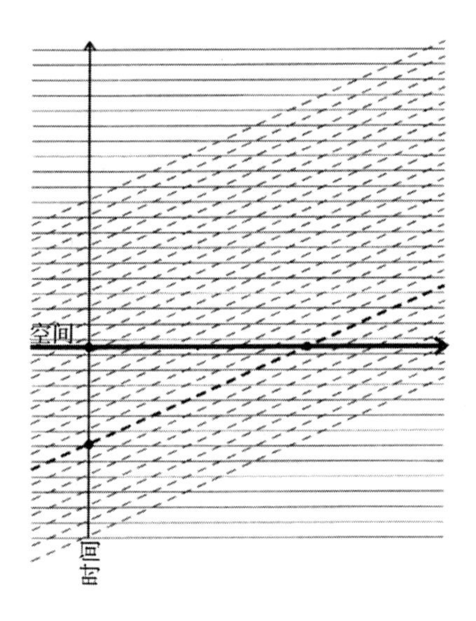

者的等时线。当丘巴卡相对于地球静止时，细实线就代表了他的现在片（而你在整个故事中都安静地待在地球上，这些细实线总代表着你的现在片），粗实线代表的是包含了待在地球上的21世纪的你（左边的黑点）和他（右边的黑点）的现在片，你们俩都老老实实地坐在那里读书。当丘巴卡远离地球而去时，虚线就代表了他的现在片，粗虚线代表的是包含了丘巴卡（正站起来开始走）和约翰·维尔克斯·布思（左下的黑点）的现在片。注意，接下来的一条虚线时间片将包含丘巴卡走动（假设他仍然在四处逛）和21世纪的你静坐着读书。因此，你的某个时刻将出现在丘巴卡的两张现在目录上——一张是他走动之前的，另一张是他走动之后的。这就表明，简单的直觉上的*现在*概念——在被应用于整个空间时——可以被狭义相对论转换为具有不寻常性质的概念。而且，这些现在目录并不会违反因果关系：标准的因果关系（参见第3章注释11）仍然强而有力。丘巴卡的现在目录之所以会突变是因为他自己突然改变运动状态，从一个参考系跃入另一个参考系。但是，对于到底是哪个事件影响了哪个事件，所有的观测者——都用单独一种良好定义的时空坐标——都会认同同一个说法。

[4] 专业读者会意识到我把时空假设为闵科夫斯基时空。其他几何学中类似的论证不一定会适用于整个时空。

[5] 《阿尔伯特·爱因斯坦和米歇尔·贝索书信集：1903—1955》（*Albert Einstein and Michele Besso Correspondence 1903—1955*，P.Speziali编辑，Paris：Hermann，1972）。

[6] 这里的讨论意在对下面的问题给出一个定性上的认识。这个问题就是，你对自己所经历过的生活——正是这种生活经历留给了你那些记忆——有一种感受，这种感受的根基是由你此刻的感受和前一刻的回忆共同形成的，但是这个形成过程是怎样的？比如说，如果你的大脑和身体不知何故达到了与此刻一样的状态，那么你将体验到与你的记忆能够证实的那段经历相同的感觉（假设所有体验的根据都可以在大脑和身体的物理状态中找到），即便那些经历从未发生过，只是人为地印在你的大脑里也没关系。这里的讨论有一个简化之处，即假定了我们能感觉或体验到某一瞬间发生的事情，而事实上大脑识别和诠释它所收到的任何刺激都需要一段时间。不过，这一点虽然不错，却与我所要讨论的内容没有特别的相关性；这虽然有趣，却会带来不必要的复杂性，而这种复杂性来自于用与人类的体验直接相关的方式分析时间。就像我们先前讨论到的，以人类为例子可以使我们的讨论更为通俗直观，但我们需要剔除那些从生理上看更加有趣而不是在物理上重要的部分。

[7] 你可能想知道本章的讨论与第3章中讲过的物体以光速“穿越”时空有什么联系。对那些数学功底不错的读者，这个问题可以粗略地回答为一个物体的历史可以表示为时空中的一条曲线——时空条中的一条路径，这条路径就是粒子所有时刻所在位置的集合（正如我们在图5.1中看到的那样）。穿越时空“运动”这一概念可以直观地表示成指明该路径（但是不要想象成追溯映入眼帘之前的路径）。在这条路上的“速度”可以这样得出：用路径的长度（两点之间的距离）除以该路径上某人或某物携带的表所记录的时间差。我们又一次遇到了不与时间流逝有关的概念：你需

要做的只是看一下表在这两点的示数。你会发现，不论运动方式怎样，用这种方式得出的速度都等于光速。数学功底不错的读者会意识到这里的原因是：在闵科夫斯基时空的度规为$ds^2=c^2dt^2-dx^2$，其中dx^2是欧几里得长度$dx_1^2+dx_2^2+dx_3^2$，而钟表的时间（“固有”时间）为$d\tau^2=ds^2/c^2$。所以，很明显，刚才所定义的穿越时空的速度可由$ds/d\tau$给出，结果等于c。

[8] 鲁道夫 · 卡那夫“自传”收录在*The Philosophy of Rudolf Carnap*，P.A. Schilpp编辑（Chicago：Library of Living Philosophers，1963），p.37。

第6章

[1] 注意，我们提到的不对称性——时间之箭——来自于事件在时间中的发生顺序。你可能也想知道时间本身的不对称性——比如说，就像在后面的章节中我们将看到的，根据某些宇宙理论，时间可能曾有一个开始但可能不会有结束。这些是全然不同的时间不对称性概念，我们在这儿的讨论主要关注前者。虽然如此，在本章末我们将看到，事件在时间上的不对称性取决于早期宇宙历史的特殊条件，因此，可以将时间之箭与宇宙学的方方面面联系起来。

[2] 对于有数学功底的读者而言，让我来更为准确地说明一下时间反演对称性意味着什么，并谈谈一个有趣的例外，它对于我们本章中所讨论问题的意义还不完全明了。时间反演对称性概念可以简单地表述为，当一套物理定律的方程有解时，比如解为$S(t)$，$S(-t)$也是该方程的一个解，则我们称该物理定律具有时间反演对称性。举个例子来说，在牛顿力学中，力取决于粒子的位置，若$x(t)=[x_1(t), x_2(t), \cdots, x_{3n}(t)]$是$n$个粒子在三维空间中的位置，则$x(t)$为方程$d^2x(t)/dt^2=F[x(t)]$的解，这也就意味着$x(-t)$也满足于牛顿方程，也就是说$d^2x(-t)/dt^2=F[x(-t)]$。注意$x(-t)$代表穿越相同位置——比如$x(t)$——的粒子运动，只不过是以相反的顺序、相反的速度而已。

在更普遍的情况下，物理定律也为我们提供了将物理系统的状态从初始时刻t_0演化到$t+t_0$时刻的运算法则。具体一点说，这种运算法则可以看成映射$U(t)$，它可以将$S(t_0)$映射到$S(t+t_0)$，即：$S(t+t_0)=U(t)S(t_0)$。如果映射T满足$U(-t)=T^{-1}U(t)T$，我们就可以说得出$U(t)$的定律具有时间反演对称性。用通俗的语言来说，这个方程说的是，通过适当运算（用T来表示）物理系统某一时刻的状态，物理系统根据理论定律顺着时间方向在一段时间t内的演化［用$U(t)$来表示］等于系统逆着时间方向在同样时间t内的演化［用$U(-t)$来表示］。举个例子来说，如果我们将粒子系统的状态指定为粒子在某一时刻的位置和速度，那么T就可以在保持所有粒子位置不变的情况下使速度反转。这样的粒子分布顺着时间方向在t时间内的演化等于粒子的原始分布逆着时间方向在t时间内的演化（T^{-1}因子消除了速度的反转。因此，到最后，不仅粒子的位置回到t个单位时间以前，它们的速度也将如此）。

某些定律中的T运算比牛顿力学中的T运算还要复杂。举个例子来说，如果我们研究带电荷粒子在电磁场中的运动，逆向速度还不足以使方程得出粒子回溯的演化。磁场的方向也需要反转（之所以有这种要求是为了使洛伦兹力公式中的$v\times B$项保持不变）。因而，在这种情况下，T运算包含了这两种变换。除了反转所有粒子的速度外，我们还需要做些其他的事情的这一事实对正文中的讨论没有影响。重要的是，粒子在一个方向上的运动与物理定律自洽的话，在另一个方向上的运动也与物理定律自洽。我们需要反转磁场不过是某种巧合，并没有什么特别的重要性。

而在弱核力相互作用中，事情就不是这么简单了。弱相互作用需要用特殊的量子场论来描述（将在第9章中简要地讨论一下），一个普适的定理证明（还需要保证量子场论具有定域性、幺正性、洛伦兹不变性——这样的量子场论才是人们感兴趣的），量子场论在电荷共轭运算C（将粒子替换为其反粒子）、宇称运算P（将粒子的位置变换到镜像位置），以及时间反演运算T（将时间t换为时间$-t$）的联合作用下总是具有对称性。所以，我们可以将运算T定义为CPT的乘积，但如果T具有不变性，就会要求还有一种CP运算存在，T不应被简单地解释为原来的粒子回溯其路径（因为，粒子的种类也会被这样的T运算改变——粒子变成反粒子——所以逆向返回的并不是原来的粒子）。我们会发现，对于某些实验，我们没法很好地解释。对于某些特殊的粒子（比如K介子以及B介子）来说，它们可以在CPT运算下保持不变，但是在单独的T变换下没法保持不变。1964年，詹姆斯·克洛宁、瓦尔·菲奇（因为这一工作，他们两人获得了1980年诺贝尔物理学奖）及其合作者通过证明K介子破坏CP对称性（这就意味着必然会破坏T对称性，因为需要保持CPT*不被*破坏）间接地确认了这一点。更加晚近的时候，T对称性的破坏通过CERN的CPLEAR实验以及费米实验室的KTEV实验得以直接确立。简单地讲，这些实验证明，如果有人给你展示一段有这些介子参与的过程的影片，那么你就有办法看出这段影片到底是按正确的时间顺序播放，还是反着播放。换句话说，这些特殊的粒子可以区分过去和未来。还不清楚的是，这与我们每天所感受到的时间之箭是否存在某种联系。不管怎么说，这些奇特的粒子虽然可以在对撞机实验上瞬间产生出来，却不是我们熟悉事物的组成粒子。对于包括我在内的很多物理学家来说，这些粒子展示的时间不可反转性看起来并不会对时间之箭的谜题有多大影响，所以我们不打算进一步讨论这些例外。但问题是，其实没人真的知道是不是这样。

[3] 我有时候发现，对于碎蛋壳真的重新聚合起来形成未破碎的蛋壳这样的理论命题，要接受起来还真是挺难的。但是，自然定律的时间反演对称性，正如在前一条注释中更为详细地探讨过的那样，会确保这样的事情能够发生。微观上，鸡蛋的破碎是一个与组成蛋壳的各种分子有关的物理过程。鸡蛋破碎，蛋壳四散，这是因为鸡蛋被摔碎过程中受到的冲击将分子强行拉开。如果这些分子运动反向发生，那么它们就会重新组合在一起，以先前的形式重新成为蛋壳。

[4] 为了使我们能够集中注意力，以现代方式思考这些思想，我会将一些有趣的历史略去。玻尔兹曼自己对熵这一主题的思考在19世纪70—80年代经历过重大精炼。在那个时期，他与一些物理学家的相互影响和交流对他来说是非常有帮助的，这些科学家包括詹姆斯·克拉克·麦克斯韦、开尔文勋爵、约瑟夫·洛施密特、

约什亚·威拉德·吉布斯、亨利·庞加莱、S. H. 勃柏利，以及欧内斯特·切梅罗。事实上，玻尔兹曼最初认为他可以证明，对于孤立的物理系统，熵会一直并且绝对化地不减，而不只是这样的熵减过程不太可能发生。但是来自上述以及其他一些物理学家的反对意见，促使玻尔兹曼强调这个问题中的统计或概率方法，而这种方法一直用到了今天。

[5] 我想象着我们正在用现代经典文库（Modern Library Classics）版的《战争与和平》，Constance Garnett译，共1386面。

[6] 数学比较好的读者应该会注意到，由于数太大了，熵实际被定义为可能的排列数的对数，不过这一细节在这里与我们无关。但是，从理论的角度看，这一点非常重要，因为熵是所谓的*广延量*这一点非常方便，这意味着如果你把两个系统合在一起，那么整体的熵就是两个系统各自的熵的和。而仅当熵是对数的形式，这一点才会成立，因为在这种情况下，总的排列数会等于各自排列数的乘积，因而排列数的对数是相加性的。

[7] 尽管在理论上，我们可以预言每一页被放在哪里，你可能还是会关心决定着页序的另一个元素：你怎样把这些页整齐地摞在一起。这与所要讨论的物理无关，但如果它令你心烦的话，你可以这样想象：我们同意你把它们一张张地捡起，从离你最近的那张开始，然后再捡起离那张最近的一张，如此下去（而且，怎样确定最近的纸张都是一样的，比如说，我们都同意从纸张距离我们最近的一个角开始量起）。

[8] 以为对于不多的一些页，就能在达到预言其页序（运用某些方法将它们堆在一起，参见前一条注释）的精度上成功地算出其运动，实际上是*极其*乐观的想法。根据纸张柔韧性与重量的不同，这样一个相对“简单”的计算也远远超越了今天的计算机的能力。

[9] 你可能会担心，定义页序的和定义一群分子的熵之间存在着根本性的差异。毕竟，页序是离散的——你可以一页一页地数清它，

虽然所有的可能性总数会很大，但它是确定的。而相反的是，即使单独一个分子，其运动和位置都是连续的——你没法一个一个地数清，因而可能性的总数会是无限大（至少在经典物理中是这样）。所以，我们怎样数清分子的排列数呢？这个嘛，简单地说，这是个好问题，却是个被完全解决了的问题——要是这能让你感到满意，那你就不用看下面的这段内容了。详细地回答你这个问题需要用到一点数学，要是没有基础的话可能不太好理解。物理学家用*相空间*——一个6N维空间（N为粒子数），其中的每个点代表着一个粒子的位置和速度（描述每个粒子的位置需要3个数，速度也是一样，因而N个粒子需要6N个数）——来描述经典多粒子系统。关键之处在于，相空间可以被划分为不同区域，给定区域内的所有点对应着具有外在相同整体性质的分子的速度速率分布。如果相空间给定区域的分子排布从一个点变化到同一区域的另一个点，那么在宏观上我们是没法区分这种变化的。现在，我们就不需要数清给定区域内点的数目——与数清不同页序的排列数最直接的类比，但这种类比会导致无限大——物理学家们就用相空间中每一个区域的*体积*来定义熵。体积越大，则区域内的点越多，因而熵就越大。而区域的体积，即使是很高维度的空间中的区域，也可以有严格的数学定义。（数学上，需要选取所谓的测度，对数学比较好的读者，我要指出，对于与给定宏观态相一致的所有微观态，我们通常选取的测度都是一样的——也就是说，与给定宏观性质有关的微观分布被假定为等权重。）

[10] 特别是，我们知道一种它可能发生的方式：如果几天前，CO_2还在瓶中，那么从我们上面的讨论中我们可以知道，如果你现在同时反转每一个CO_2分子的速度，以及每一个与CO_2分子有相互作用的分子的速度，等上几天后，你将发现所有的CO_2分子又聚集起来回到了瓶中。但是这种速度反转没法应用于实践，每件事看起来只能按其自己的步调发生。不过我需要指出，我们可以在数学上证明，只要等待的时间足够长，CO_2分子早晚会按自己的步调*退回到瓶中*。19世纪，法国数学家约瑟夫·刘维尔证明的一个结果可以用来构建所谓的庞加莱可逆定理（Poincaré recurrence theorem）。根据这一定理，如果你的等待时间足够长，一个有限体积内具有有限温度的系统（比如封闭空间内的CO_2分子）将会达到与其初始态任意接近的态（在本例中，所有的CO_2分子都被封闭在可乐瓶中）。问题在于，你到底得等多久它才会发生？对于一个其组分很多的系统来说，这个定理告诉我们，要想使其按自身步调回到其初始状态，你的等待时间可能会比宇宙的年龄还长。然而，理论上重要的是，如果你有足够的耐心，能够等待足够长的时间，那么空间中所有的物理系统都会回复到其初始状态。

[11] 你可能会想，水为什么会结成冰呢？那岂不意味着H_2O分子变得更加有序？换句话说，岂不是获得了较低而不是较高的熵？这个嘛，大体上说来，液态的水变成固态的冰，会向周围的环境释放能量（而当冰化成水的时候，则会从环境中吸收能量），而这会导致环境中的熵有所提高。当环境温度足够低的时候，低于零摄氏度，环境中的熵增超过了水中的熵减，因此，结冰过程是一个熵减少的过程。这就是冬天会结冰的原因。类似的，当你冰箱中的冰块形成时，H_2O分子中的熵固然是减少了，但是在这个过程中冰箱会向周围的环境释放热量，因而会导致总的熵是增加的。对数学比较好的读者，更加准确的说法是，我们所讨论的这种自发现象由所谓的“自由能”掌控。直观上，自由能是一个系统中可以用来做功的那部分能量。数学上，自由能F，由$F=U-TS$来定义，其中U代表总能量，T代表温度，S代表熵。如果某一过程会导致自由能减少，那该过程就可以自发产生。低温下，液态水中U的减少超过了固态冰中S的减少（超过了$-TS$的增加），因而这个过程会自然发生。而在高温下（零摄氏度以上），冰由固态到液态或气态的转变则是符合熵的要求的（S的增加超过了U的改变），因而也会自然发生。

[12] 直接应用熵的论证究竟是怎样使我们得出记忆与历史记录是对过去的不可信赖的记述这一结论的，关于这个问题，要想看看较早的讨论，可以参看C. F. von Weizsäcker的*The Unity of Nature*（New York：Farrar，Straus and Giroux，1980）中第138—146页，

最初发表在*Annalen der Physik* 36（1939）。要想看较新些的优秀作品，可以看看大卫·阿尔伯特的*Time and Chance*（Cambridge，Mass.：Harvard University Press，2000）。

[13] 事实上，因为物理定律无法区分时间上的前与后，所以对半小时前——晚上10点——完全结成冰块的解释同预言半小时后——晚上10点——小冰渣完全结成冰块一样，都可以说是极为荒唐的——从熵的角度讲。相反，对晚上10点时液态的水，到了晚上10点半的时候慢慢形成了冰渣这一现象的解释，则与预测到了晚上11点的时候，那些冰渣又化为水在道理上是一样的，都是我们熟悉且可预期的事情。对后一种现象的解释，从晚上10点半看，前后的结冰和融化现象完全是对称的，而且与我们的实际观测是相符的。

[14] 特别细心的读者可能会想到，我在讨论中错误地使用“初始”这个词，因为这相当于插入了时间上的不对称性。按更为准确的语言，我想表达的是，我们会需要特殊的条件使时间维度的一端变得特别。在后面将会更加清楚，特殊的条件就是低熵的边界条件，而我所谓的“过去”，就是时间维度上满足这一条件的那一端。

[15] 时间之箭要求低熵的过去这一想法已经有很长的历史了，可追溯到玻尔兹曼及其同时代的人。在汉斯·雷肯巴赫著的*The Direction of Time*中有详细讨论（Mineola，N.Y.：Dover Publication），罗杰·彭罗斯著的《皇帝的新脑》以特别有趣的定量方式对此有所讨论。

[16] 回想一下，我们在本章中的讨论并没有考虑量子力学。如史蒂芬·霍金于20世纪70年代证明的那样，当量子力学的效应被考虑进来时，黑洞会允许一定数量的辐射逃离出去，但这不会影响它们被称为宇宙中最高熵的物体。

[17] 一个很自然的问题是，我们怎么知道未来不会有新的对熵有影响的限制出现。答案是我们没办法知道，某些科学家甚至提出一

些实验，用以探测这些将来的限制对我们今天能够观测到的事物的影响。有一篇非常有趣的文章探讨了将来的和过去的一些对熵的限制的可能性，即Murray Gell-Mann与James Hartle合著的*Time Symmetry and Asymmetry in Quantum Mechanics and Quantum Cosmology*，收录在J. J. Halliwell，J.Pérez-Mercader，W.H.Zurek编辑的*Physical Origins of Time Asymmetry*（Cambridge，Eng.：Cambridge University Press，1996）。同一文集的第四和第五部分中也有一些关于这个问题的有趣文章。

[18] 在这一章中，我们一直在用“时间之箭”这个词，用以表达时空的时间轴（任意观测者的时间轴）具有不对称性这一明显事实：按时间轴的方向排列顺序的事件非常多，但是反向顺序的事件，即便不是没有，也很少发生。很多年来，物理学家和哲学家一直在将事件顺序分成不同子类，在这些子类中，至少在理论上，时间上的不对称性可以归结于逻辑上独立的解释。比如说，热量总是从热的物体流向较冷的物体，反之则不行；电磁波总是从恒星或者电灯泡这样的源射出，看起来却永远不会聚拢回这些源；宇宙看起来是在碰撞，而不是在收缩；我们记住的是过去而不是未来（这些分别被称为热力学、电磁学、宇宙学、心理学上的时间之箭）。所有的这些都是时间不对称现象，不过至少在理论上，这些现象有可能从全然不同的物理原理中获得其各自的时间不对称性。我的观点（很多人也有这样的观点，而另一些人则不）是，除宇宙学上的时间之箭外，其他的时间不对称现象在基本层面上没有什么区别，它们都可以被归结为同样的解释——我们在本章中讲过的解释。比方说，电磁辐射为什么向外传播而不是向内传播？要知道这两种情形都是麦克斯韦方程的解。这个嘛，由于我们的宇宙有提供这些向外放射的波的低熵、连贯、有序的源——比如说恒星或电灯泡——而这些有序的源的存在又可追究到宇宙起源时的更为有序的环境，参见正文中的讨论。解释心理学上的时间之箭要稍微难一些，因为对于我们还没有搞懂的人类思想来说，还没有微观物理基础。但是，对于与计算机有关的时间之箭，人们却取得了一些进展。进行计算，完成计算，记录结果，对于这些基本的计算顺序，其中的熵的性质人们已经搞清

楚了（查尔斯·本耐特、罗尔夫·兰道尔和其他一些人的贡献），且与热力学第二定律符合得非常好。因而，如果人类思想类似于计算过程，我们就可以对其应用类似的热力学解释。但是，也需要注意到，与宇宙正在膨胀而不是收缩这一事实紧密联系的不对称性，实际上与我们一直在探索的时间之箭有关，但在逻辑上却是完全不同的。即使宇宙慢慢减速，停止下来，再开始转入收缩过程，时间之箭还是会指向同一个方向。即便宇宙膨胀过程反转过来变成了收缩，物理过程（鸡蛋破碎，我们变老，等等）还是会像往常一样发生。

[19] 数学比较好的读者应当注意到，当我们使用这种概率声明时，我们假定了一种特别的概率测度，从而，与我们此刻所看到的宏观事物相容的所有微观态都有相同的测度。当然，还有另外一些我们能用的测度，比如说，大卫·阿尔伯特在*Time and Chance*中倡导使用的概率测度，对于所有的微观态——与我们此刻所看到的宏观事物以及他所谓的过去假设（the past hypothesis，宇宙开始于低熵态这一明显的事实）相容的微观态——都是一样的。利用这样的测度，我们可以不用考虑那些与低熵的过去——为我们的记忆、记录以及宇宙学理论所确证——不相容的历史。按这种思考方式，一个低熵的宇宙是没有概率问题的；根据假设，宇宙按低熵方式开始的概率为100%。但仍有一个重大问题：宇宙为什么会按那种方式开始？关于宇宙的问题甚至都没在概率背景下表述。

[20] 你可能会忍不住争辩，已知宇宙在早期之所以低熵不过是因为其尺寸远比今天要小，因而，正如书页较少的书熵也低些，早期宇宙中的组分所可能有的排列数要更少些。但是，只依靠这种说法说服自己是没有用的。很小的宇宙也可以有很高的熵。比方说，我们宇宙的命运之一（尽管很不可能）就是在未来的某一天停止膨胀，然后向内爆裂，结束于所谓的大收缩（big crunch）。计算表明，即使宇宙的尺寸在向内爆裂阶段减小，熵也仍会增加，这就显示了小体积并不一定意味着低熵。不过，我们将会在第11章中看到，宇宙初期的小尺寸的确会在我们当今对低熵起源的最佳解释中占有一席之地。

第7章

[1] 众所周知，如果你所研究的是三体乃至更多体相互作用的运动问题，经典物理的方程是不能精确求解的。所以，即使在经典物理中，任何有关大群粒子运动的语言也都只能是近似的。但问题在于，在经典物理中，对近似的精确度不会有基本层面的限制存在。在经典物理掌控的世界中，所用的计算机能力越强，位置和速度的初始数据给得越精确，我们所能得到的结果就越精确。

[2] 在第4章结尾，我注意到贝尔、埃斯拜科特以及其他人的结果并没有排除粒子总是有确定的位置和速度——即便我们没法同时确定这些量——这种可能性。而且，玻姆版的量子力学清楚地实现了这种可能性。因而，尽管人们普遍认为，像电子在被测量之前不会有一个位置这种事，属于传统方法的量子力学中的标准性质。但是严格说来，将其作为一条普遍适用的声明未免太牵强了些。记住，在玻姆的方法中，我们将会在本章稍后讨论到，粒子总是与概率波“相伴”；也就是说，玻姆的理论总要用到粒子*与*波，而标准方法用的是互补性，可概括为粒子*或*波。因而，我们所探求的结论——如果我们单说一个粒子在每一个确定的时刻通过空间中一个确定的点（在经典物理中我们就会这么做），那对过去的量子力学描述绝对是不完备的——但还是正确的。在传统方法的量子力学中，我们必须将一个粒子在给定时刻所能占据的大量位置都考虑进去，而在玻姆的方法中，我们也必须将“导”（pilot）波——而它也可以延展至很多个位置——包括进去（专家级读者应该会注意到，导波只不过是传统量子力学中的波函数，尽管其在玻姆理论中的化身相当不同）。为了避免无边的限定，我们在接下来的讨论中将使用传统的量子力学观点（最为广泛使用的方法），对玻姆以及其他方法的评论将放在本章最后。

[3] 要想看看数学化一点但同时又高度教学式的说明，可以参考理查德·费恩曼与A. R. 希布斯合著的*Quantum Mechanics and Path Integrals*（Burr Ridge，Ill.：McGraw-Hill Higher Education，1965）。

[4] 你可能会忍不住援引第3章中的讨论——从那里的讨论中我们

了解到在光速时时间停止——来辩称，从光子的角度看，所有的时间都一样，所以，光子在经过分束器时“知道”探测器的开关如何设定。但是，我们用其他慢于光速的粒子，比如电子，也可以做这样的实验，而结果不变。因而，从这样的角度不能揭示物理实质。

[5] 这里讨论的实验设置以及实际确认的实验结果，来自于Y.Kim，R.Yu，S.Kulik，Y.Shih，M.Scully，*Phys.Rev.Lett*，vol.84，No.1，pp.1–5。

[6] 量子力学也可以基于一个沃纳·海森伯于1925年提出来的不同形式（所谓的矩阵力学）的等价方程。对数学比较好的读者而言，薛定谔方程可以写为：$H\psi(x,t)=i\hbar[d\psi(x,t)/dt]$，其中$H$代表哈密顿算符量，$\psi$代表波函数，而$\hbar$为普朗克常数。

[7] 专业读者应该会注意到我在这里略掉了不太明显的一点，即，我们必须得对粒子波函数取复共轭，以保证其为时间翻转版的薛定谔方程的解。也就是说，第6章注释2中讲到的T操作将波函数$\psi(x,t)$映射为$\psi^*(x,-t)$。这对文中的讨论没有影响。

[8] 玻姆实际上重新发现并进一步发展了一种可追溯到路易·德布罗意公爵的方法，所以，这种方法有时候被称为德布罗意–玻姆方法。

[9] 对数学比较好的读者来说，玻姆的方法是在位型空间中*定域的*，但在真实空间中*非定域的*。波函数在真实空间中一个位置处的改变会立即对位于远处的其他粒子产生影响。

[10] 要想看看对Ghirardi-Rimini-Weber方法极为清楚的处理以及其在理解量子纠缠中的作用，可以看看J.S.贝尔的“Are There Quantum Jumps？”收录于*Speakable and Unspeakable in Quantum Mechanics*（Cambridge，Eng.：Cambridge University Press，1993）。

[11] 有些物理学家认为，单子上所列的问题不过是量子力学早期认识不清所带来的无关副产品。按这种观点，波函数只不过是用来预言（概率）的理论工具，除了数学上的实在性不应再有任何其他实在性（这种方法有时候被称为“闭嘴，去计算”方法，因为这种方法鼓励人们用量子力学和波函数的语言，而不要费力气去想波函数的实际意义）。而另一种不同的方案则认为波函数永远也不会真的坍缩，只不过是其与环境的相互作用使它*看起来像是*坍缩了（我们稍后将讨论这种方法的一个版本）。我很赞同这种想法，并且实际上，我真的相信波函数坍缩的概念最终将被废弃。但是，我对前一种方法不太满意，就像我不准备放弃思考这个问题：当我们“不看”这个世界的时候它到底发生了些什么。至于后一种方法——按我的看法，在正确的方向上的那个——还需要进一步的数学发展。最后应该得到的结果是，测量带来的某些东西，*就是*，或者*类似于*，或者*看起来像是*波函数坍缩。要么通过更好地理解外界影响，要么通过尚未发现的其他方法，必须搞清楚波函数到底是怎么回事，而不能简单地扔到一边不加理会。

[12] 还有另外一些与多世界诠释有关的争议性问题超出了多世界理论本身的夸夸其谈。比如说，在每一个观测者都有无限多个复制品的框架下，定义概率的概念本身就是一种挑战，因为对所谓的观测者来说，其测量被假定为归结于那些概率。如果某一给定的观测者只是众多复制品中的一个，那么当我们说他或她以某一特定的概率测得或这或那的结果时，我们表达的究竟是什么意思呢？哪一个才是真正的“他”或“她”？这个观测者的每一个复制品都将测得——以100%的概率——他或她所存在于其中的那个宇宙或这或那的结果，所以，在多世界体系中，整个概率体系都需要仔细探究。而且，数学比较好的读者应该会注意到一个技术性的问题，根据在如何精确定义多世界上的不同，人们需要选出特定的本征基矢。但是，本征基矢究竟该怎么选出呢？关于所有的这些问题，人们有很多讨论及文章。但是到目前为止，还没有哪个答案被普遍接受。我们随后将讨论到的基于退相干概念的方法会对这些问题有所帮助，特别会对本征基矢的选择问题有

所启示。

[13] 玻姆或德布罗意–玻姆方法从未取得过广泛关注。或许原因之一在于，如贝尔在他的文章“The Impossible Pilot Wave”（收录在*Speakable and Unspeakable in Quantum Mechanics*中）中指出的那样，就连德布罗意和玻姆对他们发展的那套理论都没有特别的好感。但是，也正如德布罗意指出的那样，德布罗意–玻姆方法扫清了更为标准的方法中的很多含混不清以及主观性的东西。如果没有其他理由，即使这个方法是错的，能够知道下面这个事情也是值得的，即，粒子在所有时刻都可以有确定的位置和确定的速度（即使在理论上，这也是我们力所不及的测量），且标准的量子力学预言——不确定性及所有其他——全部得以确认。反对玻姆方法的另一条意见是，这个体系中的非定域性比标准量子力学更为“严重”。这就意味着，玻姆方法从最外层起就将非定域相互作用作为理论的核心元素；而在量子力学中，非定域性则埋藏得很深，只能通过间隔很远的测量中的非定域关联才能得以体现。但是，正如这一方法的支持者论辩的那样，隐藏起来并不代表会少出现，而且，标准量子力学在测量问题——只有在这个问题上非定域性才会显现出来——上含混不清，而一旦这个问题得以解决，那么非定域性可能就不会再藏在暗处了。还有一些人提出，创建玻姆理论的相对论版本时会遇到很多障碍，虽然在这方面也取得了一些进展（可以参见，比方说贝尔的“Beables for Quantum Field Theory”，收录在上面提过的同一文集）。所以，在脑海中记住有另一种方法存在无疑是有益的，即便最后量子力学证明另外的方法不过是螳臂当车也没关系。数学比较好的读者可以看看Tim Maudlin的《量子非定域性与相对论》（Malden，Mass.：Blackwell，2002），其中对玻姆理论以及量子纠缠的论述非常不错。

[14] 有关更普遍意义下的时间之箭更为深入以及技术性的讨论，特别是退相干所起的作用，可以参考H.D.Zeh著的*The Physical Basis of the Direction of Time*（Heidelberg：Springer，2001）。

[15] 下面给出的例子将有助于你了解退相干发生得到底有多快——环境的影响将以多快的速度压过量子干涉，从而将量子概率转变为熟悉的经典物理。下面就是一些例子，其中涉及的数字只是个大概，但所要传达的要点却是很清楚的。在你屋子里漂浮的灰尘，其波函数在空气分子涨落的影响下，会在万亿亿亿亿分之一（10^{-36}）秒的时间内退相干。如果这粒尘埃被完美隔离，只能与阳光有相互作用，那么其波函数的退相干就会慢一些，但也只有十万亿亿分之一（10^{-21}）秒。如果这粒尘埃漂浮在漆黑一片、空无一物的外太空中，且只与大爆炸之后残留下来的微波背景光子相互作用，那么其波函数将会在百万分之一秒的时间里退相干。这些数字都极小，这意味着即使是尘埃这么小的东西，其退相干过程都发生得如此之快。而更大的物体，退相干过程发生得还要更快。毫无疑问，即便我们的宇宙是量子宇宙，我们周围的世界看起来也只能就是现在这副模样［可以参考，比如说，E.Joos的“Elements of Environmental Decoherence”，收录在*Decoherence: Theoretical, Experimental, and Conceptual Problems*，Ph.Blanchard，D.Giulini，E.Joos，C.Kiefer，I.-O. Stamatescu等编辑）（Berlin: Springer，2000）］。

第 8 章

[1] 更准确地说，康涅狄格的物理定律与纽约的物理定律之间的对称性不仅仅有平移对称性还有转动对称性。当你在纽约表演你的体操套路时，相对于你在康涅狄格的练习，你所改变的不只是位置，你所面对的方向很可能也发生了改变（比方说练习的时候朝东而比赛的时候朝北）。

[2] 通常情况下，我们会说牛顿运动定律相应于“惯性观测者”，但是如果我们进一步追究究竟何为惯性观测者，则我们将会陷入概念循环：惯性观测者指的是牛顿定律对其完全成立的观测者。要想搞明白这究竟是怎么回事，可以这样想：牛顿定律只是将我们的注意力都转移到一大类特别有用的观测者身上了，而这类观测者对运动的描述完全并且定量的符合牛顿理论的框架。根据定义，这些就是惯性观测者。技术上讲，所谓的惯性观测者就是那些不

受任何力的作用的观测者，亦即那些不处于加速状态的观测者。而爱因斯坦的广义相对论则与之相反，广义相对论可应用于所有的观测者，无论其是否处于运动状态。

[3] 如果在某段时期，我们周围*所有的*变化都停止了，我们就感受不到时间的流逝了（身体及大脑的所有功能当然也不运作了）。但这是否就意味着图5.1中的时空条走到了尽头呢？或者换种说法，是否在时间轴上不再有变化——也就是说，时间能不能走到尽头或者以某种形式上的意义继续存在——是一个既难以回答又与我们的生活体验和感受相去太远的假想问题。需要注意的是这一假想情形与熵不能继续增加的最大无序态是有区别的，在那个问题上，虽然熵不能增加，但是微观上的改变，比如气体分子四散流动，仍然可以发生。

[4] 宇宙微波背景辐射于1964年由贝尔实验室的两位科学家阿诺·彭齐亚斯与罗伯特·威尔逊在测试卫星通信上使用的大型天线时首先发现。彭齐亚斯和威尔逊遇到了无法消除的背景噪声（他们甚至对掉落在天线内的鸟粪——“白噪声”——也不放过）。在普林斯顿的罗伯特·迪克及其学生皮特·洛尔、大卫·威尔金森与吉姆·皮伯尔斯的关键性理解的帮助下，他们最终认识到天线中出现的噪声实际上是起源于宇宙大爆炸的微波辐射（乔治·伽莫夫、拉尔夫·奥弗尔和罗伯特·赫尔曼在此前即已做出的宇宙学上的重要工作为微波背景辐射的发现奠定了理论基础）。我们在后面的章节中将会论及，微波辐射带给我们的是30万年前的宇宙的清晰图像。在远古时期，干扰光束正常运动的电子与质子这样的带电粒子，通过相互作用形成电中性的原子，从而使得光大体上可以自由传播。从那以后，这些远古时期的光——产生于宇宙早期的光——就不受阻碍地穿行于宇宙之中，到了今天就成了遍布宇宙的微波光子。

[5] 这里所涉及的物理现象（将在第11章中有所讨论）即是所谓的*红移*。普通的原子，比如氢原子与氧原子，会发射出一定波长的光，实验室中的实验就能很好地记录下这些光的波长。当这样的

物质作为远去的星系的组分时，它们所发出的光的波长变长了，就像远去的警笛声被拉长音调变低了一样。而红色波长的光是肉眼所能看到的最长波长的光，所以我们把这种光的波长的拉伸效应称为红移效应。红移效应随着远离速度的变大而增加，因而只要将所测得的光波长与实验室中的光波长相比较，我们就可以算出远方天体的速度（实际上这只是红移中的一种，即所谓的多普勒效应。引力也可以引起红移现象：光子在逃出引力场的时候，其波长将变长）。

[6] 更准确地说，热衷于数学的读者会注意到，若一个半径为R而质量密度为ρ的球体表面有一个质量为m的粒子，则该粒子将处于加速状态，d^2R/dt^2为$(4\pi/3)R^3G\rho/R^2$，故有$(1/R)d^2R/dt^2=(4\pi/3)G\rho$。如果我们简单地将$R$视作宇宙半径，$\rho$为宇宙密度，那么这就是关于宇宙演化尺寸的爱因斯坦方程（忽略压强的影响）。

[7] 参见P.J.E.Peebles, *Principles of Physical Cosmology*（普林斯顿：普林斯顿大学出版社，1993），81页。图示中写道：“谁真的能够吹破这个球呢？究竟是什么使宇宙膨胀？是Lambda！除此之外再也给不出其他答案了。”（Koenraad Schalm翻译）Lambda即所谓的宇宙常数，在第10章中我们将对其有所探讨。

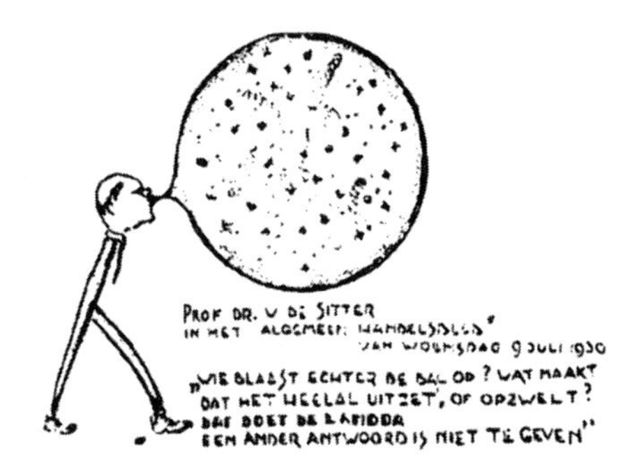

[8] 为避免混淆，我们需要注意到硬币模型的一个缺点是所有的硬币都彼此相同，而对于星系则显然并非如此。不过关键在于在最大

的尺度上 —— 一亿光年的距离上 —— 星系之间的个体差异可以被平均掉，因而当我们分析的是非常巨大的空间体时，每一个这样的空间的整体性质上的差异可以被忽略不计。

[9] 你也可以小心翼翼地飞到黑洞外缘上，停留在那里，始终开着飞船引擎，以防被黑洞吸进去。黑洞奇强无比的引力场会使时空强烈弯曲，而这会使你的手表相比于你在星系中其他普通位置（相对空旷很多的宇宙空间）时慢得多。你的手表记录的时间依然有效。但是，就像你开着快车到处转时对时间的感受并不总是符合实际时间一样，你在黑洞外记录的时间也只是你的个人体验。当我们要把整个宇宙当作一个整体研究时，对我们更有益的是能够广泛应用与接受的时间概念，而这样的时间概念需要由沿着宇宙空间膨胀方向运动，位于更加微弱、更加均匀的引力场中的钟来提供。

[10] 数学较好的读者应当注意到光将沿着时空度规的类光测地线，为明确起见，我们取$ds^2=dt^2-a^2(t)(dx^2)$，其中$dx^2=dx_1^2+dx_2^2+dx_3^2$，$x_i$为随动坐标。令$ds^2=0$以满足类光测地线的要求。我们将在时间$t$发射的光传播到时间$t_0$时的总随动距离写作$\int_t^{t_0}[dt/da(t)]$。如果我们用时间$t_0$时标度因子$a(t_0)$乘以该积分的值，我们就算出了在此时间间隔内光所传播的物理距离。这种算法被广泛用于计算给定时间间隔内光的传播距离，以便了解空间中的某些点之间，比如任意两点之间，是否有因果性联系。如你所见，对于加速膨胀来说，即便是任意大的t_0，该积分的值也是有限的，而这表明光并不能传播到任意远的随动位置。因而，在一个加速膨胀的宇宙中，存在着我们永远无法与之联系的区域，或者反过来说，存在着永远无法与我们取得联系的区域，我们称这些区域处于我们的视界之外。

[11] 当分析几何形状的时候，数学家和物理学家会采用一种定量的曲率方法，这种方法发展于19世纪，是今天所谓的微分几何的一部分。关于曲率的测量，我们可以用一种技术性不那么强的思考方式，即考虑画在感兴趣的形状上的三角形。如果这个三角形的所

有内角加起来等于180度，就像画在平面上的三角形那样，我们就说这一形状是平直的。但如果该三角形的内角加起来大于或小于180度的话，例如画在球面上（因为球面向外膨起，因而画在球面上的三角形内角和大于180度）或马鞍面上（马鞍面则是向内收缩，从而使得画于其上的三角形内角和小于180度）的三角形，我们就说这个形状是弯曲的。如图8.6所示。

[12] 要是你将一个圆环面的两个不同面的垂直边缘黏在一起（之所以可以这样是因为两个面是可以区分的——你在一个面上走到尽头就到了另一面）你就得到了一个柱面。接着，你再同样地把上下边缘（现在这个上下边缘是一个环的上下边缘了）黏在一起，你就得到了一个油炸面圈。因而，油炸面圈是一种想象或者表示圆环面的方式。这种表示的复杂性在于油炸面圈不再像圆环面一样扁平了！但它实际上还是扁平的。利用前一条注释中给出的曲率概念，你会发现画在油炸面圈表面的各种各样三角形的内角和都是180度。油炸面圈看起来鼓鼓囊囊的，完全是我们将一个两维形状嵌入到三维世界所造成的假象。出于这样的理由，我们在当前章节的内容中使用两维或三维环面明显不弯曲的表示。

[13] 需要注意，我们已经放宽了对形状和弯曲概念的区别。完全对称的空间一共有3种曲率：正、零、负。两种形状可以完全不同但有相同的曲率。比方说，平面显示屏和无限大的平直桌面。因而，对称性可以帮助我们将空间的弯曲减少为3种可能，但是这3种不同弯曲方式的空间形状则可能有较多种（根据数学家们所关注的整体性质来加以区分）。

[14] 到目前为止，我们所关注的只是三维空间的曲率——时空片中空间部分的曲率。但是，虽然很难给出图像，我们还是需要知道，对于所有的3种空间曲率（正、零、负），整个四维时空都是弯曲的，我们研究的宇宙越接近于大爆炸，其曲率就越大。事实上，对于大爆炸时刻附近的宇宙，时空的四维曲率变得如此之大，以至于爱因斯坦方程不再成立。我们将在后面的章节中详细探讨这一问题。

第 9 章

[1] 如果你将温度提升到更高，你会发现物质的第四态，即所谓的*等离子体态*。当物质处于这种状态时，物质中的原子进一步分解为组分粒子。

[2] 有一些很奇怪的物质，比如说罗谢尔盐，这些物质会在高温下变得无序，而在低温下变得有序——与我们通常认为的变化反着来。

[3] 物质场与力场的一大区别可以表述为沃尔夫冈·泡利*不相容原理*。这一原理指出，尽管大量的力的粒子（比如光子）可以组合在一起成为量子时代之前的物理学家（如麦克斯韦）可接受的场，例如你每次走进黑暗的房间打开电灯时看到的场。但是，根据量子物理的定律，物质粒子却不能按这样连续的、有组织的方式协作（或者更准确地说，两个相同种类的粒子，比如两个电子，不能占据相同的量子态，而光子则没有这样的限制。因而，物质场不能有这种宏观的、类经典的显现形式）。

[4] 在量子场论的框架下，所有的已知粒子都被看作潜在的场的激发态，每种粒子都与相应的场有关。光子是光子场——也就是电磁场——的激发态；上夸克是上夸克场的激发态；电子是电子场的激发态，如此等等。按这种方式，所有的物质与所有的力都可以用统一的量子力学语言加以描述。一个关键问题是，用这种语言描述引力的所有量子性质已被证明是极度困难的，我们将在第12章中讨论这一问题。

[5] 希格斯场虽是以彼得·希格斯命名，但还有很多其他物理学家——托马斯·基布尔、菲利普·安德森、R.布劳特、弗朗索瓦·恩格尔特以及其他人——在将希格斯场引入物理学中及其理论发展中扮演过重要角色。

[6] 记住，场的值决定于其到碗心处的距离，所以，即便其场值落到碗谷时场的能量为零（因为高于碗谷之处代表着场的能量），其场值也并非为零。

[7] 在正文中，希格斯场的值由其与碗中央的距离给出。你可能会问，碗的圆环形谷底上的点——这些点到碗中央的距离都一样——究竟是怎样给出任意而不是相同的希格斯场值呢？答案是，数学比较好的读者很容易明白，谷底不同的点所表示的希格斯场的值在大小上是一样的，但是其相位却不同（希格斯场的值是复数）。

[8] 理论上，物理学中的质量概念有两个。其中之一是正文中讲过的概念：质量是物体用以抗拒加速的性质。有的时候，这样定义的质量被称为*惯性质量*。第二个质量概念与引力有关：物体的质量表征的是该物体在给定强度的引力场（比如地球的引力场）中所受到的引力的大小。有时，这一质量概念被称为*引力质量*。乍看之下，希格斯场只与惯性质量有关。但是，广义相对论的等效原理声称，一个物体在加速运动中感受到的力与在相应大小的引力场中感受到的力不可区分——两者完全等效，这就意味着惯性质量与引力质量在概念上的等效。故而，希格斯场与我们提到的两种质量都有关，因为根据爱因斯坦的理论，两者是等效的。

[9] 我在这里感谢拉斐尔·凯斯帕，他向我指出这里的描述是大卫·米勒教授的获奖比喻的一个变种。1993年，英国科学部长威廉·瓦德格雷夫向英国物理学会提出一个挑战，让物理学家们提出最好的比喻来说明为什么纳税人的钱应该花在寻找希格斯粒子上。大卫·米勒教授赢得了这一挑战。

[10] 数学比较好的读者应该认识到，光子、W玻色子以及Z玻色子在电弱理论中同属于SU（2）×U（1）群的伴随表示，因而在该群的作用下可以交换。而且，电弱理论的方程在这个群的作用下会展现出完全的对称性，在这种意义上，我们说力的粒子彼此关联。更为准确地说，在电弱理论中，光子是明显的U（1）对称性的规范玻色子与SU（2）的U（1）子群的规范玻色子的一种特殊混合；因而，光子与弱规范玻色子有很密切的关系。但是，由于对称群的乘积结构，4种玻色子（实际上有2种W玻色子，彼此电荷相反）在群的作用下并非完全混合。在某种意义上，弱相互作用与

电磁相互作用是一种数学体系的不同部分，但这种数学体系本身并不是完全统一的。当强相互作用被包括进来的时候，这个群变得更大，加入了一个SU（3）因子——“色”SU（3）——这样一来这个群就有3个独立因子SU（3）×SU（2）×U（1），这样进一步表明完整统一性的缺失。这也是将在下面小节中讨论的大统一理论的部分动机：大统一理论试图找到一个可以描述更高能标上的力的半单（李）群——只有一个因子的群。

[11] 数学比较好的读者应该认识到，乔奇和格拉肖的大统一理论基于SU（5）群，这个群包括了SU（3）群——与强核力有关的群，以及SU（2）×U（1）群——与电弱力有关的群。在他们的工作之后，物理学家也曾研究过其他一些可能的大统一群，比如SO（10）以及E6群。

第10章

[1] 我们将会看到，大爆炸理论中的所谓爆炸，并不是发生在已经存在的空间中的某一位置，所以我们并不会问爆炸究竟发生在哪里这种问题。我们用到的对大爆炸缺点的有趣描述来自艾伦·古斯，可参见他的*The Inflationary Universe*（Reading，Eng.：Perseus Books，1997），p.xiii。

[2] “大爆炸”这一术语有时被用来代表发生在时间零点——宇宙诞生之时——的事件。但是根据我们在下面的章节中的讨论，广义相对论会在时空零点破产，没有人能够弄清楚时空零点发生了什么。正是因为有这种缺失，我们才说大爆炸理论并不考虑大爆炸的事情。在本章中，我们所有的讨论都局限在方程不会破产的情况下。暴胀宇宙学就是利用这种有良好定义的方程告诉我们，我们想当然地理解成爆炸的那一段空间急速膨胀的过程究竟是怎么回事，而这是大爆炸理论所不能告诉我们的。当然，这种方法还是不能回答宇宙创生之初——如果真有这样的时刻的话——发生了什么。

[3] 亚伯拉罕·派萨，*Subtle Is the Lord：The Science and the Life of*

Albert Einstein（Oxford：Oxford University Press，1982），p.253。

[4] 对于数学比较好的读者，爱因斯坦将原始方程$G_{\mu\nu}=8\pi T_{\mu\nu}$替换为$G_{\mu\nu}+\Lambda g_{\mu\nu}=8\pi T_{\mu\nu}$，其中Λ代表宇宙常数的大小。

[5] 在本文中，当我提到物体质量的时候，我指的都是其所有组成粒子合起来的总质量。如果一个立方体，比方说，由一千个金原子组成，那么这个立方体的质量就是单个金原子质量的一千倍。这一定义与牛顿体系相一致。根据牛顿定律，这样的立方体的质量就是单个金原子质量的一千倍，也就是说该立方体比单个金原子重一千倍。而根据爱因斯坦的理论则不是这样，立方体的重量还会依赖于原子的动能（以及其他对立方体的总能量有贡献的量）。这样的结论根据的是公式$E=mc^2$：更多的能量（E），无论其来源为何，都将意味着更多的质量（m）。因而，换一种方式表达这一点就是：因为牛顿不知道$E=mc^2$，所以导致其引力定律中用到的质量定义丢掉了各种能量的贡献，比方说与运动有关的能量的贡献就被丢掉了。

[6] 这里的讨论对理解深层次物理有启发性，但未能抓住全部要点。压缩的弹簧释放出来的压强的确会对盒子受到的地球引力有影响。但是，这是由于压缩的弹簧影响了盒子的总能量，如前所述，根据广义相对论，总能量才是重要的。不过我在这里解释的要点在于，压强本身——而不只是通过其对总能量的贡献——也会产生引力，就像质量和能量会产生引力一样。在广义相对论的框架下，压强受引力作用。另外，还需要注意的是，我们提到的排斥性引力为充满着具有负压而不是正压的东西的空间区域的*内部*引力场。在这种情况下，负压贡献的排斥性引力场会作用于区域本身。

[7] 数学上，宇宙常数用一个数，通常是Λ来代表（参见注释4）。爱因斯坦发现，不管Λ取正还是取负，他的方程都会有完美的意义。正文中的讨论关注的是对现代宇宙学（以及我们将会讨论到的现代天文学观测）有特别意义的情形，也就是令Λ为正数，因

为这种取法将带来负压以及排斥性的引力。令Λ为负数将带来通常的吸引性的万有引力。还需要注意的是，由于宇宙常数带来的负压是均匀的，因而这种压强不会直接导致力的产生：只有压强差才能产生力；就好比在水下的时候你的耳膜内外有压强差，所以耳膜会感到压力。而宇宙常数释放出来的力纯粹就是引力。

[8] 人们熟悉的磁体总是有北极和南极。而与之相反的是，大统一理论告诉我们，可能存在一个纯为北极或南极的粒子。这样的粒子被称为磁单极子，它们会对标准大爆炸宇宙学有很深刻的影响。但人们从未观测到这些粒子。

[9] 古斯与泰认识到，超冷希格斯场会起到宇宙常数的作用；在此之前，马丁内斯 · 维特曼和其他人也曾认识到这一点。事实上，泰曾告诉我，要不是《物理评论通讯》（*Physical Review Letter*）对文章页数有限制，他们就不会在文章末尾加上一句，以说明他们的模型会导致一个指数膨胀时期的出现。但是泰也指出，是古斯首先认识到这样的一段指数膨胀时期（在本章和下一章中将有所讨论）有重要的宇宙学意义，从而一举奠定了暴胀在宇宙学中的核心地位。

有时科学发现的历史会很复杂，俄罗斯物理学家阿列谢 · 斯塔罗宾斯基在古斯的研究出来之前的几年，通过另一种方法生成了我们所谓的暴胀膨胀，可讲述其研究的论文并未在西方世界赢得广泛的知名度。不过，斯塔罗宾斯基在他的文章中也并没强调这样一段急速膨胀会解决关键的宇宙学问题（比如稍后将会讨论到的视界疑难和平坦性疑难），这就部分解释了为什么他的研究没能像古斯的工作那样引起强烈反响。1981年，日本科学家也发展了一种暴胀宇宙学，甚至在更早的时候（1978年），俄罗斯科学家甘纳迪 · 切比索夫与安德烈 · 林德也有过暴胀的思想，但他们都认识到——仔细研究时就会发现——这样的想法中有一个关键问题（参见注释11）不能克服，因而没有发表他们的研究成果。

数学比较好的读者很容易看出加速膨胀是如何产生的。爱因斯坦方程之一为$d^2a/dt^2/a=-4\pi/3(\rho+3p)$，其中$a$、$\rho$、$p$分别为宇宙的标量因子（其“大小”）、能量密度以及压强。注意如果方程的右边为正，标量因子就会加速增加：宇宙的增长率就会随时间变大。对于盘踞在势能碗中央高地的希格斯场来说，其压强密度就会变得等于负的能量密度（宇宙常数也是这样），这样一来方程的右边就只能是正的了。

[10] 这些量子跃迁背后的物理是第4章讲过的不确定原理。我会在第11章以及第12章中清楚地讨论量子不确定性在场上的应用，但我先在这里简要地讲解一下作为预习。空间中给定点处的场值，以及给定点处的场值变化率，对于场来说至关重要，就如位置与速度（动量）对于粒子至关重要一般。因而，正如我们不能同时知道一个粒子的位置与速度；在空间中的任何一点，一个场也不会同时有确定的值及确定的场值变化率。某一时刻的场的值越为明确，其场值的变化率就越不确定——换句话说，下一时刻场值发生改变的可能性就越大。而量子不确定性带来的这种变化，就是我要说的场值中的量子跃迁。

[11] 林德、阿尔布莱奇与斯坦哈特的贡献绝对是非常重要的，因为古斯的原始模型——现在被称为*旧暴胀理论*——有一个严重的缺陷。还记得吗？超冷希格斯场（或者，我们按照专业术语将之称为*暴胀子场*）的一个值位于其能量碗的中央高地，这个值在整个空间中具有*均一性*。这样一来，因为之前我已经讲过超冷希格斯场可以极快地跃迁到其最低能量值，所以我们就得问问，这样的由量子效应导致的跃迁有没有可能于同一时刻在整个空间发生？答案是否定的。相反，正如古斯提出的那样，希格斯场释放到零能量值的过程会通过所谓的泡沫核化（Bubble Nucleation）过程发生：暴胀子场在空间中某点处的场值变为零，产生了一个向外延展的泡沫，这个泡沫的外壳以光速运动，泡沫所过之处，暴胀子场的值都跌落为零。在古斯眼中，正是这随机出现在任意位置的大量泡沫最终使宇宙空间中的所有地方的暴胀子场的场值都跌落为零。这里的问题，古斯本人也意识到了，在于围绕着泡沫的空间中仍有非零能量的暴胀子场，这样的区域仍会急速暴胀膨胀，驱使泡沫彼此远离。因而，根本没法保证所有正在变

大的泡沫会合在一起形成巨大的均匀的空间膨胀。而且，古斯提出，在暴胀子场的能量跌落为零的过程中，其能量并未丢失，而是转化为普通的物质及辐射粒子留驻宇宙。为了使模型能同实验观测相符合，这种转化必须带来*均匀的*遍布于整个空间的物质与辐射分布。在古斯提出的机制中，这种转化会通过泡沫外壳的碰撞而得以发生，但是计算——古斯与哥伦比亚大学的埃里克·温伯格做了这个计算，剑桥大学的史蒂芬·霍金、依安·摩斯以及约翰·斯图尔特也做了该计算——表明，如此得到的分布并不均匀。而且，细细推敲古斯的原始暴胀模型会发现很多重大问题。

林德、阿尔布莱奇与斯坦哈特的才智——现在被称为*新暴胀理论*——解决了这些令人头疼的问题。这几位科学家将势能碗的形状变成了图10.2中的样子，这样一来，暴胀子场就会自然地从能量山上“滚”落到能量谷中，得到零能量值，这样渐变适度的过程并不需要原始理论中的量子跃迁。而且，正如这几位科学家通过计算证明的那样，这种渐变的滚落至谷底的过程充分延长了空间的暴胀膨胀，以至于单个的泡沫能够轻而易举地变大到包容整个可观测宇宙的程度。因而，在这种方法中，根本没必要担心泡沫的结合问题。具有同等重要性的是，在旧暴胀理论中，暴胀子场中的能量通过泡沫的碰撞转化为普通的粒子与辐射，而在新暴胀理论中，暴胀子逐渐地在全空间中统一地完成这个能量转化过程，整个过程类似于摩擦：随着从能量山上滚落——在整个空间中统一地滚落——暴胀子场通过与熟悉的粒子与辐射的场之间的“磨蹭”（相互作用）将能量传递给粒子与辐射。因而，新暴胀理论保留了古斯理论的所有成功之处，并同时修补了旧理论的重大问题。

在新暴胀理论带来重要进展差不多一年之后，安德烈·林德取得了另一个突破。新暴胀要想成功实现，一系列关键元素必须得以满足：势能碗必须有正确的形状，暴胀子场的值一开始必须在势能碗的高位（更专业化点说，暴胀子场值本身在足够大的空间膨胀中必须保持均匀性）。尽管宇宙有可能满足这样的条件，林德却找出了一种更为简单，也更少人为设计的方式实现暴胀膨胀。林德认识到，即使用一个较为简单的势能碗，比如图9.1（a）

中所示的那样，即使不精细调节暴胀子场的初始值，暴胀也有自然发生的可能。他的想法是这样的。想象一下，在极早期宇宙中，一切都处于“混沌”状态——比如说，很可能有一个暴胀子场，其场值随机地变来变去。在空间中的某些位置，其场值可能很小，而在另一些位置，其场值可能中等，还有一些位置，其场值可能很高。于是，在场值很小或者中等的位置处可能就没什么特别值得注意的事情发生。林德认识到，在场值很高的位置处（即便该区域很小，比如只有10^{-33}厘米见方也没关系），一些极其有趣的事情可能会发生。当暴胀子场的场值很高的时候——当暴胀子场位于图9.1（a）中的势能碗的高位时——一种宇宙摩擦开始起作用了：场值倾向于滚下山到较低势能处，而其高场值又会导致起阻碍作用的力产生，在这种力的作用下，场值下滑速度很慢。这样一来，暴胀子场的值就几乎保持不变（就像新暴胀理论中的势能山顶部的暴胀子一样），并会贡献一个几乎恒定的能量和一个几乎恒定的负压强。现在我们已经很熟悉了，暴胀膨胀必须在一些条件得以满足的情况下才会发生。因而，既不需要有一个特别形状的势能碗，也不需要特别设置暴胀子场的位型，早期宇宙的混沌环境就可以自然地诱发暴胀膨胀，所以不用奇怪。林德将这种方法称为*混沌暴胀*。很多物理学家将此视为最为可信的暴胀理论。

[12] 对这段历史比较熟悉的读者应该认识到，古斯的发现之所以令人振奋，其原因在于——正如我们简要提过的那样——它能解决重要的宇宙学问题，比如视界疑难以及平坦性疑难。

[13] 你可能会想知道，电弱希格斯场，或是大统一希格斯场会不会扮演双重角色呢？既扮演我们在第9章中讲过的角色，又要在希格斯海形成之前的早期宇宙中，驱动暴胀膨胀？研究人员的确提出过一些此类模型，但这些模型通常都有一些克服不了的技术问题。暴胀膨胀最令人信服的实现方式就是用一个新的希格斯场扮演暴胀子场的角色。

[14] 参见本章注释11。

[15] 比方说，你可以将我们的视界想象为巨大的球面，而我们位于球心；自从大爆炸以来，这个球面就将那些我们能够与之联系的区域（球面内的区域）与我们无法与之联系的区域（球面外的区域）分割开来。今天，我们的“视界球”的半径差不多是140亿光年；在整个宇宙历史的前期，这个半径要小得多，因为可供光传播的时间并不多。亦可参见第8章注释10。

[16] 这正是暴胀宇宙学解决视界疑难的关键所在，为避免混淆，让我来就解决办法的关键步骤做一番提示。如果某天晚上，你和你的好朋友在旷野中通过开关灯来交换光信号，你们玩得很高兴。你会发现，不管你们切换信号以及跑离彼此的速度有多快，你们总是可以交换信号下去。为什么会这样？这个嘛，要是想收不到你朋友照向你的光，或者你朋友想收不到你照过去的光，你们彼此远离的速度就要大于光速，而这是不可能的。那么，为什么在宇宙初期（因而具有相同的，比如说，温度）还可以交换光信号的空间区域，到了今天就会发现彼此超出了对方的沟通范围呢？你和你朋友的例子就能说明这个问题，答案就是，再也无法联络彼此的区域一定是以大于光速的速度远离彼此。而事实上，暴胀阶段的排斥性万有引力那巨大的外推力的确能够驱动不同的空间区域以大于光速的速度远离彼此。再说一遍，这与狭义相对论并不矛盾，因为光所设定的速度极限是相对于穿越空间的运动而言的，而不是相对于空间自身的膨胀而言的。所以，暴胀宇宙学一个新颖且重要的特性即在于，在一个极短时期内，空间超光速膨胀。

[17] 注意，临界密度的数值会随着宇宙膨胀而减小。但问题的关键在于，如果在某个时刻宇宙实际的质量或能量密度等于临界密度，那么实际密度就会按照与临界密度完全一样的方式减小，并始终与临界密度保持相等。

[18] 数学比较好的读者应该会注意到，在暴胀阶段，我们宇宙视界的大小固定不变，而空间膨胀了很多（将第8章注释10中的标度因子取为指数形式，就能轻易地看出这一点）。正是因为这样，所

以在暴胀理论的框架下，我们可观测的宇宙只是巨大宇宙中的一个小斑点。

[19] R. 普莱斯顿，*First Light*（New York：Random House Trade Paperbacks，1996），p.118。

[20] 若想一般性地了解一下暗物质，可以参看L. 克劳斯，*Quintessence: The Mystery of Missing Mass in the Universe*（New York：Basic Books，2000）。

[21] 专业读者应该会看出，我并没有区分各种来自不同尺度（星系尺度、宇宙尺度）的观测的暗物质问题，因为暗物质对宇宙质量、密度的贡献是我在这里唯一的兴趣点。

[22] 实际上，对于这是否就是所有Ia型超新星背后的物理机制（我在这里感谢为我指出了这一点的D. 思博格尔）这一点，仍存在着某些争议，但是这些事件的一致性——这才是我们需要讨论的——却有扎实的观测证据。

[23] 非常有趣的一点是，早在得到超新星的结果的很多年前，在普林斯顿大学的吉姆·皮伯尔斯，凯斯西储大学的劳伦斯·克劳斯，以及芝加哥大学的迈克尔·特纳等人所做的预见性的理论工作中，就提出宇宙可能会有一个小的非零宇宙常数，那时，很多物理学家并没有认真对待这种观点，但到了今天，有了超新星数据后，人们的态度发生了巨大的变化。同样需要注意的是，我们在本章的前面部分看到，宇宙常数的外推力可由希格斯场模拟；因为希格斯场就像碗中高处的青蛙那样，可以盘踞在其最低能量之上的位置。所以，虽然宇宙常数可以符合实验数据，但超新星研究人员所得出的更为准确的说法却应该是：空间中必然充斥着如宇宙常数一般能生成外推力的东西（希格斯场也可以产生长期的外推力，而不是只能产生暴胀宇宙学中原初时刻短暂的外推力。我们将在第14章中讨论这一内容，在那里，我们将要考虑一些类似于数据是否真的需要宇宙常数来解释，或者是否存在具有相同

引力效应的其他实体这样的问题)。研究人员常常用"暗能量"这一术语来指代一种宇宙组分，这种组分不可见，但会使空间中的区域彼此之间产生推力，而不是拉力。

[24] 用暗能量来解释观测到的加速膨胀为人们普遍接受，但是也有一些理论走得更远。比如说，在某些理论中，在极大的尺度上——宇宙学尺度上，引力的大小与牛顿理论以及爱因斯坦的理论所预言的强度有一定偏差，而这种偏差就可以用来解释所观测到的实验数据。还有一些人并不相信实验数据意味着宇宙加速膨胀，他们认为需要有更加精确的数据来确认这一点。在脑海中记下这些其他的想法很重要，特别是未来的观测可能会改变现有的解释这一点。但是目前来说，大多数科学家相信正文中所描述的理论解释。

第 11 章

[1] 20世纪80年代早期，指出量子涨落是如何带来空间上的各向异性的科学家以下列人物为主：史蒂芬 · 霍金，阿列谢 · 斯塔罗宾斯基，艾伦 · 古斯，So-Young Pi(韩裔，英文音译)，詹姆斯 · 巴登，保罗 · 斯坦哈特，迈克尔 · 特纳，维亚切斯拉夫 · 马克哈诺夫以及甘纳迪 · 切比索夫。

[2] 即使有了正文中的讨论，你可能还是会对一个暴胀子小块中的那么少量的质量或能量究竟怎样才能导致可观测宇宙中那么大量的质量或能量感到迷惑。究竟怎样才能在结束的时候搞出那么多质量或能量呢？这个嘛，正如在正文中解释过的，暴胀子场，利用其负压，从引力中"挖掘"出了能量。这就意味着，随着暴胀子场中的能量增加，引力场中的能量将会减少。早在牛顿时代即已为人所知的一个引力场性质是，其能量可以达到任意大小的负。因而，引力场就像一家愿意无限贷款的银行——引力能够提供无限的能量，这些能量就是暴胀子场在空间膨胀时抽取出来的。

均匀的暴胀子场的初始核特定的质量和大小取决于人们所研究的暴胀宇宙学模型的细节(尤其是，暴胀子场的势能碗的准确形状）。在正文中，我假定初始暴胀子场的能量密度为每立方厘米10^{82}克，这样的话，（10^{-26}厘米）^{3}=10^{-78}立方厘米内的总质量就有10千克，也就是20磅之多。这是传统型暴胀子模型中的典型数值，但只是为了令你对所涉及的数字有一个粗浅的直观感觉。为了了解一些可能的范围到底有多大，我们来看看安德烈·林德混沌暴胀模型（参见第10章注释11），其中，我们的可观测宇宙来自一个小的初始核，横竖只有10^{-33}厘米左右（所谓的普朗克长度），而其能量密度则更高，达到每立方厘米10^{94}克，将这样的数值组合起来我们可以看出，总能量将只有10^{-5}克（所谓的普朗克质量）。在这些暴胀理论中，初始核就像一粒尘埃那么重。

[3] 参见Paul Davies的文章"Inflation and Time Asymmetry in the Universe"，刊登于*Nature*，301卷398页；Don Page的文章"Inflation Does Not Explain Time Asymmetry"，刊登于*Nature*，304卷39页；以及Paul Davies的文章"Inflation in the Universe and Time Asymmetry"，刊登于*Nature*，312卷524页。

[4] 为了解释清楚本质所在，我们最好将熵想成两部分，一部分来自时空和引力，另一部分可归结为其他的一切，这样我们就能在直观上抓住要点。但是，我得指出的是，给出一个数学上严格的处理——其中，引力对熵的贡献被明确地找到，分离出来，并加以解释——是非常困难的。不过，这并不会危及我们的定性结论。一旦遇到这样的麻烦，你要知道的是，整个讨论的很大部分都可以在不涉及引力熵的情况下重新表述。如我们在第6章中强调过的那样，当有关的是普通的吸引性的引力时，物质聚团。这样的话，物质将引力势能转化为其自身的动能，接着，其中的一部分动能又以辐射的形式从物质团中释放出来。这是一个熵增的事件（粒子平均速度越大，相应的相空间体积就越大；相互作用导致的辐射产生增加了总的粒子数——而辐射和粒子都会使总的熵增加）。这样一来，我们在正文中所说的*引力熵*就可以重新表述为*引力导致的物质熵*。当我们说引力熵很低的时候，我们指的是引力使物质聚团而产生的大量熵。在实现这样的熵的过程中，物质的聚团导致了不均匀的、非各向同性的引力场——时空的蜷

曲和褶皱，而在正文中，我将其描述为有了较高的熵。但是，随着讨论变得清楚，我们实际可以这么想，物质越是聚团（以及过程中产生的辐射），就越会有较高的熵（相比于均匀分布时）。这点非常的好，专家级读者可能会注意到，如果我们将经典引力背景（经典时空）视为引力子的相干态，那它本质上就是一种独一无二的态，因而具有低熵。只有将问题适当粗化，我们才有可能得到熵的排布。正如这条注释所强调的，这并没有什么特别的必要性。另一方面，要是物质聚团足以产生黑洞，那就会有一种无可辩驳的熵的排布方式：黑洞视界的表面积将正比于黑洞的熵（我们将在第16章中探讨这些问题）。而这种熵，毫无疑问，应该被称为引力熵。

[5] 正如鸡蛋破碎和破碎的鸡蛋再变回完好的鸡蛋这两种可能性都存在，量子导致的涨落长成较大的各向异性（如我们讲过的）或充分关联的各向异性协力压低这种增长也都具有可能性。因而，要想用暴胀解释时间之箭，就得要求初始的量子涨落之间没有足够的关联度。再说一遍，如果我们按玻尔兹曼式的方式思考，那么在所有能导致暴胀发生条件的涨落中，迟早有一个会真的满足这个条件，导致我们知道的这个宇宙开动起来。

[6] 有一些物理学家会宣称情况比我们讲的要好一点。比如说，安德烈·林德就认为，在混沌暴胀中（参见第10章注释11），可观测宇宙来自普朗克尺度大小的硬核，这个硬核中包含着具有普朗克尺度能量密度的均匀暴胀子场。在这种假设下，林德进一步提出，在如此之小的硬核中的均匀暴胀子场的熵差不多等于任意其他暴胀子场的熵，因而，暴胀所需的条件实在没什么特别之处。普朗克尺度的硬核中的熵如此之小，却与普朗克尺度的硬核中可能具有的熵一样大小。期待中的暴胀膨胀一下子产生了，一瞬间，创造出了一个有着极高熵的巨大宇宙，但是由于其平滑均匀的物质分布，这个宇宙中的熵仍远远未到它本可能有的熵的量。时间之箭所指的方向正是可填平这巨大的熵壑的方向。

虽然我对这乐观的看法有些偏心，但不能忘了小心谨慎，除非我们对诱发暴胀物理有了更好的把握。比如说，专家级读者应该会注意到，这个看法用到了那些有关高能（普朗克级）场模式——可以对暴胀的开始有所影响并会在结构形成中扮演重要角色的模式——的很好却未经证明的假设。

第12章

[1] 我在这里能想到的间接证据与这样一个事实有关：除引力之外的3种力的强度取决于力起作用的环境的能量和温度。在能量和温度很低的时候，比如在我们日常生活的环境中，3种力的强度各不相同。但是有间接的理论和实验证据表明：当温度很高的时候，比如宇宙的最初时刻，3种力的强度将趋近于一点。这就相当于间接告诉我们，这3种力在基本层面上很有可能是统一的，只是到了能量和温度很低的时候才显示出区别。更为详尽的讨论可参见《宇宙的琴弦》第7章。

[2] 我们知道某种场——比如任何一种已知的力场——是宇宙组成中的一种，我们就知道这种场无处不在——宇宙中的每个角落都有它的身影。我们没法将场驱除掉，就像我们没法驱除空间本身一样。我们最多只能使它们取其能量最小时的场值。对于力场——比如电磁场——而言，这个值就是零——我们在正文中有所讨论。对暴胀子场或标准模型中的希格斯场（为简要起见，我们不在这里讨论这种场）来说，这个值就可能不是零，具体是多少要取决于其势能的准确形状——参见我们在第9章、第10章中的有关讨论。如我们在正文中所说，为了使我们的讨论顺畅，姑且只讨论那些一旦场值为零即达到最低能量的场的量子涨落。我们所得到的结论也可以不经修改直接推广到希格斯场和暴胀子的涨落。

[3] 实际上，数学不错的读者应当注意到，不确定原理表明：能量的涨落反比于我们测量的时间分辨率。所以，我们测量场的能量所用的时间分辨率越精细，场的涨落就越大。

[4] 在这个验证卡西米尔力的实验中，拉莫雷奥克斯修改了实验设置：考察的对象变成了球面透镜与石英片之间的吸引力。更加

晚近的时候，意大利帕多瓦大学的詹尼·卡鲁格诺、罗伯托·奥诺佛里奥及其合作者采用了更为困难的原始卡西米尔实验设置——两个平行板——再次做了这个实验（使两块板保持完美的平行状态是一项艰巨的实验挑战）。到目前为止，这组人在15%的水平上证实了卡西米尔的预言。

[5] 回头来看，即使爱因斯坦没在1917年引入宇宙常数，量子物理学家们也会在几十年后按他们自己的方式引入宇宙常数。你可能还记得，爱因斯坦——以及当代的宇宙常数支持者们——将宇宙常数视为一种弥漫于整个空间的能量，却无法搞清楚这种能量的起源。我们现在知道，量子物理在空间中塞满了起伏不定的场；而且，我们还可以通过卡西米尔的发现直接看到，这些微观场在空间中塞满了能量。事实上，理论物理面对的一大挑战就是要证明所有场的涨落的联合贡献在真空中产生的总能量——总宇宙常数——并没有大于超出在第10章讨论过的超新星观测所带来的限制。到目前为止，还没有人成功地做到这一点。精确的理论分析早被证明超出了目前的理论能力；而近似计算得到的结果比观测大很多，又表明近似错得厉害。很多人都将解释宇宙常数的值（是否如长久以来认为的那样为零，或是暴胀及超新星数据暗示的很小但非零）视为理论物理尚未解决的重大问题之一。

[6] 我将在本节中讲一种能看出量子力学与广义相对论的矛盾的方法。但是为了紧跟我们寻找空间和时间真正性质这一主题，在尝试调和广义相对论与量子力学的过程中，我也会把注意力放到一些不那么切实的但具有潜在重要性的谜题上。将经典的非引力理论（比如麦克斯韦的电动力学）转换为量子理论的程序，如果被直接用来转换经典的广义相对论（比如布莱斯·德维特的工作——现在被称为惠勒-德维特方程），那么就会有一些极有吸引力的问题出现。在这类理论的核心方程中，时间变量并不会显示出现。所以，在这样量子化引力的方法中，并不需要数学上明显地出现时间——就像其他的基本理论所必需的那样。时间上的演化通过我们认为在常规方式下会有所改变的宇宙物理性质（比如说其密度）得以体现。至今还没人知道这种量子化引力

的方式恰当与否（尽管在这个体系的一个支流上——圈量子引力——已经取得了一些进展，参见第16章），所以人们并不清楚明显的时间变量的缺失是否是某种深层次的暗示（时间是衍生概念吗？）。在本章中，我们的注意力将集中于另一种调和广义相对论和量子力学的方法——超弦理论。

[7] 黑洞“中心”这种说法有点用词不当，就好像空间中真有这么个位置似的。而大体上讲，原因在于，当越过黑洞视界——黑洞外边缘——时，空间和时间的角色互换了。事实上，正如你不能停在一秒而不进入下一秒，你一旦越过黑洞视界，就会被拖进黑洞“中心”。在时间上向前进和在黑洞中向着中心去的这种类比关系是受黑洞的数学描述所启发。因而，不要把黑洞中心想成空间中的一个位置，最好要把它想成是时间上的一个位置。而且，因为你逃不脱黑洞的中心，所以你可能会认为黑洞的中心在时空中的位置就是时间的尽头。这可能是对的。但是，因为标准的广义相对论方程在这样极端的质量密度下不再成立，我们不太有做这种明确陈述的能力。很明显，这意味着我们有了不会在黑洞中破产的方程，我们有可能洞察时间的重要性质，而这是超弦理论的目标。

[8] 同前几章一样，当我说“可观测宇宙”时，我指的是，在大爆炸以后，我们可以与之联系——哪怕只有理论上的可能性——的宇宙部分。在一个空间上无限大的宇宙中，比如第8章中所讨论的宇宙，在大爆炸的那一刻，所有的空间并不会缩成一个点。当然，我们越是往回看，宇宙可观测部分的一切就会被挤压到越小的空间中。但是，虽然很难刻画，可就是有一些事物——距离我们无限远的事物——与我们永远分割开来，不管物质和能量密度变得多高都将是这样。

[9] 莱昂纳德·萨斯金，见《优雅的宇宙》，NOVA，3小时PBS系列节目，2003年10月28日与11月4日首播。

[10] 事实上，设计检验超弦理论的实验时所遇到的困难，一直是导致

超弦理论不被接受的重要障碍。但是，如我们在后面的章节中将会看到的那样，在这个方向上已经取得了很大进展。即将到来的加速器实验以及太空实验很有希望为超弦理论提供至少是间接的支持证据，要是够幸运的话，可能还不止如此。

[11] 尽管我没在正文中清楚地讲到，但有必要知道，所有的已知粒子都有*反粒子*——具有相同质量、相反力荷（比如相反符号的电荷）的粒子。电子的反粒子就是正电子，上夸克的反粒子当然就是反上夸克，以此类推。

[12] 我们在第13章中将会看到，弦论中的一些最新工作表明，弦可能会比普朗克长度大很多，而这会带来很多重要的影响——比如使理论变得可通过实验验证。

[13] 原子的存在最初就是通过一些间接方法讨论（比如对各种化学物质按一定比率组成的解释，以及之后对布朗运动的解释）；黑洞的存在最初也只能通过间接效应——其附近星体的气体落入其中——得以确认，而不能直接“看到”。

[14] 既然一根轻微振动的弦也有一定质量，你或许会想知道，弦的振动模式是否有可能导致零质量粒子。答案——再次强调一下——与量子不确定性有关。不管弦有多么安静，量子不确定性都会使其产生最小水准的涨落。而且，量子力学的古怪之处在于，这些不确定性导致的涨落具有*负的*能量。将这种负能量与来自普通弦的最轻微的振动导致的正能量合在一起，总质量或总能量就是零。

[15] 对数学比较好的读者来说，较为准确的说法应该是，弦的振动模式的质量平方等于普朗克质量平方的整数倍。更加准确的说法是（与第13章中要讲的近期进展有关），这些质量的平方等于*弦的标度*（反比于弦的长度的平方）的整数倍。在传统弦论体系中，弦的标度与普朗克质量非常接近，这就是在正文中我只简单地说普朗克质量的原因。但是，在第13章中，我们将讨论弦的标度与

普朗克质量不同的情况。

[16] 即使只用简单的术语也不难理解，普朗克长度是怎样进入克莱因的分析中的。广义相对论和量子力学一共使用了3个常数：c（光速）、G（引力的基本强度）以及 $\hbar$（刻画量子效应大小的普朗克常数）。这3个数组合到一起可以产生一个有长度单位的量：$(\hbar G/c^3)^{1/2}$。根据定义，这就是普朗克长度。将这3个常数的数值代入后，我们发现普朗克长度大约是1.616×10^{-33}厘米。因而，除非理论中能够出现一个与1差别很大的无量纲数——而这样的数在一个简单的、体系良好的物理理论中并不常见——否则我们就会认为普朗克长度就是长度（比方说蜷曲维度的长度）的特征大小。不过，要注意的是，这并不会排除掉维度比普朗克长度大很多的可能性，我们在第13章中将会看到严格探讨这种可能性的有趣进展。

[17] 使一个粒子具有电子电荷，但同时却有相对较小的质量，早被证明为不可能的任务。

[18] 注意，促使我们在第8章中用对称性要求来限制宇宙形状的是3个*大维度*中的天文学观测（比如微波背景辐射）。这些对称性对可能存在的6个额外维度没有影响。图12.9(a)基于安德鲁·汉森的构想。

[19] 你可能会想知道，除了空间有额外维度外，时间能不能有额外维度。研究人员（比如南加利福尼亚大学的伊特扎克·巴斯）探索过这种可能性，研究结果证明构建一个具有第二个时间维度的理论看起来在物理上是合理的。但这第二个时间维度到底与本来的时间维度同等重要，还是只是某种永无实际意义的数学产物呢？一般的看法趋向于后者。而与之相反的是，最直接的弦论文章都会告诉我们，额外维的空间维度一丝一毫都像我们平常感受的三维空间那样真实。

[20] 弦论专家（以及那些读过《宇宙的琴弦》第12章的读者）将会认

识到，更为准确的说法应该是，某些弦论体系（将在本书的第13章中讨论）允许与十一维有关的极限。弦论最好应该被想成是基本层面上的十一维时空理论呢，还是应将十一维时空体系视为某种与其他极限具有同等地位的某种特定极限（比如说，在IIA型理论中，将弦的耦合常数取得很大）呢？在这点上仍有很多争论。这个方向上的讨论与我们在一般水平上的讨论关系不大，而我之所以采用第一种观点，在很大程度上是因为确定又一致的总维数在语言上比较简便些。

第13章

[1] 对于数学比较好的读者来说，我在这里讨论的是*共形对称性*——这一对称性指的是对时空中的体积所做的任意共形角变换可有假设的基本组分消除。弦要占用两维时空面，弦论的方程在两维共形群——一个*无限*维度的对称群——下具有不变性。与之相反，对于其他数目的空间维度——与本身不是一维的物体相关联——共形群都只是有限维。

[2] 对这些发展做出重大贡献（要么做了奠基性工作，要么做出了后续发现）的科学家有很多：麦克尔·达弗、保罗·霍维、稻见武夫、凯利·斯黛拉、埃里克·博格舒夫、埃尔金·赛金、保罗·唐森、克里斯·赫尔、克里斯·蒲柏、约翰·施瓦茨、艾索科·森、安德鲁·斯特劳明格、柯蒂斯·卡兰、乔·波金斯基、皮特·哈罗瓦、戴瑾、罗伯特·利、赫尔曼·尼克莱、伯纳德·德维特，以及另外一些没有提到名字的科学家。

[3] 事实上，如在《宇宙的琴弦》第12章中解释过的那样，第十个空间维和p膜之间还有一种更为紧密的联系。当你增加某个理论，比如说IIA型弦论中的第十个空间维度的大小时，一维的弦延展成两维的类似于管子内部形状的膜。如果你假定第十维很小，就像总与这些发现无关似的，内管看起来就像弦似的，并且其行为也像弦似的。同弦的情况一样，这些膜是否不可再分，或者换句话说，是否由更加精细的成分组成，仍然没有答案。根据现有的认识，弦论或M理论中的成分已经是宇宙的最基本组分，然而，

还有更加基本组分存在的可能性并未完全被堵死。因为接踵而来的很多东西已经与我们的问题相距太远，所以在我们的讨论中，将只采用最简单的观点，即现有的这些组分——弦以及各种维度的膜——已经是最基本成分。那么，前面的讨论所得出的结论——更高维度的基本客体没法被纳入物理上合理的框架之中——又是怎么回事呢？这个嘛，先前的推理本身植根于另一种量子力学近似方案，这种方案虽然标准化且有充分的实验依据，但就像任何近似一样，都是有其局限性的。尽管研究人员尚未弄清楚将更高维度的客体纳入量子理论的有关的所有细节，但是，这些高维成分却与5种弦论都那么适合又那么自洽，以至于几乎每个人都相信不可能存在对基本又神圣的物理定律的可怕破坏。

[4] 事实上，我们有可能生活在更高维度的膜上（4膜，5膜……），其中3个维度为普通空间，而其他的维度是理论所要求的更小的额外维度。

[5] 数学比较好的读者应该会注意到，弦论学家早就知道闭弦遵从所谓的T对偶性（在本书的第16章、《宇宙的琴弦》第10章中有所解释）。基本上，T对偶性说的是，如果所谓额外维度的形状都是圆环，那么弦论将完全无法知道圆环半径是R还是1/R。原因在于，弦既可以绕着环运动（“动量模式”），也可以盘绕在环上（“缠绕模式”），将R与1/R对换，物理学家们认识到只是这两种模式所扮演的角色互换了，而理论的整体物理性质并没有发生变化。对这串推理重要的是弦得是闭弦；因为对于开弦来说，没有拓扑稳定地缠绕于圆环维度的概念。所以，乍看之下，开弦和闭弦在T对偶下表现得完全不同。而利用开弦的狄利克雷（D膜中的D）边界条件进一步分析后，波金斯基、戴瑾、利以及哈罗瓦、格林和其他一些研究者解开了这一谜题。

[6] 一些试图避免引入暗物质与暗能量的方案提出，在大尺度上被广为接受的引力行为也可能与牛顿和爱因斯坦认为的有所不同，它们就是这样解释所看到的物质与引力效应的不符。但是，这不过

是些猜想性的方案，既没有实验根据也没有理论支持。

[7] 引入这个想法的物理学家是S.吉丁斯、S.托马斯、萨瓦斯·蒂莫普洛斯以及G.兰斯伯格。

[8] 注意，这样脉动宇宙的收缩阶段与反过来的膨胀阶段是不一样的。物理过程，比如鸡蛋破碎、蜡烛熔化等，在膨胀阶段中普通的“向前”时间方向上会发生，在接下来的收缩阶段会继续发生。这就是为什么熵在两个阶段中都是增加的。

[9] 专家读者应该会注意到，循环模型可以用某张3膜上的四维有效场论的语言表述，在这种形式下，循环模型会有一些更为人所熟悉的标量场驱动的暴胀模型的性质。当我说“激进的新机制”时，我想说的是用碰撞的膜的术语的概念性描述，而碰撞的膜模型本身就是一种全新的思考宇宙学的方法。

[10] 不要数维数数糊涂了。两张3膜，以及其间的空间，共有4个维度，加上时间就是5个。这样就为卡拉比－丘流形留有6个维度。

[11] 一个重要的例外，我们将在本章的结尾提到并将在第14章进一步加以讨论，它与引力场中的各向异性有关，即所谓的原初引力波。在这一点上，暴胀宇宙学与循环宇宙模型有所不同，因而这是一种可以通过实验区分两种理论的办法。

[12] 量子力学保证了总会有一个非零概率使得偶然的涨落摧毁循环过程，从而导致模型慢慢停下来。即便这一概率很小，它也迟早会发生，因而循环不能无限期进行下去。

第14章

[1] A.Einstein, “Vierteljahrschrift für gerichtliche Medizin und öffentliches Sanitätswesen” 4437 (1912). D. Brill and J.Cohen, *Phys.Rev.* Vol.143, no.4, 1011 (1966); H.Pfister and K.Braun,

Class. Quantum Grav. 2, 909 (1985).

[2] 在席夫和普夫提出他们的想法之后的40年间，人们也做了很多其他的关于框架曳引的实验。这些实验（由布鲁诺·伯托蒂、伊格纳奇奥·丘弗里尼、彼得·本德领导的实验组，以及I.I.夏皮罗、R.D.里森博格、J.F.钱德勒、R.W.拜伯科克领导的实验组）研究了月球以及绕地球运行的卫星的运动，并且从中发现了一些框架曳引效应的证据。引力探测器B卫星的优势在于，它是这方面第一个真正周详的实验，完全在实验学家的掌控之下，因而将给出框架曳引最精确、最直接的实验证据。

[3] 尽管这些图片可以非常有效地带给读者有关爱因斯坦发现的直观感受，但它们还有其他的局限性：不能展示时间蜷曲。而这一点非常重要，因为根据广义相对论，像太阳这样的普通物体，与黑洞之类的极端情况不同，时间蜷曲（你越靠近太阳，你的钟就走得越慢）远比空间蜷曲来得明显。在纸上画出时间蜷曲并不容易，在纸面上反映出时间蜷曲如何对地球绕太阳的椭圆轨道之类的弯曲空间轨道产生影响也不简单，这正是图3.10（我所看到过的有关广义相对论的图片大抵如此）只展示空间蜷曲的原因。但我们必须在脑中牢记：在很多普通的天体物理环境中，时间蜷曲更为主要。

[4] 1974年，拉塞尔·哈斯和约瑟夫·泰勒发现了双脉冲星——绕着彼此运动的两个脉冲星（急速旋转的中子星）。因为这两个脉冲星运动得很快并且靠得很近，所以根据广义相对论的预言，这两个脉冲星将会释放出巨量的引力辐射。尽管很难直接观测到这种辐射，但是广义相对论告诉我们，这种辐射将通过其他办法展示自身的存在：辐射带走的能量将使这两个脉冲星的轨道周期逐渐衰减。自其被发现后，人们就一直在观测这样的双脉冲星，观测结果的确显示出其周期在衰减——并且在千分之一的水平上与广义相对论的预言相符合。因而，即使我们不能直接探测到引力辐射，我们还是有其存在的有力证据。因为双脉冲星的发现，哈斯和泰勒于1993年被授予诺贝尔物理学奖。

[5] 但是，见上面的注释4。

[6] 从动力学的角度看，宇宙线可算是天然的加速器，并且这台加速器的能量远比我们现有的和短期内会拥有的加速器的能量高。它的缺点在于，虽然宇宙线中的粒子能量非常高，但我们却完全无法操控粒子碰撞——一旦涉及宇宙线碰撞，我们只能当个被动的观测者。而且，给定能量的宇宙线粒子的数目会随着能级的增加而减少。要是每秒钟地球表面每平方千米的范围内进入一百亿个能量等价于质子质量（相当于大型强子对撞机设计能量的千分之一）的宇宙线粒子的话，那么每个世纪撞入地球表面每平方千米的范围内的最高能量（相当于千亿倍质子质量的能量）的粒子只有一个。最后，加速器可以让粒子沿相反方向快速碰撞，从而获得很高的质量能量，但是宇宙线粒子只能撞上相对能量低得多的大气粒子。不过，这些缺点也并不是不能克服。依靠过去几十年的努力，实验学家们已经通过研究更加丰富的低能宇宙线数据掌握了很多本领，而且，为了对付那极少量的高能碰撞，实验学家们已经建造了大批量的探测器来捕获尽可能多的粒子。

[7] 专业读者可能会认识到在一个具有动态时空的理论中能量守恒问题非常深奥。当然，爱因斯坦方程所有源的应力张量具有协变不变性，但这并不一定意味着整体的能量守恒律。有理由认为，应力张量并不对应着引力能量——广义相对论中人所共知的艰深概念。在足够短的距离和时间尺度上——比如加速器实验的距离和时间尺度——局域能量守恒肯定有效，但要小心处理整体能量守恒的问题。

[8] 这里指的是最简单的暴胀理论中的情况。研究人员已经发现，在暴胀理论更为复杂的版本中，这种引力波的产生可能会被压低。

[9] 可行的暗物质候选者必须得是稳定或者说长寿的粒子——不能分解成其他粒子。最轻的超对称粒子就有这种性质，因而，更准确的说法是zino、higgsino以及photino中最轻的一个将是合适的暗物质候选者。

[10] 不久之前，一个在意大利的Gran Sasso实验室工作的意大利-中国联合研究组（暗物质实验组，Dark Matter Experiment，DAMA）宣布了一个令人兴奋的消息：他们首次成功地直接探测到了暗物质。但是，直到目前为止，还没有其他的实验组能够证实该组宣布的消息。事实上，另一个实验，坐落于斯坦福,由美国以及俄罗斯的研究人员共同参与的低温暗物质探寻（Cryogenic Dark Matter Search，CDMS）已经采集了大量的数据，很多人相信CDMS的实验数据已经在很高的置信度上排除了DAMA的结果。除了这几个，还有很多其他的寻找暗物质的实验正在进行之中。要想阅读相关的资料，可以看看这个网址：http：//hepwww.rl.ac.uk/ukdmc/dark_matter/other_searches.html。

第15章

[1] 这里的说法忽略了隐变量理论，比如玻姆的理论。但即使在这样的理论中，我们想要传输的也是物体的量子态（波函数），所以仅仅测量位置或速度是不够的。

[2] 泽林格的研究组还包括下列人员：迪克·勃米斯特、潘建伟、克劳斯·马特尔、曼弗莱德·伊布与哈罗德·韦恩福尔特；德·玛蒂尼的研究组还包括：S. 贾科米尼、G. 米兰尼、F. 西阿里诺以及E. 罗姆巴蒂。

[3] 对那些熟悉量子力学体系的读者来说，这里是量子传输的关键步骤。假定我在纽约的那个光子的初始态具有如下形式：$|\psi\rangle_1 = \alpha|0\rangle_1 + \beta|1\rangle_1$，其中$|0\rangle$与$|1\rangle$为两个光子的极化态，我们再令系数正定，归一，但可取任意值。我的目标是要给尼古拉斯足够的信息以便他能在伦敦制成一个处于完全相同的量子态的光子。为了达成这一目标，尼古拉斯与我首先获得一对处于纠缠态的光子，该纠缠态，比方说，可以为$|\psi\rangle_{23} = (1/\sqrt{2})|0_2 0_3\rangle - (1/\sqrt{2})|1_2 1_3\rangle$，因而，三光子系统的初始态就是$|\psi\rangle_{123} = (\alpha/\sqrt{2})\{\ |0_1 0_2 0_3\rangle - |0_1 1_2 1_3\rangle\ \} + (\beta/\sqrt{2})\{\ |1_1 0_2 0_3\rangle - |1_1 1_2 1_3\rangle\ \}$，当我对光子1和光子2进行贝尔态测量的时候，我就将这个态投射到下面4个态中的一个：$|\Phi\rangle_{\pm} = (1/\sqrt{2})\{\ |0_1 0_2\rangle \pm |1_1 1_2\rangle\ \}$以及

$|\Omega\rangle_{\pm}=(1/\sqrt{2})\{\ |0_1 1_2\rangle \pm |1_1 0_2\rangle\ \}$。现在，如果我用粒子1和粒子2的本征态为基重新表示初始态，则有：$|\psi\rangle_{123}=1/2\{\ |\Phi\rangle_{+}(\alpha|0_3\rangle-\beta|1_3\rangle\ )+|\Phi\rangle_{-}(\alpha|0_3\rangle+\beta|1_3\rangle+|\Omega\rangle_{+}(-\alpha|1_3\rangle+\beta|0_3\rangle)+|\Omega\rangle_{-}(-\alpha|1_3\rangle-\beta|0_3\rangle)\}$。因而，在我测量之后，我使这个4种态叠加起来的系统“坍缩”到了其中的一种上。一旦我跟尼古拉斯通信（通过普通的办法）告知他我发现的是4种态中的哪一种，他就会知道该如何操作光子3使之被复制为初始的光子1。比方说，如果我发现测量结果是$|\Phi\rangle_{-}$，那尼古拉斯就不需要对光子3采取任何行动，因为，如上所述，它就已经是光子1的初始态了。如果我得到的是其他结果，尼古拉斯就需要做一些适当的转动（如你所知，是根据我得到的结果进行操作），以使光子3处于需要的态上。

[4] 事实上，数学比较好的读者将会注意到，证明所谓的量子不可克隆定理不算很难。假定我们有一个幺正克隆算符U，将任意态作为输入，这个算符可以输出两个同样的态（对于任意给定的$|\alpha\rangle$，将U作用于$|\alpha\rangle\rightarrow|\alpha\rangle|\alpha\rangle$）。注意，将U作用于$(|\alpha\rangle+|\beta\rangle)$这样的态会得到$(|\alpha\rangle|\alpha\rangle+|\beta\rangle|\beta\rangle)$，而这并不是原始态的双重拷贝$(|\alpha\rangle+|\beta\rangle)(|\alpha\rangle+|\beta\rangle)$。因而，并不存在这样一个可以用于量子克隆的算符U（伍特斯与祖莱克于20世纪80年代早期率先做出证明）。

[5] 参与到量子传输的理论与实验实现的发展中的研究人员还有很多。除了在正文中提到的那些，当时还在剑桥大学的佐藤胜彦也在罗马实验中扮演了重要角色，加利福尼亚理工学院的杰弗瑞·金博尔研究组也曾在量子态连续性质的超距传输中取得领先。

[6] 要想对多粒子纠缠体系那极其有趣的进展有一番了解的话，可以参考一下例如B.Julsgaard，A.Kozhekin以及E.S.Polzik合写的“Experimental Long-Lived Entanglement of Two Macroscopic Objects”，*Nature* 413（Sep.2001），400–403。

[7] 利用量子纠缠与量子传输的众多研究领域中，最激动人心也最活跃的一个就是量子计算领域。要想对近年来的量子计算状况

有一个了解，可以参考Tom Siegfried的*The Bit and the Pendulum*（New York：John Wiley，2000）以及George Johnson的著作*A Shortcut Through Time*（New York：Knopf，2003）。

[8] 速度增加时时间变慢的一个效应——我们在第3章没有讨论但是在本章却非常重要——是所谓的双生子佯谬。这一问题很容易描述：如果你我以匀速相对于彼此运动，我会认为你的时钟比我的慢一些。但是因为你与我都可以宣称自己处于静止系，所以在你看来是我的时钟变慢了一些。我们两个都以为是对方的时钟变慢了，这里看起来存在着矛盾，但实际并非如此。匀速运动的时候，我们双方的时钟始终在远离彼此，因而没法面对面地比对一下，看看到底谁的时钟“真的”慢。而其他间接的比对（比方说，我们可以通过手机通信来对比一下时间）都会因为空间距离的存在而花一些时间，而这就必然会带来不同观测者对“*此刻*”定义不同的这种复杂性，如我们在第3章及第5章中讨论过的那样。在这里我不打算深究这个问题，总之要记住，一旦将这种狭义相对论所带来的复杂性处理清楚了，我们每个人都宣称对方的时钟慢于自己这件事就不再矛盾了（可以参考诸如E.Taylor与J.A.Taylorde的《时空物理》，以了解一下完整的、技术层面的同时也是基本意义上的讨论）。使事情变得更为复杂的是，你减速，停下，转弯，朝我过来面对面地比对时钟，以图消除不同的“此刻”定义所带来的复杂性。当我们面对面的时候，到底谁的时钟变慢了呢？这就是所谓的双生子佯谬：如果你和我是一对双胞胎，当我们再次碰面的时候，我们是一样大呢，还是我们中的某一个看起来老些呢？答案是我的时钟会比你的时钟走得更快——如果我们是双胞胎，我更老些。我们可以有很多种方式来解释为什么会这样，最简单的是要注意到，当你改变你的速度经历加速度时，我们在视角上的对称性消失了——你绝对可以宣称*你*在运动（因为你可以*感觉*到它——或者，用我们在第3章中的讨论，不同于我，你的旅程在时空中留下的不会是一条直线），因而你的时钟会慢于我的时钟，对你来说，时间流逝得更少。

[9] 约翰·惠勒曾提出过一种量子宇宙中以观测者为中心的可能性。

归结到他著名的格言就是“在成为被观测到的现象之前，任何基本现象都不能被算作现象”。你可以从约翰 · 惠勒与肯尼斯 · 福特合著的*Geons*，*Black Holes*，*and Quantum Foam*：*A Life in Physics*（New York：Norton，1998）中对惠勒多姿多彩的物理人生有更多的了解。罗杰 · 彭罗斯也曾在他的著作*The Emperor's New Mind*以及*Shadows of the Mind*：*A Search for the Missing Science of Consciousness*（Oxford：Oxford University Press，1994）中探讨过量子物理与意识的关系。

[10] 可参见，例如，P.A.Schilpp编辑的*The Library of Living Philosophers*卷七《阿尔伯特 · 爱因斯坦》中的“Reply to Criticisms”（New York：MJF Books，2001）。

[11] W.J.van Stockum，*Proc.R.Soc.Edin.* A 57（1937），135.

[12] 专业读者应该能看出来我在这里做了简化。1966年，约翰 · 惠勒的学生罗伯特 · 格罗克证明，不通过折叠空间的方法构建虫洞至少在理论上是行得通的。但是不同于更为直观的，通过折叠空间的方法构建虫洞——在这个方法中只有虫洞还不能实现时空旅行，在格罗克的方法中，构建阶段本身就会要求时间发生扭曲，而人们可以自由地来往于古今（但不能回到构建事件开始之前）。

[13] 简略地讲，如果你以接近光速的速度穿越一块含有这些奇异物质的区域，并将你所测得的能量密度取平均，你会发现你得到了一个负值。按物理学家的说法，这样的奇异物质破坏所谓的平均弱能量条件。

[14] 实现奇异物质的最简单办法为第12章中讨论过的卡西米尔实验，所依靠的就是平行板间电磁场的真空涨落。计算表明，正是平行板间的量子涨落与真空中的量子涨落之间的差值，导致了负的平均能量密度（以及负压）。

[15] 如果只想在科普意义上而非专业层面上了解一下虫洞，那么可以参考Matt Visser的*Lorentzian Wormholes: From Einstein to Hawking*（New York: American Institute of Physics Press, 1996）。

第16章

[1] 数学比较好的读者可以回忆一下第6章注释6的内容。熵被定义为重排数目（或者说状态数目）的对数，而这一点对于给出本例的正确结果非常重要。你将两个特百惠家用塑料容器对接起来，空气分子的各种状态就可以这样描述：先给出第一个容器中的空气分子状态，再给出第二个容器中的空气分子状态，因而两个容器连接起来后的重排数目就等于分开时每一个的重排数目的平方。取对数之后，熵变为单独一个容器中的熵的2倍。

[2] 你应该注意到，拿体积和面积做比较没有任何意义，因为两者的单位根本就不同。正如正文中说明的那样，我在这个地方的真正意思是，体积随半径变大而变大的速率要快于面积随半径变大而变大的速率。因为熵正比于面积而不是体积，所以熵随着某一区域尺寸的变大而变大的速率就要小于若熵正比于体积的变大速率。

[3] 尽管这里已经抓住了熵界的本质，但是专业读者可能会注意到我做了简化。由拉斐尔·波索提出的更加准确的界，指出通过零超曲面（任何一点都有非正的聚焦参数Θ）的熵流被限定在$A/4$内，其中A为零超曲面的类空截面的面积（“光片”）。

[4] 更准确地说，一个黑洞的熵，等于普朗克单位下其视界的面积除以4，再乘以波尔兹曼常数。

[5] 数学比较好的读者可以回忆一下第8章的注释。还有另一种视界概念——宇宙视界，它是观测者能够以及不能够与之具有因果性联系的事物之间的分割面。人们相信对于这样的视界，其面积仍正比于熵。

[6] 1971年，匈牙利裔物理学家丹尼斯·盖博因*全息照相术*的发现而被授予诺贝尔奖。盖博从20世纪40年代开始一直致力于寻求从物体上反射回来的光波中捕获更多信息的方法，而其最初的动机是改进电子显微镜的分辨能力。我们以照相机为例来说明盖博的研究。照相机会记录下从物体上反射回来的光波的强度，光强越高，相片上的相应位置就会越亮，而光强越低，相片上相应位置就会越暗。盖博和另一些人认识到，光强只是光波所携带的部分信息。比如说我们观察图4.2（b）：尽管干涉图案受光的强度（振幅）影响（振幅更高的波产生更亮的图案），但是图案的产生却是因为来自每一个小缝的叠加波在沿着探测屏的方向上达到波峰、波谷或中间高度的位置不同。波的这一种信息即所谓的*相位信息*：若两列波在某一点彼此加强（两列波同时到达波峰或同时到达波谷），则称这两列波*同相*；若两列波在某一点彼此削弱（一列波到达波峰而另一列波到达波谷），则称这两列波*异相*。而且，更为普遍的是，这两列波有在这两种极端情况之间——部分加强，部分削弱——的相位关系。干涉图案记录的就是干涉光波的相位信息。

盖博发明了一种在特别设计的胶片上同时记录从物体上反射的光波的强度和相位的方法。用现代的语言说，他的方法非常类似于图7.1中的实验设置，只不过其中一束激光在射向探测屏时会被感兴趣的物体弹回。如果屏上备有包含了适当感光乳胶的底片，就将记录下自由传播的光束与被物体反射回来的光束之间的干涉模式——以在胶片表面上留下微小的刻蚀线的方式记录。干涉模式将会既记录下反射回来的光的强度，又记录下两束光之间的相位信息。盖博的思想为科学带来的后续影响非常重要，为范围广泛的多种测量技术带来了巨大的进步，但是对于普通大众来说，全息术对人们的影响更多地体现在艺术和商业领域。

普通的照片之所以看起来是平面的，在于其所记录的只是光强。要想得到深度的话，你还需要相位信息。原因在于，当光波传播的时候，它会周期性地经历波峰和波谷，所以相位信息——或者更准确地说，从物体上相邻点反射回来的光束的相位差——记录了光线传播远近的差别。比如说，当你从正面看一只猫时，猫的眼睛比猫的鼻子要远一点，这种远近之差就被记录在从猫脸部不同部位反射回来的光的相位差中。用一束激光照在全息图上，我们就能得到这张全息图所记录的相位信息，于是我们就可以将深度也添加到图片中。其结果我们都曾见过：二维塑料片上显现出了令人吃惊的三维影像。但需要注意的是，你的眼睛并不是用相位信息看出深度。相反，你的眼睛用的是视差：从给定点发出，进入你的左眼以及右眼的光线在角度上的微小差别就是你得到的信息，大脑再将信息解码成点的远近。这就是——比方说——当你失去一只眼的视力时（或者闭上一只眼时），你对深浅远近的感知会受到影响的原因。

[7] 对更加偏爱数学语言的读者而言，这里可以这样表述：一束光——或者按更具普遍意义的说法——一束无质量粒子，可以在有限时间内从反德西特空间的内部传播到无限远的空间，然后返回。

[8] 对更加偏爱数学语言的读者，马达西纳的工作是在$AdS_5 \times S^5$的框架下展开的，其边界理论来自AdS_5的边界。

[9] 这一说法更像是社会学的语言而不是物理学的。弦论脱胎于量子粒子物理学，而圈量子引力则传承于广义相对论。但是我们必须注意到，就今天而言，只有弦论才能和广义相对论的成功预言联系起来，因为只有弦论才能在大距离尺度上令人信服地回归到广义相对论。圈量子引力虽然在量子范畴内很好理解，但其与大尺度现象之间的鸿沟却很难拉近。

[10] 更准确地说——正如我们在《宇宙的琴弦》一书中的第13章所讨论过的——自从贝肯斯坦和霍金在20世纪70年代做了那些工作，我们已经知道了黑洞中有多少熵。但是，这些研究者们走过的途径却相当迂回，且从未能和用以说明他们所发现的熵的微观重排（参见第6章）很好地相容。20世纪90年代中期，两位弦论学家弥补了这一空白。安德鲁·斯特劳明格和卡姆兰·瓦法很巧妙地发现了黑洞和弦论或M理论中的膜的某些结构之间的关系。简单地说，他们能够证明，在膜的某些特别组合下，某

些特别的黑洞能够容纳正好等于其基本组分(不论其基本组分是什么)重排数的熵。他们在数这些膜的重排数(取对数)时发现，所得到的答案正好对应黑洞的表面积(普朗克单位下)除以4——正好就是多年前发现的黑洞的熵。在圈量子引力中，研究人员能够证明黑洞的熵正比于其表面积，但是得到精确的结果(普朗克单位下的表面积除以4)却绝非易事。如果某一参数，所谓的Immirzi参数，选择得当，那么准确的黑洞熵可以从圈量子引力的数学中得出；但从理论本身，人们却找不到能被普遍接受的基本解释来说明这一参数的正确值究竟是怎样得到的。

[11] 在整个章节中，我都在压缩定量上很重要但是概念上没什么用处的数值参数。

术语表（以汉译拼音为序）

暗能量［dark energy］：
假想中均一的充满于空间的能量或压力；是一个比宇宙常数更具普遍性意义的概念，因为其能量或压力随时间变化。

-

暗物质［dark matter］：
充满空间的物质，有引力效应但是并不发光。

暴胀宇宙学［inflationary cosmology］：
宇宙学理论，认为早期宇宙曾经有过一个空间迅速膨胀的短暂时期。

-

暴胀子场［inflaton field］：
能量与负压驱动暴胀发生的场。

-

背景独立性［background independence］：
在一个物理理论中，空间和时间来自更基本的概念，而不是自明地存在于理论中。

-

闭弦［closed string］：
弦论中的能量丝，环形。

-

标准蜡烛［standard candles］：
内禀亮度已知的物体；可用于测量天文学距离。

-

标准模型［standard model］：
由量子色动力学以及电弱理论组成的量子力学理论；描述除引力外的所有物质与力。基于点粒子概念。

-

波函数［wavefunction］：
见“概率波”。

-

不确定原理［uncertainty principle］：
量子力学原理；互补的两种物理性质同时测量时，其不确定度要受到一个基本的限制。

场［field］：
弥漫于空间的“迷雾”或“物质”；传递力或者描述粒子的存在、运动。数学上，在空间中的每一个点用一组量子数来表示场的值。

-

超对称［supersymmetry］：
一种对称性；将整数自旋的粒子（传递力的粒子）与半整数自旋的粒子（物质粒子）交换时，物理定律保持不变的性质即为超对称性。

-

超弦理论［superstring theory］：
基本元素为一维的圈（闭弦）或者振动能量片（开弦）的理论，这一理论将广义相对论与量子力学统一起来，并且引入了超对称。

D 膜，狄利克雷 p 膜［D-branes，Dirichlet-p-branes］：
p 膜具有“黏性”开弦的端点可以附着在 p 膜上。

-

大爆炸理论 / 标准大爆炸理论［big bang theory/standard big bang theory］：
认为宇宙自其诞生后便处于膨胀的理论。

-

大收缩［big crunch］：
一种可能的宇宙终结形式，类似于大爆炸的反面；空间向自身坍缩。

大统一 [grand unification]：
试图将强力、弱力，以及电磁力统一在一个理论框架下的理论。

-

电磁场 [electromagnetic field]：
施加电磁力的场。

-

电磁力 [electromagnetic force]：
自然界 4 种基本力之一；作用于带电荷的粒子。

-

电弱理论 [electroweak theory]：
将电磁力与弱核力统一为电弱力的理论。

-

电弱希格斯场 [electroweak Higgs field]：
在冰冷虚无的空间中获得非零值的场；赋予基本粒子以质量。

-

电子场 [electron field]：
电子为最小的组分的场。

-

对称性 [symmetry]：
在某种变换下，物理系统保持不变的性质就是对称性（例如，将一个完美的球绕球心做旋转运动时，球的表面不发生变化）；对物理系统的变换不会对描述该物理系统的物理规律起作用，即称该物理规律具有此种变换对称性。

-

对称性自发破缺 [spontaneous symmetry breaking]：
专业文献中对希格斯海形成的称法；对称性自发破缺意味着本来明显的对称性隐藏了起来或者被破坏了。

-

多世界诠释 [many worlds interpretation]：
一种量子力学解释，所有概率波允许的可能性都能在不同的宇宙中得以实现。

负曲率 [negative curvature]：
小于临界密度的空间的形状，呈马鞍状。

概率波 [probability wave]：
量子力学中描述在给定位置发现粒子的概率的波。

-

概率波坍缩，波函数坍缩 [collapse of probability wave , collapse of wavefunction]：
概率波的变化，展开的概率波变成窄峰的形状。

-

干涉 [interference]：
叠加起来的波产生不同图样的现象。在量子力学里，干涉意味着看起来完全不同的可能性组合到一起。

-

哥本哈根诠释 [Copenhagen interpretation]：
一种对量子力学的诠释。大尺度上的物体遵从经典物理定律，而小尺度上的物体遵从量子力学定律。

-

惯性 [inertia]：
物体保持运动状态不变的性质。

-

光以太 [luminiferous aether]：
见“以太”。

-

光子 [photon]：
电磁力的信使粒子，一“束”光。

-

广义相对论 [general relativity]：
爱因斯坦的引力理论；空间与时间是弯曲的。

黑洞 [black hole]：
一种物理实体；只要距离足够近（小于黑洞视界），黑洞巨大的引力场就可以吞噬一切，即使光也不能例外。

J

加速度 [acceleration]：
速度在大小与（或）方向上的改变。

-

加速器，原子碰撞机 [accelerator，atom smasher]：
粒子物理的研究工具；将粒子以高速对撞。

-

胶子 [gluon]：
强核力的信使粒子。

-

经典物理 [classical physics]：
本书中指的是牛顿理论与麦克斯韦理论；一般指的是所有的非量子力学理论，包括狭义相对论与广义相对论。

-

纠缠，量子纠缠 [entanglement，quantum entanglement]：
一种量子现象，空间上相隔很远的两个粒子之间具有关联性。

-

绝对空间 [absolute space]：
牛顿的空间观；将空间视作永不改变的客体，并且与其内部的一切事物相独立。

-

绝对论者 [absolutist]：
持绝对空间观点的人。

-

绝对时空 [absolute spacetime]：
狭义相对论的空间观；将空间与时间视作不可分割的统一整体，这个统一整体不会发生改变且独立于其内部的一切事物。

卡鲁扎-克莱因理论 [Kaluza-Klein theory]：
物理理论，这一理论中的宇宙可以具有高于 3 的空间维度。

-

卡西米尔力 [Casimir force]：
真空场涨落的不平衡产生的量子力学力。

-

开尔文 [Kelvin]：
利用绝对零度（最低温度，在摄氏温度制中为 −273℃）来标度的温度单位。

-

开弦 [open string]：
弦论中的能量丝，像一个小片。

-

可观测宇宙 [observable universe]：
在我们的宇宙视界之内的那部分宇宙；这部分宇宙由于距离我们足够近，现今的我们可以观测到它所发出的光，也就是说这部分是我们能够看到的宇宙。

-

夸克 [quarks]：
受强核力支配的基本粒子；有 6 种类型的夸克（上夸克，下夸克，奇异夸克，粲夸克，顶夸克与底夸克）。

量子测量疑难 [quantum measurement problem]：
概率波所具有的无数可能性如何在测量的时候让位于唯一的结果，这一问题就是量子测量疑难。

-

量子力学 [quantum mechanics]：
20 世纪 20—30 年代建立的理论，描述原子及亚原子尺度的物理。

-

量子色动力学 [quantum chromodynamics]：
强核力的量子力学理论。

-

量子涨落 [quantum fluctuations，quantum jitters]：
由于不确定原理的存在，场的值在小尺度上不可避免地急速变化。

临界密度 [critical density]:
使空间保持平坦所需的质量或能量密度；大约每立方米 10^{-23} 克。

-

路径选择信息 [which-path information]:
声明粒子从源到探测器所走路径的量子力学信息。

M

M 理论 [M-theory]：
将 5 种不同版本的弦论统一起来的理论，关于所有的力与所有的物质的完整的量子力学理论，目前尚不完备。

-

膜世界方案 [braneworld scenario]:
弦论或 M 理论所引申出来的一种可能性，我们熟悉的三维世界实际上是一张 3 膜。

-

马赫原理 [Mach 's principle]:
马赫提出的原理，所有的运动都是相对的，静止的标准由宇宙中的平均质量分布提供。

N

能量碗 [energy bowl]：
见“势能碗”。

P

P 膜 [p-brane]:
空间维度为 p 的弦论或 M 理论的要素之一。也见“D 膜”。

-

平坦空间 [flat space]：
一种可能的宇宙空间形态，其中没有弯曲。

平移不变性，平移对称性 [translational invariance，translational symmetry]：
已知自然定律的一种性质即在不同空间方位处的自然定律都是一样的。

-

平直性疑难 [flatness problem]：
宇宙学理论必须回答的疑难，即所观测到的空间是平直的。

-

普朗克长度 [Planck length]：
在这一长度（10^{-33} 厘米）之下，量子力学和广义相对论之间的矛盾变得明显；传统的空间概念不再适用。

-

普朗克时间 [Planck time]：
指 10^{-43} 秒长的时间，这一时间内，光可以传播普朗克长度的距离；在这样小的时间间隔内，传统的时间概念不再成立。

-

普朗克质量 [Planck mass]：
指 10^{-5} 克大小的质量（这样大的质量只相当于一点灰尘的重量，却是质子质量的一千亿亿倍）；弦的特征质量。

强核力 [strong nuclear force]：
对夸克起作用的自然力；将所有的夸克封闭于质子和中子之内。

热力学第二定律 [second law of thermodynamics]：
平均起来，任意时刻物理系统的熵总是趋向于增加的方向。

-

弱核力 [weak nuclear force]：
自然界中的基本力之一，在亚原子尺度起作用；诸如放射性之类的现象即与其有关。

S

熵［entropy］：
物理系统混乱度的量度；大小与系统所有基本状态数有关。

-

时间反演对称性［time-reversal symmetry］：
已知自然定律的一种性质，即时间指向不同方向时，物理定律不发生变化。在任意时刻，过去的物理定律都与未来的物理定律精确一致。

-

时间片［time slice］：
同一时刻的所有空间；整块时空的一片。

-

时间之箭［arrow of time］：
时间指向——从过去到未来。

-

时空［spacetime］：
将时间与空间整合到一起的概念，由狭义相对论首先引出的概念。

-

势能［potential energy］：
场或物体中的能量。

-

势能碗［potential energy bowl］：
场所具有的能量在给定值的形状，专业文献中称为场的势能。

-

视界［event horizon］：
黑洞外的假想球面；进入球面内的任何物质都无法逃离黑洞的引力。

-

视界疑难［horizon problem］：
宇宙学理论面对的一大疑难，即解释在彼此宇宙学视界之外的不同空间区域为何具有类似的性质。

-

速度［velocity］：
物体运动的大小和方向。

T

统一理论［unified theory］：
将所有的力与物质纳入同一框架的理论。

W 粒子，Z 粒子［W and Z particles］：
传递弱核力的信使粒子。

-

微波背景辐射［microwave background radiation］：
见“宇宙微波背景辐射”。

希格斯场［Higgs field］：
见“电弱希格斯场”。

-

希格斯场真空期望值［Higgs field vacuum expectation value］：
希格斯场在真空中获得非零期望值；希格斯海。

-

希格斯海［Higgs ocean］：
在本书中特指希格斯场真空期望值。

-

希格斯粒子［Higgs particles］：
希格斯场的量子。

-

狭义相对论［special relativity］：
爱因斯坦的理论，时间和空间并不是单独绝对的，而是取决于不同观测者的相对运动。

弦论 [string theory]：
物理理论，基本研究对象为振动着的一维能量丝（见“超弦理论”）；不需要在理论中引入超对称。有时也用作“超弦理论”的简称。

-

相对论者 [relationist]：
持如下观点的人：所有的运动都是相对的，空间不是绝对的。

-

相变 [phase transition]：
温度在足够大的范围内变化时，物理系统会发生性质上的突变。

-

信使粒子 [messenger particle]：
最小单位的力，力的效应通过其得以传递。

以太，光以太
[aether，luminiferous aether]：
假想中占据空间的物质，光以其为传播介质；并不存在。

-

引力子 [gravitons]：
假想的传递引力的信使粒子。

-

宇宙常数 [cosmological constant]：
假想中均匀地充满于空间的能量或压力；起源与组成未知。

-

宇宙视界，视界
[cosmic horizon，horizon]：
宇宙开始之后，其外的光就无法到达我们的位置。

-

宇宙微波背景辐射 [cosmic microwave background radiation]：
早期宇宙留下的剩余电磁辐射，弥漫于整个空间。

-

宇宙学 [cosmology]：
研究宇宙起源及演化的学科。

Z

真空 [vacuum]：
最虚无的空间；最低能量态。

-

转动不变性，转动对称性 [rotational invariance，rotational symmetry]：
物理系统或物理定律在转动变换下保持不变的性质。

-

自旋 [spin]：
基本粒子的量子力学性质。有点类似于陀螺的转动，基本粒子也有转动（具有内禀角动量）。

推荐书目

有关空间与时间这一问题，无论是一般性文献还是专业性文献数目都非常巨大。下面所列出的这些参考文献大都适合一般读者阅读，但其中也有少量文献要求读者有一定的知识储备。就我个人而言，这些文献都是大有裨益的，相信对于那些渴望进一步探索本书中所提到的各种理论进展的读者也能起到很好的引路作用。[1]

Albert，David.*Quantum Mechanics and Experience.*Cambridge，Mass.：Harvard University Press，1994.

——.Time and Chance.Cambridge，Mass.：Harvard University Press，2000.

Alexander，H. G. *The Leibniz-Clarke Correspondence.* Manchester，Eng.：Manchester University Press，1956.

Barbour，Julian. *The End of Time.* Oxford：Oxford University Press，2000.

——and Herbert Pfister.*Mach's Principle.* Boston：Birkhäuser，1995.

Barrow，John. *The Book of Nothing.* New York：Pantheon，2000.

Bartusiak，Marcia. Einstein's Unfinished Symphony. Washington,D. C.：Joseph Henry Press，2000.

Bell，John. *Speakable and Unspeakable in Quantum Mechanics.* Cambridge，Eng.：Cambridge University Press，1993.

Blanchard，Ph.，and D. Giulini，E. Joos，C. Kiefer，I.-O Stamatescu. *Decoherence：Theoretical，Experimental and Conceptual Problems.* Berlin：Springer，2000.

Callender，Craig，and Nick Hugget. *Physics Meets Philosophy at the Planck Scale.* Cambridge，Eng.：Cambridge University Press，2001.

Cole，K.C. *The Hole in the Universe.* New York：Harcourt，2001.

Crease，Robert，and Charles Mann. *The Second Creation.* New Brunswick，N. J.：Rutgers University Press，1996.

Davies，Paul. *About Time.* New York：Simon & Schuster，1995.

——.How to *Build a Time Machine.* New York：Allen Lane，2001.

1. 这些书中，只有部分有中译本，国内出版的可能收录不全。——译者注

——.*Space and Time in the Modern Universe.* Cambridge，Eng.：Cambridge University Press，1977.

-

D.Espagnat，Bernard. *Veiled Reality.* Reading，Mass.：Addison-Wesley，1995.

-

Deutsch，David. *The Fabric of Reality.* New York：Allen Lane，1997.

-

Ferris，Timothy. *Coming of Age in the Milky Way.* New York：Anchor，1989.

-

——.*The Whole Shebang.* New York：Simon & Schuster，1997.

-

Feynman Richard. *QED.* Princeton：Princeton University Press，1985. 费恩曼，《QED光与物质的奇异性》，商务印书馆。

-

Folsing，Albrecht. *Albert Einstein.* New York：Viking，1997.

-

Gell-Mann，Murray. *The Quark and the Jaguar.* New York：W.H.Freeman，1994. 盖尔曼，《夸克与美洲豹：简单性和复杂性的奇遇》，湖南科学技术出版社。

-

Gleick，James. *Isaac Newton.* New York：Pantheon，2003.

-

Gott，J.Richard. *Time Travel in Einstein's Universe.* Boston：Houghton Mifflin，2001.

-

Guth，Alan. *The Inflationary Universe.* Reading，Mass.：Perseus，1997.

-

Greene，Brian. *The Elegant Universe.* New York：Vintage，2000. 布莱恩·R. 格林，《宇宙的琴弦》，湖南科学技术出版社。

-

Gribbin，John. *Schrödinger's Kittens and the Search for Reality.* Boston：Little，Brown，1995.

-

Hall，A.Rupert. *Isaac Newton.* Cambridge，Eng.：Cambridge University Press，1992.

-

Halliwell，J.J.，J.Pérez-Mercader，and W.H.Zurek. *Physical Origins of Time Asymmetry.* Cambridge，Eng.：Cambridge University Press，1994.

-

Hawking，Stephen. *The Universe in a Nutshell.* New York：Bantam，2001. 史蒂芬·霍金，《果壳中的宇宙》，湖南科学技术出版社。

-

——and Roger Penrose. *The Nature of Space and Time.* Princeton：Princeton University Press，1996. 史蒂芬·霍金，罗杰·彭罗斯，《时空本性》，湖南科学技术出版社。

-

——，Kip Thorne，Igor Novikov，Timothy Ferris，and Alan Lightman. *The Future of Spacetime.* New York：Norton，2002.

-

Jammer，Max. *Concepts of Space.* New York：Dover，1993.

-

Johnson，George. *A Shortcut Through Time.* New York：Knopf，2003.

-

Kaku，Michio. *Hyperspace.* New York：Oxford University Press，1994.

Kirschner, Robert. *The Extravagant Universe.* Princeton: Princeton University Press, 2002.

-

Krauss, Lawrence. *Quintessence.* New York: Perseus, 2000.

-

Lindley, David. *Boltzmann's Atom.* New York: Free Press, 2001.

-

——. *Where Does the Weirdness Go?* New York: Basic Books, 1996.

-

Mach, Ernst. *The Science of Mechanics.* La Salle, Ill.: Open Court, 1989.

-

Maudlin, Tim. *Quantum Non-locality and Relativity.* Malden, Mass.: Blackwell, 2002.

-

Mermin, N, David. *Boojums All the Way Through.* New York: Cambridge University Press, 1990.

-

Overbye, Dennis. *Lonely Hearts of the Cosmos.* New York: HarperCollins, 1991.

-

Pais, Abraham. *Subtle Is the Lord.* Oxford: Oxford University Press, 1982. 亚伯拉罕·派萨，《爱因斯坦传》（上、下），时代文艺出版社。

-

Penrose, Roger. *The Emperor's New Mind.* New York: Oxford University Press, 1989. 罗杰·彭罗斯，《皇帝新脑》，湖南科学技术出版社。

-

Price, Huw. *Time's Arrow and Archimedes' Point.* New York: Oxford University Press, 1996.

-

Rees, Martin. *Before the Beginning.* Reading, Mass.: Addison-Wesley, 1997.

-

——. *Just Six Numbers.* New York: Basic Books, 2001. 马丁·里斯，《6 个数：塑造宇宙的深层力》，上海科学技术出版社。

-

Reichenbach, Hans. *The Direction of Time.* Mineola, N.Y.: Dover, 1956.

-

——. *The Philosophy of Space and Time.* New York: Dover, 1958.

-

Savitt, Steven. *Time's Arrows Today.* Cambridge, Eng.: Cambridge University Press, 2000.

-

Schrödinger, Erwin. *What Is Life?* Cambridge, Eng.: Canto, 2000. 欧文·薛定谔，《生命是什么》，湖南科学技术出版社。

-

Siegfried, Tom. *The Bit and the Pendulum.* New York: John Wiley, 2000.

-

Sklar, Lawrence. *Space, Time, and Spacetime.* Berkeley: University of California Press, 1977.

-

Smolin, Lee. *Three Roads to Quantum Gravity.* New York: Basic Books, 2001.

-

Stenger, Victor. *Timeless Reality.* Amherst, New York: Prometheus Books, 2000.

Thorne，Kip. *Black Holes and Time Warps.* New York：W.W.Norton，1994. 基普·S. 索恩，《黑洞与时间弯曲》，湖南科学技术出版社。

-

von Weizsäcker，Carl Friedrich. *The Unity of Nature.* New York：Farrar，Straus，and Giroux，1980.

-

Weinberg，Steven. *Dreams of a Final Theory.* New York：Pantheon，1992. 温伯格，《终极理论之梦》，湖南科学技术出版社。

-

——. *The First Three Minutes.* New York：Basic Books，1993. 史蒂文·温伯格，《宇宙最初三分钟——关于宇宙起源的现代观点》，中国对外翻译出版有限公司。

-

Wilczek，Frank，and Betsy Devine. *Longing for the Harmonies.* New York：Norton，1988.

-

Zeh，H.D. *The Physical Basis of the Direction of Time.* Berlin：Springer，2001.

图书在版编目（CIP）数据

宇宙的结构 /（美）布莱恩·R. 格林著；刘茗引译. — 长沙：湖南科学技术出版社，2018.1
（2024.10 重印）
（第一推动丛书. 物理系列）
ISBN 978-7-5357-9513-7
Ⅰ. ①宇… Ⅱ. ①布… ②刘… Ⅲ. ①宇宙学—普及读物②物质—普及读物 Ⅳ. ① P159-49 ② O4-49
中国版本图书馆 CIP 数据核字（2017）第 226155 号

YUZHOU DE JIEGOU
宇宙的结构

著者
[美] 布莱恩·R. 格林
译者
刘茗引
责任编辑
吴炜 戴涛 李蓓
装帧设计
邵年 李叶 李星霖 赵宛青
出版发行
湖南科学技术出版社
社址
长沙市湘雅路 276 号
http://www.hnstp.com
湖南科学技术出版社
天猫旗舰店网址
http://hnkjcbs.tmall.com
邮购联系
本社直销科 0731-84375808

印刷
长沙艺铖印刷包装有限公司
厂址
长沙市宁乡高新区金洲南路350号亮之星工业园
邮编
410604
版次
2018 年 1 月第 1 版
印次
2024年10 月第 8 次印刷
开本
880mm × 1230mm 1/32
印张
22
字数
447000
书号
ISBN 978-7-5357-9513-7
定价
89.00 元